西安交通大学
XI'AN JIAOTONG UNIVERSITY

研究生"十四五"规划精品系列教材

金属材料微观缺陷：
理论与应用

韩卫忠 编著

西安交通大学出版社
XI'AN JIAOTONG UNIVERSITY PRESS

图书在版编目(CIP)数据

金属材料微观缺陷:理论与应用 / 韩卫忠编著.
西安 : 西安交通大学出版社,2025.6. -- (西安交通大
学研究生"十四五"规划精品系列教材). -- ISBN 978
- 7 - 5693 - 0892 - 1

Ⅰ. TG14

中国国家版本馆 CIP 数据核字第 2024UF1446 号

书　　名	金属材料微观缺陷:理论与应用	
	JINSHU CAILIAO WEIGUAN QUEXIAN: LILUN YU YINGYONG	
编　　著	韩卫忠	
责任编辑	王　娜	
责任校对	李　佳	
装帧设计	伍　胜	
出版发行	西安交通大学出版社	
	(西安市兴庆南路1号　邮政编码710048)	
网　　址	http://www.xjtupress.com	
电　　话	(029)82668357　82667874(市场营销中心)	
	(029)82668315(总编办)	
传　　真	(029)82668280	
印　　刷	西安五星印刷有限公司	
开　　本	787 mm×1092 mm　1/16　印张　10.875　字数　231千字	
版次印次	2025年6月第1版　　2025年6月第1次印刷	
书　　号	ISBN 978 - 7 - 5693 - 0892 - 1	
定　　价	48.00元	

如发现印装质量问题,请与本社市场营销中心联系。

订购热线:(029)82665248　(029)82667874

前　言

欢迎翻开《金属材料微观缺陷：理论与应用》一书,本书将带您开启探索金属材料微观世界奥秘之旅。它是专门为研究生和本科生编写的教科书,聚焦金属材料微观缺陷知识,尤其对作为核心内容的位错相关知识进行了系统介绍。本书编写初衷是搭建一座桥梁,连通金属材料微观缺陷基础理论与实际应用,助力读者轻松掌握金属材料微观缺陷知识,特别是深入理解和运用位错相关理论。

本书开篇即追溯至位错的发现历程,引领读者穿越时空隧道,见证科学家们如何一步步揭开金属材料微观世界的神秘面纱,感受科学研究的偶然性和趣味性。回顾这段历程,旨在增强读者对位错理论发展的全面认知,从而激发对后续章节内容的兴趣和求知欲。随后,我们将系统性地探讨点缺陷、直位错线理论、晶体结构与位错、位错运动与增殖、位错阵列和界面位错,金属材料强化理论、孪生和退孪生及金属辐照损伤相关内容。每一章都希望做到既确保理论阐述的严谨性,又不失案例的生动性,力求达到"从复杂到简单"的目标——用最浅显的语言解释复杂的原理,用最常见的例子诠释抽象的概念。在本书的收尾部分,我们还将简述金属疲劳过程中形成的位错组态的微观机理,进一步拓展读者的知识边界,揭示金属材料微观缺陷与宏观性能之间的紧密联系。

根据编者的学习经验,初次接触相关专业知识时,常感到内容晦涩难懂,这在一定程度上影响了学习信心。然而,在研读多部教材后,编者发现这些知识本身并不复杂,其理解的难易程度取决于教材中讲解逻辑是否清晰、表述语言是否通俗,以及案例诠释是否恰当。为此,本书在编写过程中充分参考了国内外权威专著和经典教材,系统借鉴它们的论述框架与典型案例,力求做到概念表述精准、发展脉络完整、关键信息无误,同时兼顾不同背景读者的理解需求。

我们诚挚邀请您踏上这场奇妙的微观之旅,一起探索金属材料内部的秘密花园。无论是初涉此领域的学子，还是深耕多年的专家，我们都希望本书能够成为您宝贵的参考资料，激发思考、启迪灵感。期待与您一同在科学的海洋中航行，共同见证知识的力量！

非常感谢在本书编写过程中提供帮助的老师和同学。感谢张雨衡、林希衡、邹小伟、杜行健、王佩、林旭健等同学对本书插图整理提供的帮助，感谢蒋赟昭协助整理参考文献，感谢西安交通大学出版社王娜编辑的辛苦工作。虽然编者对本书的编写投入了大量的时间及精力，但由于水平有限，书中难免有疏漏和不妥之处，敬请广大读者不吝指正。

编者

2024 年 9 月于北京

目　　录

第 1 章 绪 论

英国著名物理学家弗雷德里克·查尔斯·弗兰克(Frederick Charles Frank)曾指出:"晶体就像人一样,正是内部的缺陷使其变得有趣。"金属材料作为典型的晶体材料,其内部在加工及服役过程中不可避免地会产生各种缺陷,如空位、自间隙原子、位错、晶界、相界、析出相和空洞等。这些缺陷不仅使金属材料的微观结构丰富多彩,更对其性能产生深远影响,同时也为科学家调控材料性能提供了重要手段。人类对金属材料内部缺陷的认知经历了漫长的探索过程。随着研究技术的进步,科学家们从最初依靠宏观性能测试和理论推测来推断缺陷性质,逐步发展到运用透射电子显微镜等先进手段直接观测缺陷。研究尺度也从厘米级深入到皮米量级,甚至能够精准解析单个缺陷的物理和化学特性。本章将系统梳理晶体缺陷的研究历程,特别是位错理论的提出、发展、完善及实验验证过程,以期从科学史的角度重新审视金属材料微观缺陷的演变、重要性及其独特魅力。

Frederick Charles Frank(1911—1998)

费雷德里克·查尔斯·弗兰克,英国理论物理学家

因在晶体位错理论方面的研究而闻名,提出了著名的弗兰克-里德位错源(Frank-Read source)机制,揭示了位错在晶体生长中的关键作用,在固体物理、地质学和液晶等研究方面均做出重要贡献。

1.1 位错概念的萌芽

金属表面滑移带和滑移台阶的观察为位错概念的产生提供了重要的启示。19 世纪晚期,人们发现金属材料在变形后,表面会形成滑移带和滑移台阶等变形形貌,由此推测滑移带是由金属内部特定晶面之间发生剪切变形而形成。然而,由于当时研究者还不知道金属的晶体学特征,因此关于滑移带的解释还非常模糊。

20 世纪初,弹性力学家沃尔泰拉(Volterra)和洛夫(Love)在研究均质各向同性固体材料的弹性性能时,通过对空心管切口的弹性变形分析,发现了 6 种基本变形模式。其中部分变形模式对应于晶体的滑移变形,而另一些则呈现出典型的位错构型特征,包括刃位错和螺位错两种基本类型。如图 1-1 所示，图（a）为初始空心管状态，图（b）的变形状态展示了刃位错的剪切结构，图（c）则对应螺位错的剪切结构。值得注意的是，"位错"这一术语最早正是由这些力学家提出的。然而，当时这些理论成果尚未与晶体材料的实际滑移行为建立明确联系。直到 20 世纪 30 年代，随着晶体缺陷理论的发展，研究者才将这些弹性力学中的变形操作与晶体滑移现象系统地联系起来，从而奠定了现代位错理论的基础。

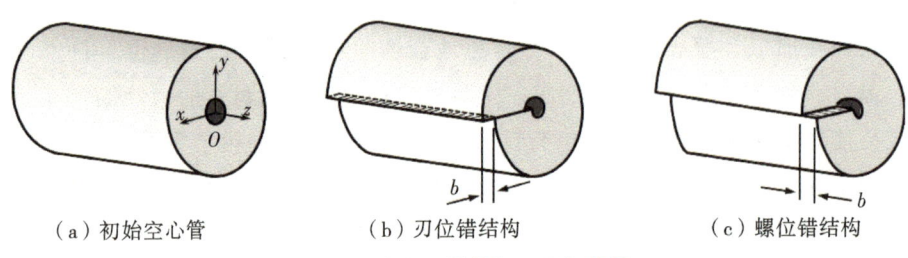

（a）初始空心管　　　　　　（b）刃位错结构　　　　　　（c）螺位错结构

图 1-1　各向同性管切口几何构型

X 射线的发现和 X 射线衍射技术的发展对揭示金属材料的晶体学特征发挥了关键作用。1912 年，德国物理学家冯·劳厄（von Laue）首次提出晶体点阵可以作为 X 射线衍射光栅的理论设想，这为利用 X 射线研究晶体结构奠定了基础。随后两年，达尔文（Darwin）在实验中发现完整晶体的 X 射线衍射强度存在异常现象：根据理想晶体衍射理论，单色 X 射线在大而完整的晶体中应该产生消光效应，其衍射强度应当与晶体的结构因子（F）成正比，且衍射张角应当只有几秒；然而实验测得的结果显示，衍射强度比预期大 1～2 个数量级，与结构因子的二次方（F^2）成正比，衍射张角达到数分级而非秒级。达尔文对这一现象提出了"镶嵌结构"理论解释。他认为实际晶体是由许多取向略有差异的微小晶块（尺寸小于 1 μm）组成的。每个小晶块内部的原子排列是完整的，其衍射遵循结构因子（F）定律；但各小晶块之间存在微小取向差异，它们的衍射波不相干干涉，导致整体衍射强度表现为各小晶块衍射强度的叠加（F^2 关系），同时衍射束展宽。

晶体缺陷理论的建立经历了长期的科学探索。早在 1914 年，达尔文通过 X 射线衍射研究就发现：只有当晶体由足够小的晶块组成时，才能产生比完整大晶体更强的衍射强度。他据此提出完整晶体的判定标准——晶面保持理想排列的数目必须足够大。否则即为非完整晶体。1934 年，泰勒（Taylor）在研究小角度晶界应力场时取得重要突破。他的计算表明，高应力区域恰好对应于达尔文提出的镶嵌块边界，这首次在理论上将镶嵌结构与位错联系起来。事实上，晶体亚结构的发现可追溯至更早时期——1895 年，托马斯（Thomas）和安德鲁斯（Andrews）在观察熟铁缓慢冷却过程时，就注意到晶粒内部存在亚结构。特里顿（Tritton）进一步指出，这种亚结构由众多取向略有差异的细小晶粒组成。20 世纪 30 年代，多位研究者发现：经过加工退火的晶体在劳厄衍射图中呈现更精细的结构特征，这被证实为晶粒内部形成的次结构（或称镶嵌结构）。值得注意的是，20 世纪末发展的纳米晶金属材料具有类似结构特征——纳米晶粒间的界面由密集位错构成,其 X 射线衍射峰显著宽化。这一现象现已成为通过 X 射线线宽分析测定纳米晶粒尺寸的重要依据。

晶体生长研究的突破显著推进了人们对位错的认识。早期研究中,沃尔默(Volmer)基于吉布斯(Gibbs)的热力学理论,预测完整晶体的生长需要达到 1.5 倍的过饱和度。然而实验观测表明,晶体在接近平衡条件下即可实现生长,这一理论与实验的矛盾长期困扰着研究者。弗兰克提出了革命性的位错生长机制理论。他假设晶体生长基体表面存在位错缺陷,这些位错可以作为晶体生长的台阶源(见图 1-2),显著降低了晶体生长的能垒,从而解释了在平衡条件下晶体生长的实验现象。这一理论开创性地揭示了位错在晶体生长中的关键作用。其他研究也为位错概念的建立提供了重要证据:晶体中点缺陷浓度与温度的强烈依赖关系,暗示了晶体内部存在点缺陷的产生和吸收机制。后续研究证实,位错及其阵列正是点缺陷的主要产生源。值得注意的是,相较于这些分散的个例研究,关于晶体材料理想强度的系统研究最终成为推动位错理论体系化发展的主要动力。这些研究共同构建了现代位错理论的基础框架。

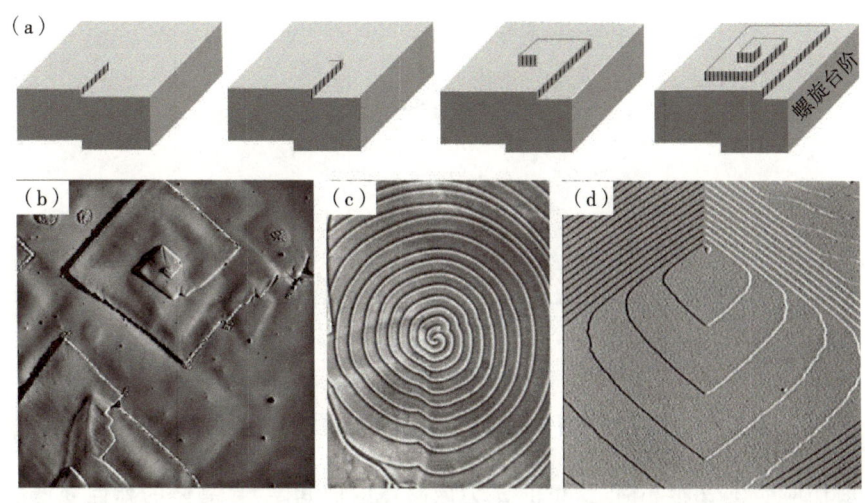

图 1-2 晶体生长表面形貌

(a)晶体螺旋生长模式示意图;(b)一种嵌段共聚物晶体生长的表面螺旋台阶;(c)SiC 单晶表面的
生长螺旋线;(d)邻苯二甲酸 (KAP)微晶表面的生长螺旋线。

1.2 晶体的理想强度

金属单晶体的制备对晶体缺陷研究具有重要推动作用。金属单晶最早于 1898 年在铋中实现制备。1912 年,卡彭特(Carpenter)与伊拉姆(Elam)采用应变再结晶法制备出直径约 5 cm、长约 15 cm 的铝单晶。1913 年贝克(Baker)和 1914 年安德雷德(Andrade)对低熔点金属单晶的研究,标志着晶体缺陷系统性研究的开始。1924 年奥布雷莫夫(Obreimoff)和舒布尼科夫(Schubnikoff),以及 1925 年布里奇曼(Bridgman)

相继发明了竖炉晶体逐步下降冷却法，这一技术显著提高了单晶的制备水平。高质量单晶金属的获得，为研究金属材料的变形行为和缺陷机制提供了理想的实验材料。

当研究者认识到金属是晶体结构后，对估算完整金属晶体的强度产生了浓厚的研究兴趣。1926 年，弗伦克尔（Frenkel）基于晶体的剪切变形特征提出了理论估算方法。如图 1-3 所示，弗伦克尔指出晶体在沿着一个随机的剪切面剪切变形时需克服的阻力具有周期性，假设这个周期性用 b 来表示，其指的是晶体沿剪切方向的一个周期性矢量。估算中不考虑剪切后在样品表面形成的台阶的影响。完成剪切位移 x 所需要的切应力与 dW/dx 成比例关系，其中 W 为剪切过程中剪切面单位面积的能量。为了简便，弗伦克尔假设能量的周期性变化可以用正弦函数描述，基于此，剪切应力（切应力）可表示为

$$\tau = \tau_{\text{theor}} \sin\left(\frac{2\pi x}{b}\right) \tag{1-1}$$

式中，τ_{theor} 为理论剪切强度；b 为周期性矢量 b 的大小。

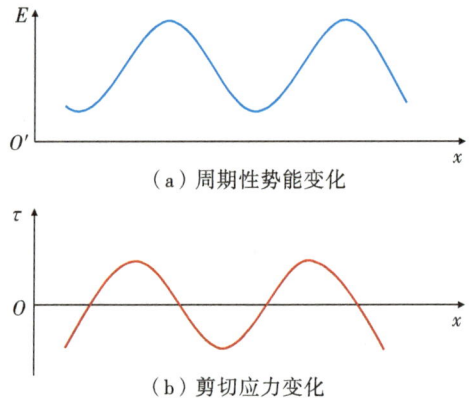

（a）周期性势能变化

（b）剪切应力变化

图 1-3　晶格的周期性势能 E 变化及对应的剪切应力的周期性变化

当剪切应变 x/d 很小时（这里的 d 为该晶体的面间距），晶体的弹性变形满足胡克定律，所以剪切应力也可表示为

$$\tau = \mu \frac{x}{d} \tag{1-2}$$

式中，μ 是晶体的剪切模量。在小剪切应变的前提下，满足 $\sin(2\pi x/b) \cong 2\pi x/b$，联列式（1-1）和式（1-2），获得晶体理论剪切强度的表达式为

$$\tau_{\text{theor}} = \frac{\mu b}{2\pi d} \cong \frac{\mu}{5} \tag{1-3}$$

基于弗伦克尔的估算，铜的理论剪切强度为 9.6 GPa（$\mu = 48$ GPa），铝的理论剪切强度为 5.6 GPa（$\mu = 28$ GPa），铁的理论剪切强度为 13 GPa（$\mu = 65$ GPa），钨的理论剪切强度为 32 GPa（$\mu = 161$ GPa）。然而，实验测得的典型金属材料的剪切强度与弗伦克尔的理论估算值差距较大，以铜和锌为例，实验测得的剪切强度仅有 0.000000001μ。后续研究者进一步改进了弗伦克尔的理论估算精度，最终得出的金属理论剪切强度也

在 $\mu/5 > \tau_{\text{theor}} > \mu/30$ 范围内，即使取 $\tau_{\text{theor}} \sim \mu/15$ 的中间值，理论剪切强度依然是实验测得的剪切强度的成千上万倍。一个反例是晶须的强度很高，可以达到几个兆帕的量级，然而与金属晶体的理论剪切强度仍然有几倍的差距。后续研究发现，晶须的直径比较小，内部缺陷的浓度非常低，使得其剪切强度接近理论剪切强度。

金属晶体理论剪切强度与实验数据的巨大差距仅仅靠格里菲斯（Griffith）裂纹扩展模型是不能解释的。因此，为了揭示晶体的理想强度，多位学者提出了晶体内部缺陷的模型，才真正推动了位错理论的诞生。继弗伦克尔的工作之后，马辛（Masing）、波拉尼（Polanyi）、普朗特（Prandtl）和德林格（Dehlinger）等提出了多种晶体内部缺陷模型，成为位错模型发展的雏形。图 1-4 为马辛和波兰尼提出的晶体在弯曲时形成的非完整性晶体结构，层与层之间具有剪切滑动的能力，形成了一系列错位，这一构型与金属材料位错的多边形化过程相似。最终，1934 年，奥罗万（Orowan）、波兰尼和泰勒为了解释晶体的理论剪切强度与实验测量的差异，均独立地提出了刃位错模型，如图 1-5(a)所示。1939 年伯格斯（Burgers）进一步提出了螺位错模型，如图 1-5(b)所示。20 世纪 30 年代，晶体刃位错和螺位错模型的提出，标志着位错理论的诞生。

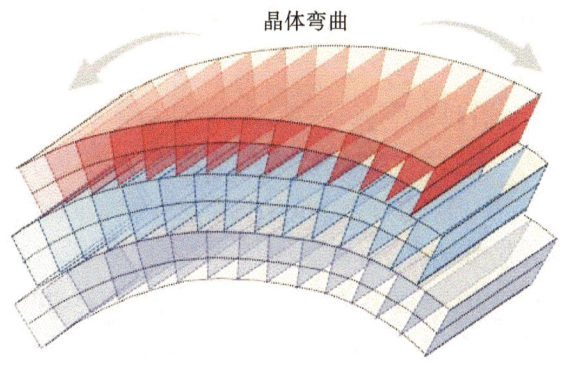

图 1-4　晶体在弯曲时形成的内部错排结构

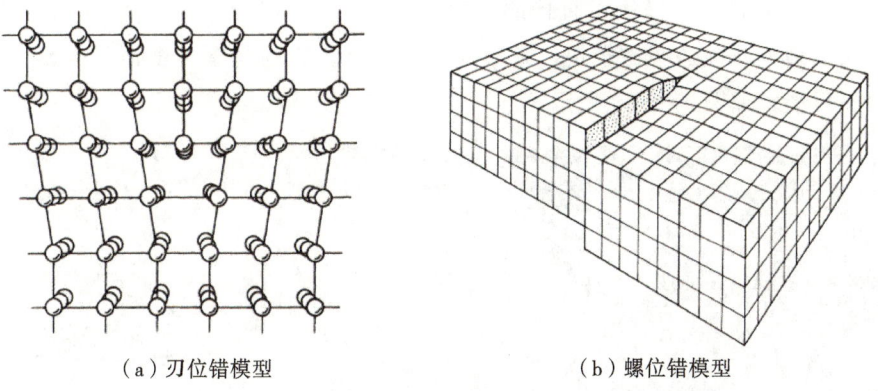

（a）刃位错模型　　　　　　　　（b）螺位错模型

图 1-5　简单立方晶体中刃位错模型和螺位错模型示意图

Egon Orowan(1902—1989)

埃贡·奥罗万，美国科学院院士，麻省理工学院教授

奥罗万、泰勒和波兰尼分别独立地将弹性力学中的位错概念引入晶体物理中来描述原子尺度线缺陷，从而完美地解释晶体的塑性变形行为。金属材料中的奥罗万位错强化机制也由奥罗万提出。

1.3　位错的实验证实

在位错理论提出后的 20 年间，大量研究人员通过各种各样的方法开展了对晶体位错的实验研究，从多个角度获得了位错存在的关键证据。近年来，随着透射电子显微技术的发展，从原子尺度观察位错结构变得越来越容易。人们在不同材料体系中观察到了刃位错和螺位错的原子构型，为晶体位错的研究提供了坚实的基础。以下重点介绍几个典型的例子。

1947 年布拉格(Bragg)和奈(Nye)采用二维玻璃球排列演示和研究晶体的位错构型，如图 1-6(a)所示。每一个玻璃球相当于一个晶体原子，单层玻璃球按照一定的规律排列，形成如图 1-6(a)的规则阵列。在随机错动中，二维玻璃层的中心区域出现了一个局部混乱的区域。仔细观察会发现，该二维玻璃层上半区较下半区多出一个半玻璃球面，这样的构型和刃位错的原子构型接近。通过在玻璃球两侧施加不同的剪切变形，可以实现该半玻璃球面的左右移动，事实上这类似于刃位错的滑动过程。通过二维玻璃球模型可以非常直观地理解晶体位错，也为研究位错的多种性质提供了简化模型。此外，在新鲜生长晶体的表面有时会观察到位错线滑出的痕迹，如图 1-6(b)所示，为晶体位错的存在提供了直接的实验证据。另外，由于位错区域的应变能较大，位错露头的地方腐蚀速率比较快，易形成腐蚀点坑，为在光学显微镜下观察位错的分布提供了可能，如图 1-6(c)所示。

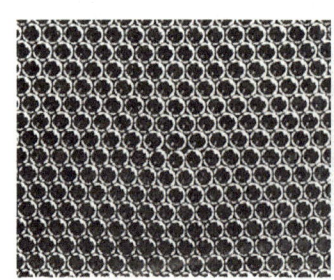
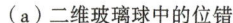

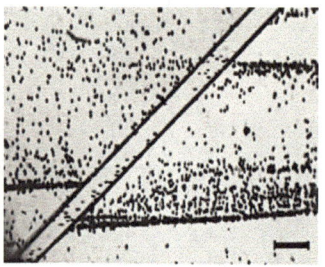

（a）二维玻璃球中的位错　　（b）螺旋生长晶体中位错滑出的迹线　　（c）晶体表面的位错腐蚀点坑

图 1-6　位错的实验验证

1956 年是位错研究取得突破性进展的关键年份。尽管早在 20 世纪 50 年代,研究者已通过腐蚀法和择优析出技术在 AgBr 和 NaCl 等透明晶体中观测到位错,但对于金属材料,此类方法仅能间接显示样品表面的位错分布。虽然 X 射线衍射可提供金属变形后内部位错的部分信息,但其分辨率有限且存在误差。真正的转折点出现在 1956 年,赫希(Hirsch)及其团队首次利用透射电子显微镜观察到金属内部的位错运动,为位错理论提供了无可争议的实验证据。赫希等人最初研究变形铝合金(Al - Au 合金)时,在透射电子显微镜下发现了亚晶界和规则排列的短线状缺陷,其间距与基于晶界取向差推算的位错间距吻合,但尚无法确认这些缺陷的本质。1956 年 5 月 3 日,赫希与霍恩(Horne)在实验中偶然取得了决定性发现:为增强电子束亮度,他们移除了聚光镜光阑,结果在高能电子轰击下,这些线段状缺陷沿(111)晶面开始滑动。这一动态过程直接证实了这些缺陷正是可运动的位错。此后,研究者进一步观测到位错的交滑移、弓出及被氧化膜钉扎等现象,极大推动了位错理论的发展。颇具戏剧性的是,这一里程碑式的实验并未留下任何影像记录。赫希与霍恩将发现汇报给导师莫特(Mott)和泰勒后,得到了肯定。随后他们撰写的相关论文发表于《哲学杂志》。几乎同时,瑞士学者博尔曼(Bollmann)在《物理评论》上发表了钢中位错的透射电子显微镜(透射电镜)照片(见图 1-7),为结论提供了更直观的支持。这一系列研究不仅验证了位错理论,也体现了科学发现的偶然性与竞争性。

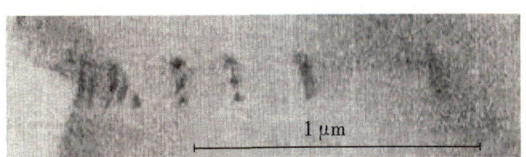

(a)区域1的位错结构形貌

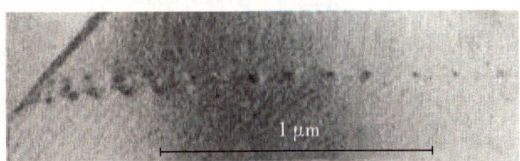

(b)区域2的位错结构形貌

图 1-7　1956 年博尔曼利用透射电镜在不锈钢中拍摄到的位错

当今大部分的材料实验室都装备了透射电子显微镜,金属内部的位错观察变得非常容易,各种各样的位错照片也非常吸引人,甚至包括三维位错结构、位错的原子尺度构型等,如图 1-8 所示。

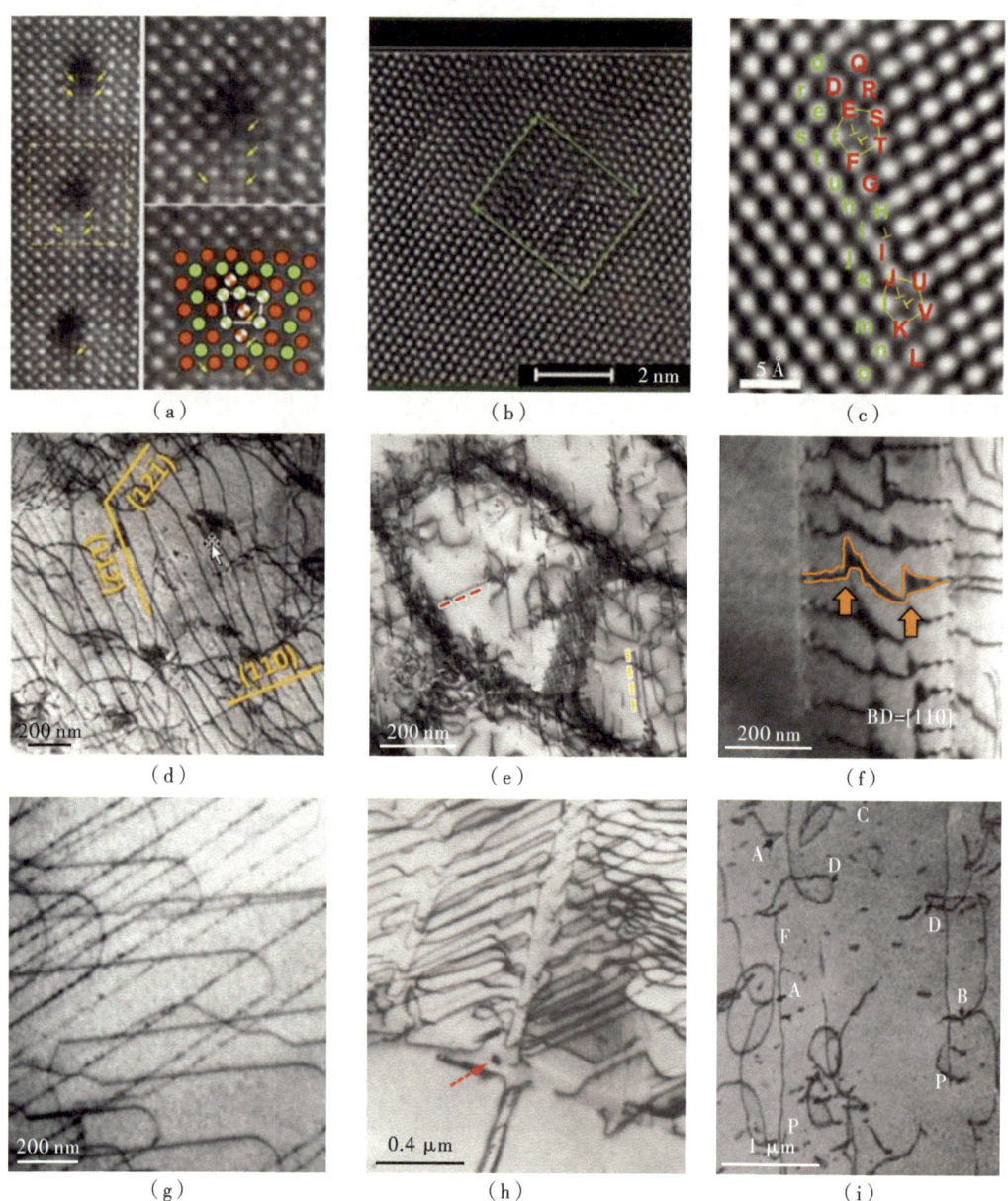

（a）　　　　　　　　（b）　　　　　　　　（c）

（d）　　　　　　　　（e）　　　　　　　　（f）

（g）　　　　　　　　（h）　　　　　　　　（i）

图 1 - 8　不同材料中的位错结构形貌

（a）刃位错核心结构高分辨原子像；（b）钛中刃位错核心（edge dislocation core）高分辨原子像；（c）Pt 的中晶界位错形貌；（d）钒中固溶氧后的位错形貌；（e）3D 打印镍铬铁合金中长直位错（straight dislocation）形貌；（f）CrCoNi - W 中熵合金中位错形貌，BD 代表电子束观察方向；（g）锆中位错形貌；（h）镍基高温合金在蠕变过程中形成的位错形貌；（i）Fe - 3Si 合金中的超割接环状位错形貌。

Peter B. Hirsch(1925—)

彼得·B·赫希，英国牛津大学材料系教授，1983 年沃尔夫奖获得者

　　赫希教授发展了用透射电镜研究固体材料中缺陷的方法。他的研究大大拓展了人们对固体材料微观结构的认知，他也是第一个通过透射电镜原位观察到位错运动、弓出、交滑移等现象的人，为位错理论提供了直观的实验证据。

1.4　位错的基本几何性质

　　考虑如图 1-9(a)所示的完整正方晶体，现对其施加水平方向的切应力，经过剪切变形后，正方晶体沿垂直于 z 的方向发生错动，于是在正方晶体内产生了一个刃位错，如图 1-9(b)所示。这个刃位错线把正方晶体分割成了两个区域，左侧为已滑移区，右侧为未滑移区，滑移区的移动距离是 b。相同地，也可以对正方体靠前一侧施加一个水平方向的切应力，形成如图 1-9(d)的构型，此即为一个右手螺位错的形态，正方晶体中心的虚线为螺位错线，刚好把正方晶体前部和后部分开，前面部分为已滑移区，后面部分为未滑移区，滑移区的最大位移为 b。如果施加相反方向的切应力，就会形成一个左手螺位错的构型。当整个正方晶体被剪切后，也就是当两种位错完全滑过正方晶

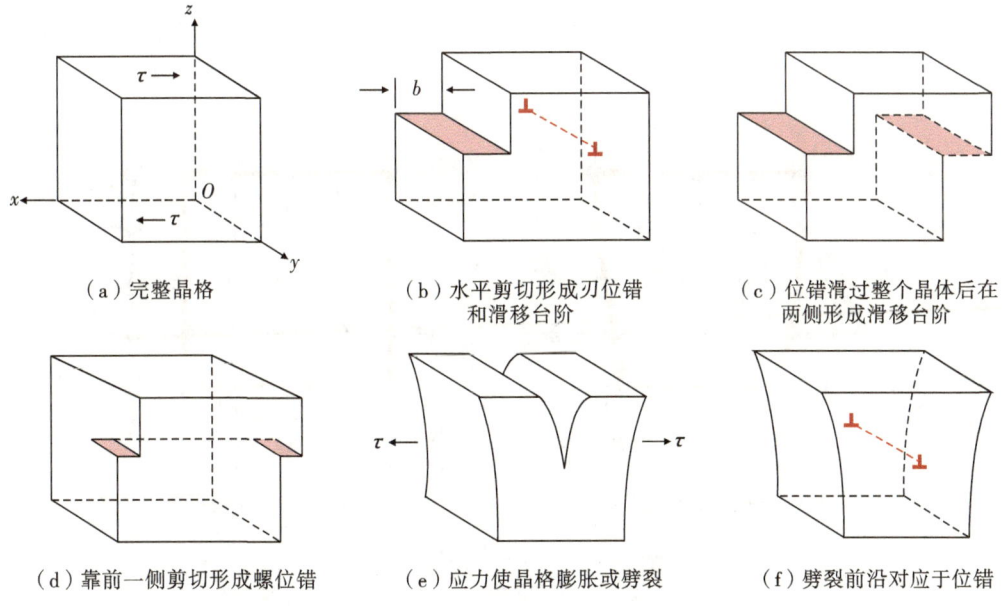

（a）完整晶格　　　　　　（b）水平剪切形成刃位错　　　　（c）位错滑过整个晶体后在
　　　　　　　　　　　　　　　和滑移台阶　　　　　　　　　　　两侧形成滑移台阶

（d）靠前一侧剪切形成螺位错　　（e）应力使晶格膨胀或劈裂　　（f）劈裂前沿对应于位错

图 1-9　正方晶体在不同情况下的构型

（注：图中 τ 为施加的应力，b 为变形造成的位移量大小，即伯格斯矢量大小。）

体垂直于 z 轴的平面后，形成了图 1-9(c)的构型，正方晶体上半部相对于下半部滑移了距离 b。这样的由一个位错完成的剪切过程称为滑动，而由一群位错运动形成的剪切过程叫作滑移。从图 1-9(a)至(d)可以发现，滑动或滑移是由位错的保守运动形成的，即在位错运动过程中，正方晶体的总原子数和晶格点位数量保持不变。

如果从正上方把正方晶体切开，如图 1-9(e)所示，张开的部分用其他材料填充，在张开部分的最前沿会形成如图(f)中虚线所示的一个刃位错。对于晶格中的单个位错，张开的部分仅需要填充一层额外的原子。类似这样的非保守的位错运动对应于攀移过程，图(f)中的刃位错可以通过吸收空位或自间隙原子实现向下或向上的运动。通常用"⊥"来表示一个刃位错。对于刃位错来说，一般竖起来的短线表示位错上方或下方的额外半原子面。

根据弗兰克的建议，现定义位错对应的位移矢量为伯格斯矢量（Burgers vector）b。伯格斯矢量在位错理论中是非常重要的一个概念，它代表着位错的强度，也就是单个位错滑动产生的位移量。通常伯格斯矢量被用来描述单个位错或少数几个位错的特征。伯格斯矢量的确定依赖于位错线的特征，即位错线的方向 ξ。根据右手螺旋准则，使大拇指的方向指向位错线的方向，四指表示环绕位错线的方向，可以画出刃位错周围晶格的位移，如图 1-10(a)所示，刚好形成一个近梯形的伯格斯矢量圈，此时我们认为位错线的方向指向纸面内部。这个圈的左右边长相等，上下边长不同。接下来采用同样的方法，在完整晶格上画同样尺寸的伯格斯矢量圈，确保每一边的步数相同，于是得到图 1-10(b)中粗实线的伯格斯矢量圈，发现下边不能合拢，这时起始点(S)和终了点(F)的位移量即为伯格斯矢量 b。这就是弗兰克提出的确定位错的伯格斯矢量的右手螺旋准则。基于以上位错的基本性质，我们可以用矢量的方法来定义一个位错，如一个刃位错的位错线方向与伯格矢矢量方向垂直，即 $b \cdot \xi = 0$，对于右手螺旋位错来说，位错线平行于伯格斯矢量方向，即 $b \cdot \xi = b$，而对左手螺旋位错，有 $b \cdot \xi = -b$。

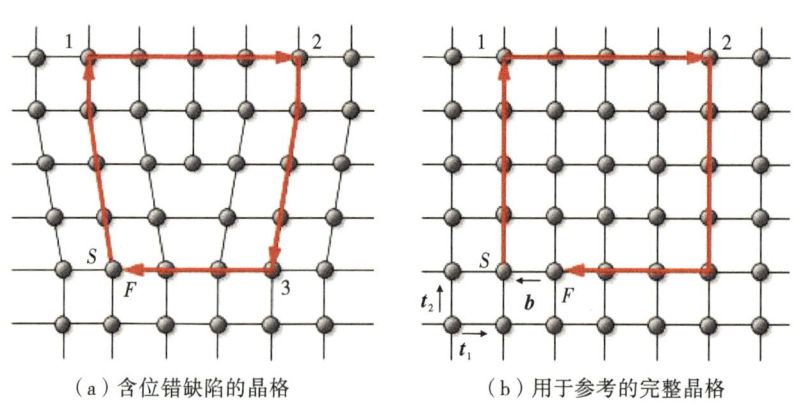

　（a）含位错缺陷的晶格　　　　　　（b）用于参考的完整晶格

图 1-10　右手螺旋准则确定位错的伯格斯矢量

（注：图中 S 代表起始点，F 代表终了点，t_1 和 t_2 为晶格平衡矢量。）

1. 位错的连续性

如前所述，位错为滑移区和未滑移区的分界线，所以一根位错不能终止于完整晶格的内部，而必须终止于自由表面、另一根位错线、一个晶界或者其他的缺陷。一个立方晶体被部分剪切形成如图 1-11(a) 所示的构型，现把这个面剖开来看，如图 1-11(b) 所示，位错线包围的是滑移区，位错线之外的空白区是未滑移区。沿着这一段弧形的位错线，伯格矢矢量的大小始终是 b，但位错类型不完全相同。在 A 区，位错线为螺位错；在 C 区，位错线为刃位错；在 B 区，位错线为混合位错，其伯格斯矢量可以分解为刃位错部分和螺位错部分，如图 1-11(c) 所示。

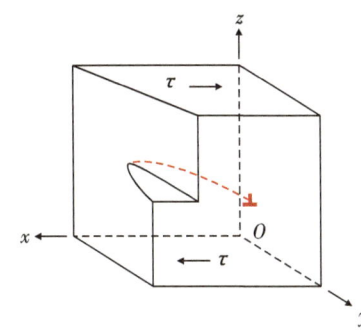 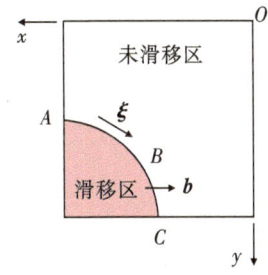 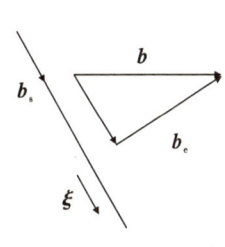

（a）对立方晶格施加切应力形成　　　（b）从滑移面法向观察滑移区　　（c）B 区混合位错线与伯格斯
　　　一个混合位错　　　　　　　　　　和未滑移区分界线为位错线　　　　矢量的几何关系

图 1-11　位错是晶体滑移区和未滑移区的分界线示意图

（注：图中 τ 为施加的切应力，b_s 为螺位错伯格斯矢量，b_e 为刃位错伯格斯矢量，ξ 为位错线方向。）

2. 伯格斯矢量等效性

在一个完整晶格空间内的几个不同的伯格斯矢量和同一个晶格空间内的单个伯格斯矢量具有等效性。如图 1-12 所示，相交于 O 点的三条位错线各自具有不同的伯格斯矢量，可以画两个伯格斯矢量圈，如图中 A 和 B 标注。这里 O 点叫作位错极点。在这种情况下满足 $b_1 = b_2 + b_3$。假如 ξ_1 转 $180°$，则满足 $b_1 + b_2 + b_3 = \mathbf{0}$。对于 N 个位错相交于一个位错极点的情况，可以进一步拓展为 $\sum\limits_{i=1}^{N} b_i = \mathbf{0}$。在极点 O 处位错的伯格斯矢量保持守恒。

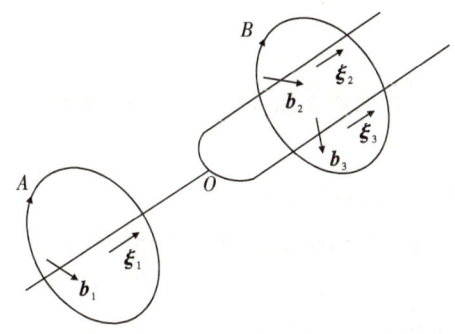

图 1-12　三条位错线相交于 O 点

（注：A 和 B 为两部分位错的伯格斯位错环，b 和 ξ 分别为位错的伯格斯矢量和位错线方向。）

3. 位错的滑移面

现考虑直位错线的滑动情况。当一个长直的刃位错在切应力的作用下沿着 b 向前滑动，在滑移的过程中位错线矢量 ξ 和伯格斯矢量 b 可以确定一个面，这个面就是刃位错的滑移面（glide plane），该滑移面的法向由 $b\times\xi$ 决定。例如，对于位错线方向为 $\xi=[00\bar{1}]$ 的位错线，若伯格斯矢量方向为 $b=[100]$，则其滑移面的法向为 $[100]\times[001]=(010)$。而对于一个螺位错来说，它的伯格斯矢量 b 平行于位错线矢量 ξ，这种情况下 $b\times\xi=0$，这意味着只要通过伯格斯矢量的所有平面都有可能成为螺位错的滑移面。对于一个弯曲的刃位错来讲，可以将其看作由很多小的直位错线段组成。每一小段直的刃位错都有自己的一个滑移面，则许多小平面组合起来就是一个曲面，该曲面就是弯曲位错的滑移面，如图 1-13（a）所示。对于螺位错来讲，由于其滑移面的多样性，它可以交滑移（cross-slip）到任何可能的滑移面上，只要这些面的交线平行于伯格斯矢量 b，如图 1-13（b）所示。

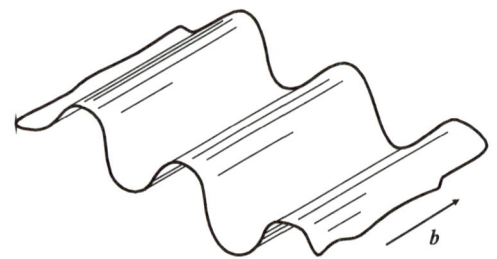

（a）弯曲刃位错滑移形成的三维曲面滑移面　　　（b）一段螺位错部分交滑移形成的三维滑移面

图 1-13　位错的三维滑移面

以上位错的几何性质都来源于伯格斯矢量 b 的定义，所以伯格斯矢量 b 是描述位错最基本的物理量，可以决定位错各种各样的性质。以上所介绍位错的几何性质同样适用于具体晶体结构中的位错，它们具有普适性。

位错理论的提出和证实是 20 世纪上半叶凝聚态物理领域的重大进展之一。通过了解位错的发现历程，可以更加容易地理解材料多种多样的宏观性质和微观结构差异。

思考题

1. 为什么刃位错的提出能解释金属理论剪切强度与实验测量强度之间的巨大差异？这种解释对螺位错适用吗？

2. 确定图 1-6（a）中位错的伯格斯矢量。

3. 在晶体滑移面内插入一层原子会形成位错环，若抽去一层原子也会形成一个位错环，请问这两种位错环有什么区别？

4. 刃位错和螺位错模型的提出全靠想象，没有任何的实验证据支持，为什么当时的研究者就接受了呢？

5. 若刃位错和螺位错的运动能力差异很大，会对位错线的运动产生什么样的影响？

6. 若一条位错线的螺位错部分发生了交滑移，那剩余的刃位错部分怎么样？

7. 为什么晶须的剪切强度已经很高了，但仍然与其理论剪切强度差距很大？

8. 如何才能在实验中测得金属的理论剪切强度？

9. 若金属晶体中没有位错，金属的变形能力会如何？

10. 非晶金属中有没有位错？它依赖什么样的微观缺陷或者以什么样的方式进行变形？

参考文献

[1] HIRTH J P, LOTHE J. Theory of Dislocations[M]. Second Edition, Malabar: Krieger Publishing Company, 1982.

[2] FRENKEL J. Zur theorie der elastizitätsgrenze und der festigkeit kristallinischer körper[J]. Zeitschrift für Physik, 1926, 37: 572 - 609.

[3] OROWAN E. Zur kristallplastizität. III[J]. Zeitschrift für Physik, 1934, 89: 605.

[4] POLANYI M. Über eine art gitterstörung[J]. Zeitschrift für Physik, 1934, 89: 660.

[5] TAYLOR G I. The mechanism of plastic deformation of crystals. Part I.—Theoretical[J]. Proceedings of the Royal Society A, 1934, 145: 362.

[6] BURGERS J M. Some considerations on the fields of stress connected with dislocations in a regular crystal lattice. II: Solutions of the equations of elasticity for a non - isotropic substance of regular crystalline symmetry[J]. Proc Sec Sci Koninkl Nederl Akad Wetens, 1939, 42: 293.

[7] FRANK F C. The equilibrium of linear arrays of dislocations[J]. Philosophical Magazine, 1951, 42(327): 809.

[8] NABARRO F R N. Mathematical theory of stationary dislocations[J]. Advances in Physics, 1952, 1: 284.

[9] HIRSCH P B, HORNE R W, WHELAN M J. Direct observations of the arrangement and motion of dislocations in aluminium[J]. Philosophical Magazine, 1956, 1(7): 677 - 684.

[10] BOLLMANN W. Interference effects in the electron microscopy of thin crystal foils[J]. Physical Review Journals Archive, 1956, 103: 1588 - 1599.

[11] 钱临照. 晶体缺陷研究的历史回顾[J]. 物理, 1979, 9(4): 289 - 296.

[12] HIRSCH P B. Direct observations of dislocations by transmission electron microscopy: recollections of the period 1946 - 56[J]. Proceedings of the Royal Society of London Series A, 1980, 371(1744): 160 - 164.

[13] DU H C, JIA C L, HOUBEN L, et al. Atomic structure and chemistry of dislocation cores at low angle tilt grain boundary in $SrTiO_3$ bicrystals[J]. Acta

Materialia，2015，89：344 - 351.

[14] YU Q，QI L，TSURU T，et al. Origin of dramatic oxygen solute strengthening effect in titanium[J]. Science，2015，347(6222)：635 - 639.

[15] ZHANG J，HAN W Z. Oxygen solutes induced anomalous hardening，toughening and embrittlement in body - centered cubic vanadium[J]. Acta Materialia，2020，196：122 - 132.

第 2 章 点缺陷

本章将重点介绍晶体材料中点缺陷的基本性质、产生方式、演化过程，以及对金属材料性能的影响。晶格缺陷多种多样，点缺陷是尺寸最小的一种晶格缺陷，它的三维方向尺寸均在原子尺度，也称为零维缺陷，包括空位、自间隙原子、置换原子、反位缺陷、点缺陷复合体等形态。点缺陷在晶体材料中广泛存在，对金属材料的物理、化学和机械性能均能产生显著影响。了解点缺陷的性质对理解金属材料的行为，并进行有目的的金属材料结构和性能的调控具有重要的意义。

2.1 点缺陷的类型

晶体(crystal)是由大量微观物质单元(原子、离子、分子等)按一定规则有序排列的结构。在晶体结构中难免出现一些打破常规排列顺序的原子尺度结构，这些结构通常称为点缺陷。晶体中的点缺陷类型多种多样，图 2-1 展示了几种典型的点缺陷形态。如果晶体中某结点上的原子空缺了，则称为空位，它是晶体中常见的缺陷。脱位原子一般进入其他空位或者逐渐迁移至晶界或表面。在离子晶体中这样的空位通常称为肖特基空位(Schotky vacancy)或肖特基缺陷。有些情况下，脱位原子会被挤到晶体的间隙位置，则形成另一种点缺陷类型——自间隙原子。一个空位和一个自间隙原子形成的点缺陷被称为弗兰克尔缺陷对。通常自间隙原子的形成能非常高，在辐照等条件下才会大量存在，也就是说弗兰克尔缺陷对在辐照条件下才会大量形成。异类原子也可以侵入晶体形成点缺陷，若侵入的异类间隙原子占据晶体的间隙位置，则称为间隙原子；若占据晶体原有的原子位置，则称为置换原子；若较小的异类原子侵入空位，则形成点缺陷复合体。点缺陷复合体是近年来新发现的一类点缺陷新形态，对金属材料的变形和损伤形核有重要影响。

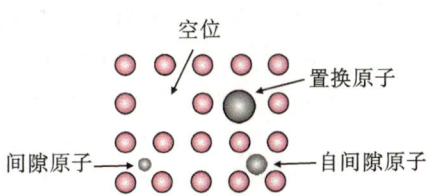

图 2-1 晶体中点缺陷的类型

上述任何一种点缺陷的形成，都破坏了原有的原子间的平衡作用力，因此点缺陷周围的原子必然会离开原有的平衡位置，做相应的微量位移，这就是晶格畸变或晶格应变，它们对应着晶体内能的升高。

　　化合物离子晶体也会产生相应的点缺陷，但情况更复杂。图 2 - 2 给出了离子晶体中的弗兰克尔缺陷对和肖特基缺陷的示意图，必须在晶体中同时移去一个正离子和负离子才能形成肖特基缺陷，而弗兰克尔缺陷对则是晶体中尺寸较小的离子挤入相邻的同号离子的位置（即两个离子同时占据一个结点位置），于是形成了自间隙离子和空位对。普通金属中形成自间隙原子或弗兰克尔缺陷对是很困难的，但在离子晶体中，情况就不同了。对于正负离子尺寸差异较大、结构配位数较低的离子晶体，小离子移入相邻间隙的难度并不大，所以弗兰克尔缺陷对是一种常见的点缺陷；相反，那些结构配位数高，即排列比较密集的晶体，如 NaCl，肖特基缺陷则较常见，而弗兰克尔缺陷的形成却比较困难。离子晶体中的点缺陷对晶体的导电性起重要作用。

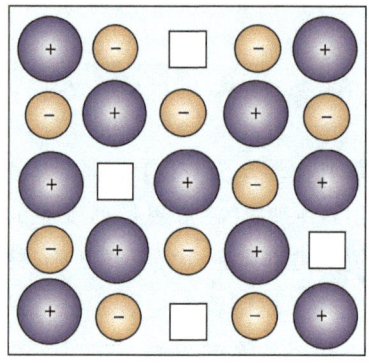

图 2 - 2　离子晶体中的点缺陷

　　晶体结构中存在不同类型的空隙可以容纳自间隙原子或间隙原子。以面心立方晶体为例，它有位于晶胞中心的 1 个八面体间隙和位于晶胞顶角的 8 个四面体间隙。通常八面体间隙大于四面体间隙，如图 2 - 3(a) 和 (b) 所示。而在体心立方金属中，有位于晶胞 6 个面上的八面体间隙（单个晶胞有 3 个）和位于晶胞顶角上的四面体间隙（单个晶胞有 4 个），通常其四面体间隙大于八面体间隙，如图 2 - 3(c) 和 (d) 所示。面心立方结构比体心立方结构具有更多的间隙，因此可以容纳更多的自间隙原子。晶体中的自间隙原子通常会占据以上八面体或四面体间隙位置，或者形成挤列子(crowdion)，如图 2 - 4 所示。在纯铁中，侵入的碳自间隙原子和氮自间隙原子比其四面体间隙和八面体间隙都要大，会引起晶格膨胀，导致纯铁中位错滑移阻力增加，显著提升材料强度。图 2 - 3(e) 和 (f) 展示了密排六方晶体中的八面体间隙和四面体间隙。研究发现钛中的氧间隙占据八面体间隙位置，随着氧含量的增加，为了容纳更多的氧间隙，氧会从八面体间隙被挤往四面体间隙位置。

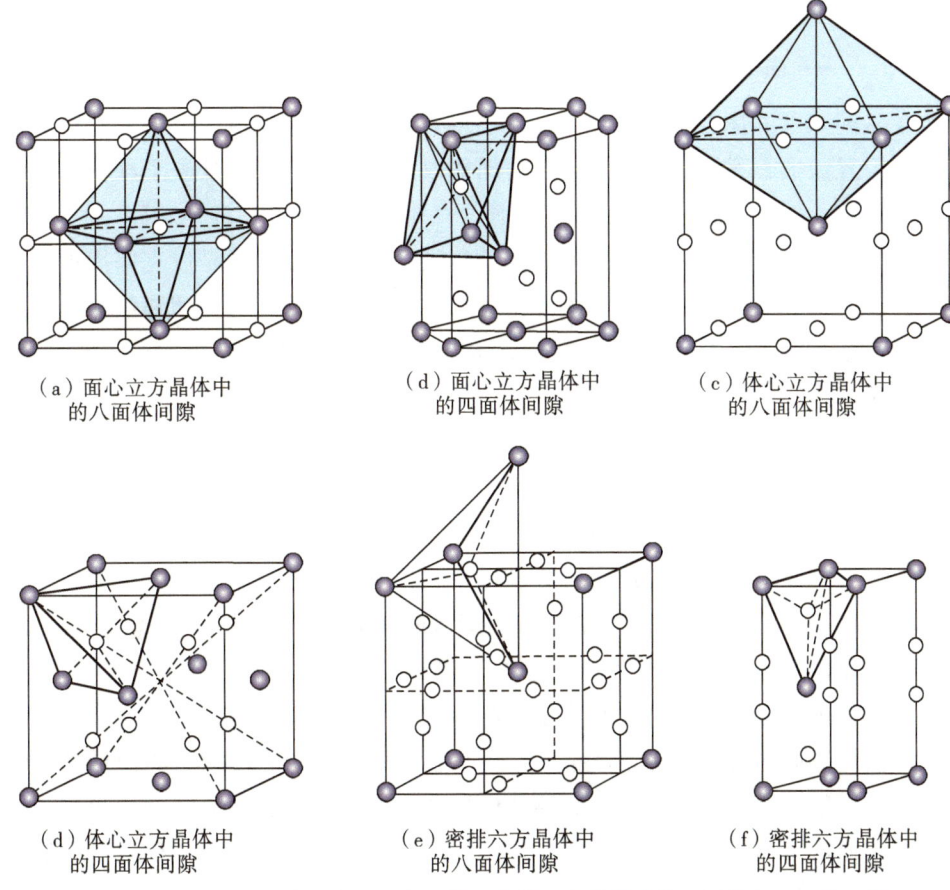

（a）面心立方晶体中
的八面体间隙

（d）面心立方晶体中
的四面体间隙

（c）体心立方晶体中
的八面体间隙

（d）体心立方晶体中
的四面体间隙

（e）密排六方晶体中
的八面体间隙

（f）密排六方晶体中
的四面体间隙

图 2 - 3　面心立晶体、体心立方晶体和密排六方晶体中的八面体和四面体间隙

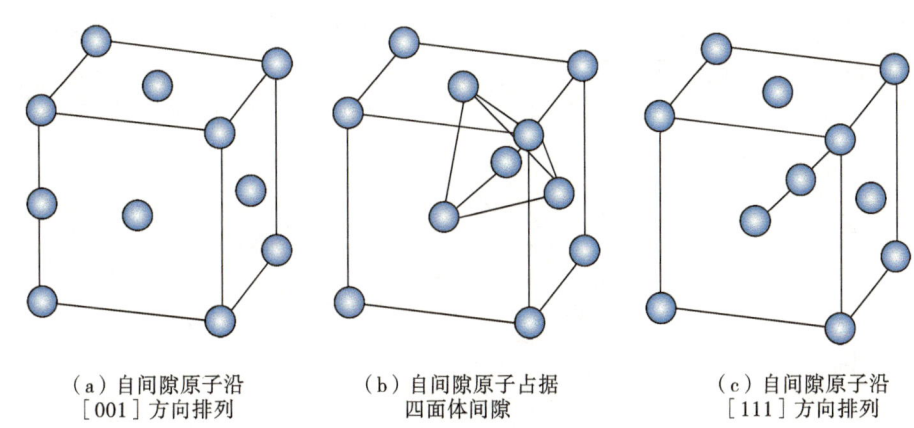

（a）自间隙原子沿
［001］方向排列

（b）自间隙原子占据
四面体间隙

（c）自间隙原子沿
［111］方向排列

图 2 - 4　自间隙原子在面心立方晶体中的占位，会形成几种不同的构型

2.2　点缺陷的平衡浓度

　　空位和间隙原子是由原子的热运动产生的。已知晶体中的原子并非静止的，而是以其平衡位置为中心不停地振动，其平均动能取决于温度。温度反映了众多原子振动能量的平均值，但从微观角度分析，各个原子的动能并不相等，即使对同一原子而言，其振动能量也是瞬息万变的，总有一些原子的能量在某瞬间高到足以克服周围原子的束缚（达到激活态或超过离位能），从而离开原来的平衡位置而跳入相邻的空位形成肖特基缺陷，或者挤入晶格间隙形成弗兰克尔缺陷对。基于以上原理，在一定温度下，材料内部总有一定数量的空位、自间隙原子等点缺陷。只是在常温下，点缺陷的浓度非常低，对金属材料的性能影响较小。

　　晶体中形成点缺陷对体系的自由能会产生影响。以空位为例，空位的存在产生的点阵畸变使晶体的内能升高，从而导致体系的自由能增加；然而，空位的形成还会引起体系的熵发生变化。若将点缺陷的形成过程看作等温等容过程，体系中点缺陷的形成对自由能的影响可以写成 $\Delta F = \Delta U - T\Delta S$，$\Delta U$ 为空位形成带来的内能增量，ΔF 为体系的自由能，T 为温度，ΔS 为熵的增量。若形成一个空位的内能增加值为 E_v，即为空位形成能，则 n 个空位造成的内能增加值为 nE_v。同时点缺陷的存在使体系的混乱程度增大，引起熵值增加，自由能降低。熵值增加随缺陷数量的变化是非线性的，如图2-5所示，少量点缺陷的存在使熵值快速增加。空位形成引起的内能增加和熵值增加的共同作用使体系的自由能表现出如图2-5中蓝色线条所示的变化。体系自由能先随着晶体中点缺陷数量 n 的增多逐渐降低，然后又逐渐升高，这样体系在一定温度下存在着一个平衡的点缺陷浓度，在该浓度下，体系的自由能最低。因此，由热振动产生的点缺陷属于热力学平衡缺陷，晶体中存在这些缺陷时自由能会降低；相反，如果没有这些点缺陷，自由能会升高。

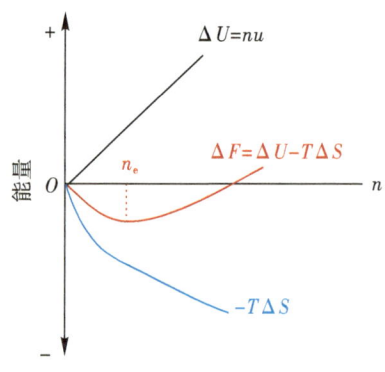

图2-5　自由能随点缺陷数量的变化

　　通过计算点缺陷的数量对内能项和熵增项的影响，可以求出图2-5中自由能曲线的极小值，即点缺陷的平衡浓度：

$$\frac{n_e}{N} = C_e = A\exp\left(-\frac{E_{i/v}}{kT}\right) \tag{2-1}$$

式中，C_e 为点缺陷的平衡浓度；n_e 为点缺陷的平衡数量；N 为晶体的原子总数；A 为材料常数，其值常取 1；T 为体系所处的温度；k 为玻尔兹曼常数，约为 8.62×10^{-5} eV/K 或 1.38×10^{-23} J/K；E_v 或 E_i 为空位或自间隙原子的形成能。

　　点缺陷的平衡浓度表达式表明：点缺陷的形成是由原子热运动引起的热激活过程。只有平均能量高出缺陷形成能的那部分原子才可能形成点缺陷，所以点缺陷的平衡浓度随温度升高呈指数增加。以纯铜为例，在接近熔点的 1000 ℃时，空位平衡浓度为 10^{-4}，而在室温（$\approx$20 ℃）下，空位的平衡浓度却只有 10^{-19}。此外，点缺陷的形成能也以指数形式影响点缺陷的平衡浓度，由于自间隙原子的形成能要比空位形成能高几倍，因此，自间隙原子的平衡浓度比空位低得多。在 1000 ℃时，铜的自间隙原子平衡浓度仅为 10^{-14}，与空位平衡浓度 10^{-4} 相比，两者平衡浓度相差 10 个数量级。因此，常规晶体材料中的自间隙原子浓度极低，可以忽略不计，只有在辐照等极端条件下，自间隙原子的浓度才会比较可观。

2.3　空位浓度的测量

　　晶体中空位的浓度通常都很低，所以用实验方法测量空位浓度比较困难。常用的测量方法有示差膨胀法、正电子湮灭技术和电阻法等。

　　示差膨胀法是测量晶体空位浓度比较准确的一种方法，它通过比较晶体的微观热膨胀和宏观热膨胀的差异对空位的浓度进行估算。当晶体中存在空位时，空位周围的原子会发生弛豫，使得原子的真实体积发生变化，可以通过测得点阵常数来确定该变化，比如通过 X 射线衍射测定微观膨胀量（$\Delta a/a_0$，Δa 为晶格常数的变化量，a_0 为晶格常数）。随着温度的升高，晶体的宏观体积会增加，可以采用宏观方法测量宏观膨胀量（$\Delta L/L_0$，ΔL 为宏观膨胀变化量，L_0 为初始宏观参量）确定。基于以上测量的数据，空位的浓度 $C_v = 3\left(\dfrac{\Delta L}{L_0} - \dfrac{\Delta a}{a_0}\right)$。

　　正电子湮灭技术是一种用于测定金属晶体中空位相对浓度的有效方法。其基本原理是：当高能正电子注入晶体后，会与金属电子发生湮灭并释放 γ 射线。自由正电子的平均寿命约为 1×10^{-10} s，远长于原子振动周期（约 10^{-13} s），因此正电子在湮灭前有足够时间与晶格缺陷相互作用。晶体中的空位因缺失原子核及周围电子，导致局部电子密度显著降低。这种低电子密度区域会捕获正电子，使被捕获正电子的寿命比自由态延长 20%～80%。由于正电子被空位捕获的概率与空位浓度成正比，通过测量正电子寿命的变化即可间接反映空位浓度变化。但该方法对绝对空位浓度比较低的样品不敏感。

　　电阻法是测量金属中空位浓度的重要方法之一。该方法基于残余电阻率与空位浓度成正比的原理，通过测量电阻变化来检测晶体中的空位缺陷。实验通常在低温环境下进行，这是因为低温能有效抑制晶格热振动对电阻测量的干扰，从而凸显出空位对电阻的微小贡献。具体操作过程如下：首先将金属样品从高温状态快速淬火至低温，以"冻结"高温平衡态的空位浓度，防止空位在冷却过程中发生迁移或湮灭；随后在低温下测量淬火样品的电阻值，该值包含了高温平衡空位引起的电阻变化；接着测量同一样品在低温下的正常电阻值并作为基准。通过比较这两个测量值，可以获得空位导致的电阻相对变化量。通过在不同淬火温度下重复上述实验，建立电阻相对变化与温度的关系曲线，即可计算出空位的形成焓。目前，多数金属的空位形成焓数据都是通过这种电阻测量方法获得的，这充分证明了该方法的可靠性和实用性。

2.4　点缺陷形成能和迁移能

对于单个空位来说，形成一个空位就要断开 z（配位数）个键，对内能的贡献是 $u(z/2)$，其中 u 是键能，即空位形成能约等于一个原子的键能。在实际金属中，键能（空位形成能 ΔE_v^f）和内聚能 E_{coh}（每个原子的升华热）都粗略地与金属的熔点 T_m 成正比。图 2-6 展示了面心立方金属和体心立方金属的空位形成能、内聚能和空位迁移能 ΔE_v^m 与 kT_m 之间的关系。其中内聚能与空位形成能可以分别表示为

$$E_{coh} \approx (29 \pm 1)kT_m \qquad (2-2)$$

$$\Delta E_v^f \approx (11 \pm 1)kT_m \qquad (2-3)$$

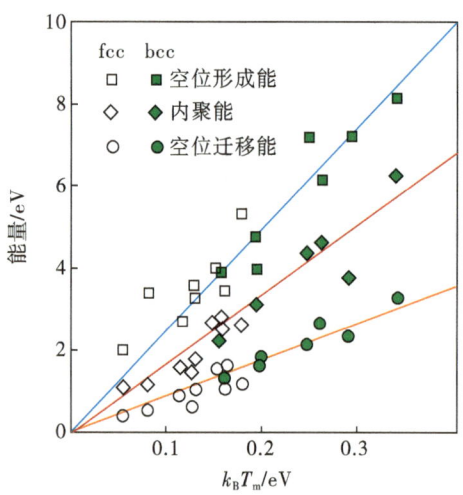

图 2-6　内聚能、空位形成能和空位迁移能与金属熔点之间的关系

(注：图中 fcc 代表面心立方金属，bcc 代表体心立方金属。)

金属空位形成能约等于内聚能的 1/3，实验测出的值与预测值之间偏差的原因是预测值没有考虑原子的松弛。表 2-1 列出了多种金属材料的熔点、内聚能、空位形成能、空位迁移能、自间隙原子形成能 ΔE_i^f 和自间隙原子迁移能 ΔE_i^m。

表 2-1　典型金属中空位和自间隙原子的物理性质

金属类型	T_m/K	E_{coh}/eV	空位		自间隙原子	
			$\Delta E_v^f/eV$	$\Delta E_v^m/eV$	$\Delta E_i^f/eV$	$\Delta E_i^m/eV$
面心立方金属						
Al	934	3.39	0.67	0.61	3.0～3.6	0.112～0.115
γ-Fe	1811	4.28	1.40	1.26	—	—
Ni	1728	4.44	1.78	1.04	—	0.15
Cu	1358	3.49	1.28	0.70	1.6～4.2	0.117
Pd	1828	3.89	1.85	1.03	—	—
Ag	1235	2.95	1.11	0.66	—	0.088
Pt	2041	5.84	1.35	1.43	1.1～1.5	0.063
Au	1337	3.81	0.93	0.71	—	—
Pb	601	2.03	0.58	0.43	—	0.01
体心立方金属						
V	2183	5.31	2.2	0.5～0.7	—	—
Cr	2180	4.1	2.0	0.95	5.66	<0.01
α-Fe	1811	4.28	1.73～1.95	1.11	4.7～5.0	0.3
Nb	2750	7.57	3.07	0.55	—	—
Mo	2896	6.82	3.0	1.35	7.42	<0.01
Ta	3269	8.1	3.1	0.7	—	—
W	3695	8.9	3.6	1.70	9.55	<0.01
密排六方金属						
Zn	693	1.35	0.53	—	—	—
Cd	594	4.14	0.41	—	—	—
Zr	2125	—	>1.5	0.6～0.7	2.84	—

　　当金属中形成空位时,其邻近原子会向空位方向发生弛豫(能量最小化调整),因此空位的体积必然小于完整原子体积,通常约为原子体积的 0.5～0.95。第一性原理计算表明,空位体积与泊松比呈倒线性关系:泊松比越大,原子弛豫体积越大,空位体积越小。这一特性在高压扩散研究中尤为重要。在高温条件下可能形成空位对(双空位),与两个孤立单空位相比,双空位破坏的键数目更少,弹性应变能更低,且构型熵减小,热力学稳定性更高;在面心立方金属中,双空位的迁移率比单空位高,对扩散过程起重要作用。对比表 2-1 数据可见,空位的形成能比自间隙原子形成能低但迁移能更高,说明空位易形成但难迁移,表现出较高的稳定性;而自间隙原子形成困难但极易迁移,通常会快速扩散至晶界或样品表面。

2.5　点缺陷复合体

点缺陷复合体是由基体空位与溶质原子之间复合形成的一类特殊的点缺陷，常见的点缺陷复合体包括氢-空位复合体、氦-空位复合体和氧-空位复合体等，如图 2-7 所示。点缺陷复合体具有原子尺寸，但由于空位和溶质原子之间较强的结合能，由空位和一个以上的溶质原子结合而成。点缺陷复合体对金属材料的缺陷演化、位错形核、损伤累积和宏观性能有显著影响。

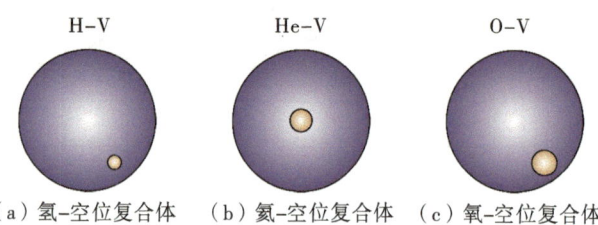

（a）氢-空位复合体　　（b）氦-空位复合体　　（c）氧-空位复合体

图 2-7　点缺陷复合体示意图

（注：大圆代表金属空位 V；内部小球代表异质间隙原子，其位置由空位与异质间隙原子的电子交互作用决定。）

在氢作为溶质原子的固溶体中，发现空位的浓度非常高，能达到约 10%，这些空位被称为"超大量空位"。氢的引入也大大降低了金属空位的形成能，同时由于原子氢与金属空位具有非常大的吸引力，二者的结合能通常可以达到 0.3~0.4 eV，可以将产生的空位稳定下来。大量的空位聚集就会在金属内部形成空洞、空位型位错环，与位错产生强烈交互作用，从而引发金属材料的硬化和脆化，这是金属材料氢脆的一种微观机制。由于单个氢原子尺寸较小，因此一个金属空位最多可以容纳数个氢原子，成为氢的陷阱，使金属材料在服役过程中会吸收储存一些氢。为了降低氢含量，通常需要对金属材料进行加热，打破氢和空位的结合，从而释放出氢。如图 2-8 为原位观察

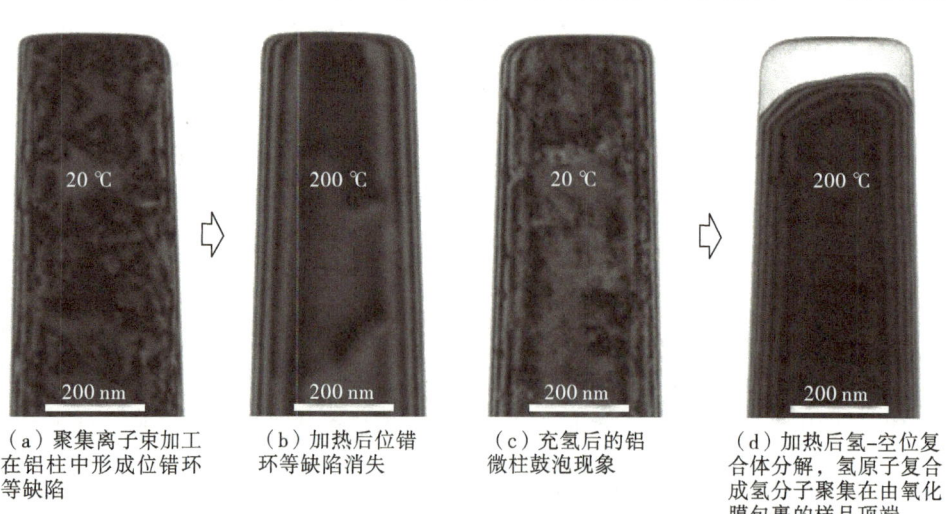

（a）聚集离子束加工在铝柱中形成位错环等缺陷　　（b）加热后位错环等缺陷消失　　（c）充氢后的铝微柱鼓泡现象　　（d）加热后氢-空位复合体分解，氢原子复合成氢分子聚集在由氧化膜包裹的样品顶端

图 2-8　充氢纯铝微柱表面鼓泡现象及 200 ℃加热后打破氢-空位复合体形成的顶端空腔

纯铝单晶由于氢的引入诱发的表面鼓泡现象以及 200 ℃ 加热后形成的顶端空腔。一开始小鼓泡分布在样品的各个位置，对样品进行加热，当温度超过氢-铝空位的分解温度后，大量氢从铝空位中释放出来，自由的空位和氢分子偏聚到了样品的顶端，形成了超大的空腔结构。铝纳米微柱的表面氧化膜就像是一个容器把氢和空位装了起来。

　　金属中注入氦离子也会导致大量纳米尺度空洞结构的产生，这些空洞称为氦泡，其是由氦-空位复合体聚集而成的。氦与金属空位之间也具有很强的结合能，以钨为例，氦与钨空位的结合能达到了 4.5 eV。也就是说在辐照过程中，微量的氦就可以稳定大量的空位，形成氦-空位复合体，它们进一步演化形成超大尺寸的氦泡，并倾向于分布在晶界，从而引起高温氦脆。氦-空位复合体是引起体心立方金属超高辐照硬化的主要原因之一。体心立方金属单晶钨在氦离子辐照后，其硬化增量可以达到一倍以上，比面心立方金属和密排六方金属的辐照硬化大得多。研究发现氦离子辐照过程中会形成大量的氦-空位复合体，氦与空位的强烈结合，导致空位的迁移和聚集比较难，所以这些原子尺度的氦-空位复合体仍然隐藏在晶格中，难以形成透射电子显微镜下可见的氦泡，因此成为金属中的暗物质（存在但探测困难，高分辨电镜下也难以观察到）。大量均匀分布的原子尺寸氦-空位复合体对位错施加强烈的阻碍作用，从而引起了钨等体心立方金属的超高辐照硬化，如图 2-9 所示。该现象也在氦离子辐照的体心立方金属铌中得到了证实。

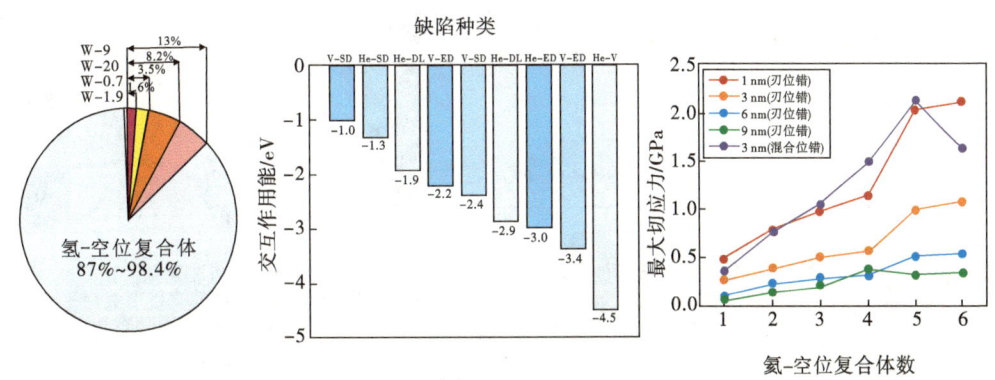

（a）隐藏在氦-空位复合体的氦占总注入氦离子的85%以上　（b）空位、氦原子和氦-空位复合体与不同位错之间的交互作用能　（c）不同直径的氦-空位复合体对刃位错和混合位错有显著的钉扎作用

图 2-9　大量隐藏的氦-空位复合体诱发体心立方金属钨的超高辐照硬化

（注：V 为空位，SD 为螺位错，ED 为刃位错，DL 为位错环。）

　　金属中微量的氧也会诱发氧-空位复合体，从而促进微孔洞形成，造成金属显著硬化和脆化。以第五副族钒、铌、钽的氧脆为例，在加工或热处理中一旦引入微量的氧就可以引发铌和钒的显著硬化、脆化和解理断裂。第一性原理计算表明，间隙氧原子不能直接钉扎螺位错，反而与螺位错具有弱排斥作用，需要与变形和辐照产生的空位结合形核氧-空位复合体才能对螺位错进行钉扎。由于氧与螺位错的排斥作用，直线状螺位错自发形核为高密度的交叉扭折，在快速运动时，产生大量空位和自间隙原子，氧与空位的动态复合形成高密度的稳定的氧-空位复合体，这是造成铌和钒等金属氧脆的根本原因（见图2-10）。氧-空位复合体具有良好的稳定性，可以进一步吸收变形或辐照产生的空位，逐步演化形成微空洞，共面的多个微空洞发生合并引起铌、钒等金属的解理断裂。变形后，在含氧铌和钒中观察到了由于位错和氧-空位复合体交互作用产生的极高密度的点状奥罗万位错环，为氧-空位复合体的氧脆机理提供了直接的实验证据。因此，氧-空位复合体是造成第五副族金属氧脆的主要原因。氧-空位复合体强化和脆化的机制迥异于传统的固溶强化原理，是一种新型的异质间隙原子强化模式。

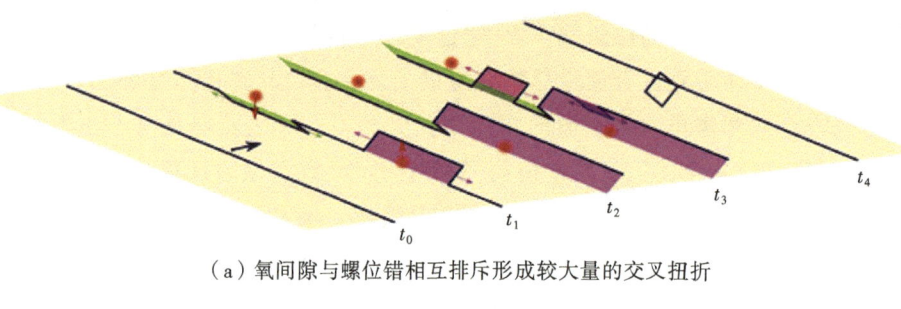

（a）氧间隙与螺位错相互排斥形成较大量的交叉扭折

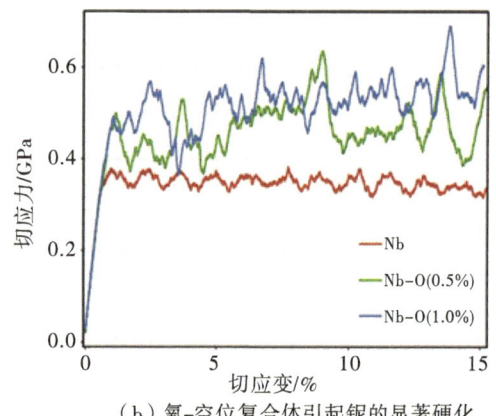

（b）氧-空位复合体引起铌的显著硬化

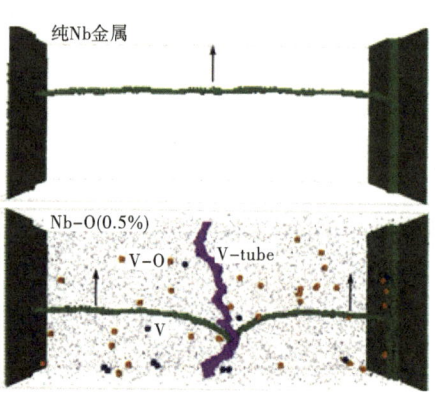

（c）氧-空位复合体可以收集螺位错与氧-空位复合体交互作用产生的空位形成扁平状空洞从而引起解理断裂

图2-10　氧-空位复合体诱发铌(Nb)等难熔金属的氧脆

（注：V-tube 指空位管。）

除了上述提到的三种点缺陷复合体以外，金属空位也有可能与其他异质间隙原子形成复合体，尤其是在包含大量固溶原子的合金体系中，或在某些极端服役环境中，比如高温、辐照等。点缺陷复合体的实验探测仍然面临重重困难，然而原子尺度计算可以为拓展点缺陷复合体的相关知识提供有力支持。可以考虑建立点缺陷复合体的数据库，为设计先进材料、破解金属服役难题提供基本点缺陷知识。总之，点缺陷复合体的发现对于理解一些金属中的复杂、反常现象提供了新思路。

2.6　有序合金中的点缺陷

近年来，有序合金及金属间化合物作为新型功能材料受到广泛关注，尤其是过渡金属铝化物、镓化物和硅化物等耐高温、高强度合金。这些材料的独特性能与其有序结构中的空位缺陷密切相关。

有序 AB 合金的结构可以看作是由 A 位置构成的亚点阵（称 α 点阵）及由 B 位置构成的亚点阵（称 β 点阵）相互穿插而成，在这种点阵中的点缺陷比单元素点阵的点缺陷复杂得多。每个亚点阵都可以形成空位和自间隙原子，而每个亚点阵中的点缺陷多少取决于材料本身的性质。有序合金特有的秉性点缺陷是反位原子，即在 α 亚点阵中的 B 原子或在 β 点阵中的 A 原子，它们又称为反结构原子或置换缺陷。随着反位原子的数量增加，有序度降低，甚至最后会变成无序结构，如图 2-11 所示。

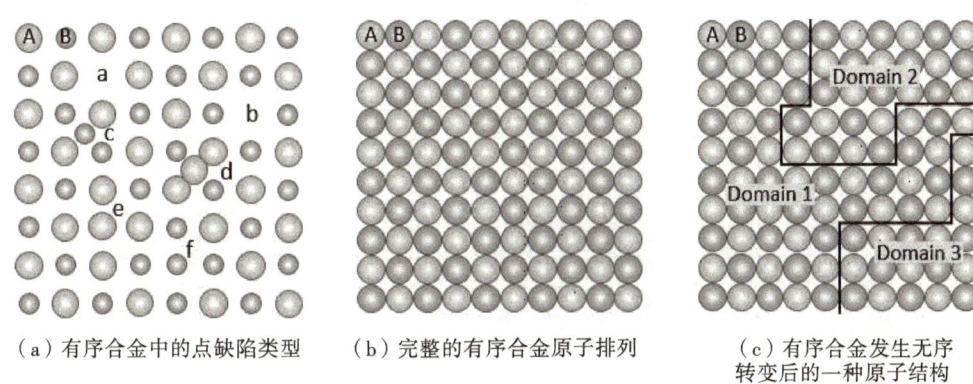

（a）有序合金中的点缺陷类型　　　（b）完整的有序合金原子排列　　　（c）有序合金发生无序
转变后的一种原子结构

●—A原子；●—B原子；a—在 α 亚点阵中的空位；b—在 β 亚点阵中的空位；c—A原子间隙原子；
d—B原子间隙原子；e—反位原子B^α；f—反位原子A^β；Domain 1、2、3—不同有序畴区域。

图 2-11　有序合金中的点缺陷

有序合金中各种亚点阵位置的比例要保持一个定值，例如有序 AB 合金两个原子点阵比例要保持为 1∶1，A_3B 合金则保持为 3∶1。因此，有序合金中点缺陷的数目不能是任意的。在有序 AB 合金中空位要成对出现，在 A_3B 合金中则要出现 3 个 A 空位和一个 B 空位，这类缺陷一般称为肖特基缺陷。有序合金中的点缺陷也可以形成复合体。这里讨论的点缺陷只是一个统计热力学的概念。

有序合金及金属间化合物通常有一定的稳定成分范围，当偏离其计量成分时需要以秉性点缺陷，即空位和反位原子来实现其成分的稳定性，这些点缺陷强烈地影响材料的性质。例如对于具有 B2 结构的铁铝和镍铝金属间化合物，当成分偏离计量成分时，它们的硬度和扩散系数都大幅度增加，这都归因于它们内部点缺陷浓度的增加。

对于可以有序-无序转变的合金，其长程有序度随温度上升而逐渐下降，直至转变临界温度时变为零。长程有序度伴随反位原子浓度的增加而降低，而合金在成分稳定范围但偏离计量成分时，也与温度升高时一样产生反位原子而降低其有序度。另一方面，某些金属间化合物却不常是这样的情况，例如，FeAl、NiAl、CoAl、NiGa 和 CoGa 等通常可以承受很高的空位浓度，特别是富 Al 和富 Ga 时。

2.7　点缺陷的产生方式

金属中的点缺陷如何产生呢？大量研究发现：快冷、塑性变形和高能粒子辐照是引入点缺陷的主要方式。

金属材料在高温下会形成平衡浓度的点缺陷，且该浓度随温度升高呈指数增长。当材料被加热至接近熔点时，其内部点缺陷浓度显著提高。通过快速淬火工艺，可以将这些高温状态下的高浓度点缺陷"冻结"保留至室温，从而在材料中人为引入大量缺陷（如空位）。这一原理被广泛应用于合金处理中：首先通过高温淬火获得过饱和空位，随后在低温时效过程中，这些空位能显著促进溶质原子的扩散，加速第二相颗粒的形核与生长。图 2-12 展示了纯铝经 600 ℃加热后淬火处理的显微组织，可见材料内部形成了大量尺寸约几十纳米的位错环，部分呈现规则多边形特征。这些位错环正是过饱和空位在淬火过程中聚集坍塌的直接证据，充分验证了淬火工艺对保留高浓度点缺陷的有效性。

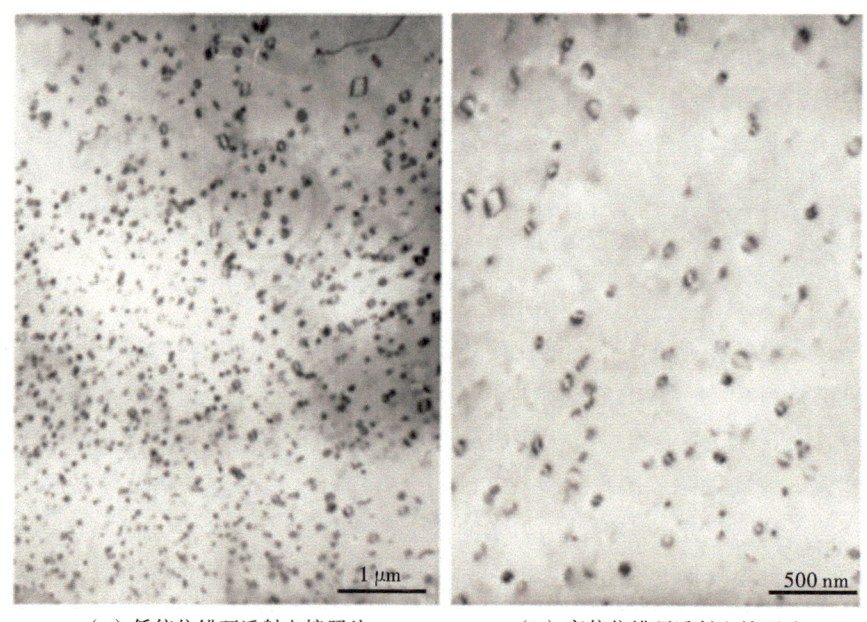

　　（a）低倍位错环透射电镜照片　　　　（b）高倍位错环透射电镜照片

图 2-12　纯铝淬火形成的位错环结构

金属材料塑性变形也是产生点缺陷的一种重要的方式。在塑性变形过程中，两条位错线交互作用会形成很多割阶，位错滑动拖动割阶移动会在后面产生一系列空位，如图 2-13（a）所示。因此，金属材料塑性变形不仅产生大量位错结构，而且伴随着一定浓度的点缺陷形成，尤其是空位。在塑性变形后期，空位会进一步聚集形成微孔洞，加速金属材料失效，断口上的韧窝结构与变形形成的微空洞密切相关。此外，当同一个滑移面上的两个符号相反的位错线相遇时，会发生湮灭，产生一串空位（空位柱）或者自间隙原子柱，如图 2-13(b)所示，这也是塑性变形产生点缺陷的一种常见机制。在体心立方金属中，由于螺位错和刃位错核心结构存在显著差异，二者滑移速度相差较大。对于具有三维核心结构的螺位错来说，常常需要通过热激活形成扭折对才能更好地运动以协调变形，但当在比较高的应变速率下变形时，螺位错快速运动过程中会形成较多交叉扭折，即单个扭折分别在不同的交滑移面上，如图 2-14 所示，螺位错拖动交叉扭折滑动会产生更多的自间隙原子和空位，从而加速体心立方金属的硬化和失效过程。总之，塑性变形是在金属材料中引入大量过饱和点缺陷的一种重要形式。

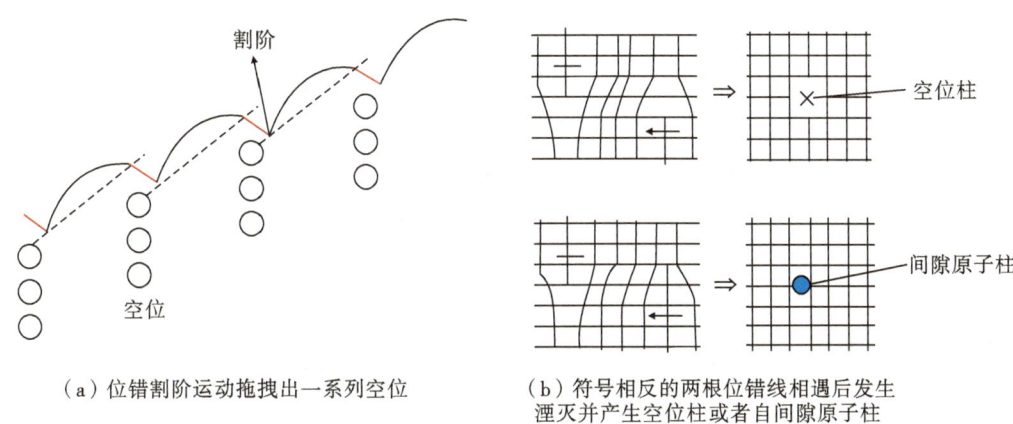

（a）位错割阶运动拖拽出一系列空位

（b）符号相反的两根位错线相遇后发生湮灭并产生空位柱或者自间隙原子柱

图 2-13　位错运动产生点缺陷

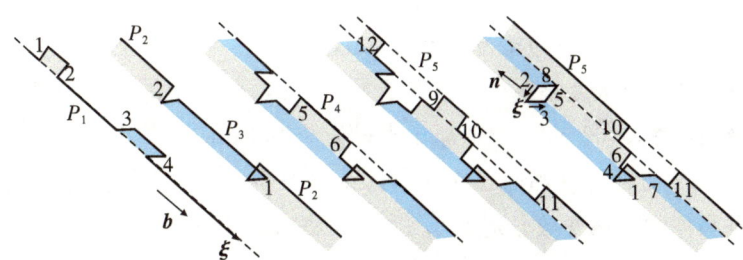

图 2-14　体心立方金属中螺位错上形成的交叉扭折在运动过程中产生更多的空位和自间隙原子

（注：b 表示伯格斯矢量，ξ 表示位错线的方向矢量，n 表示与位错运动相关的某个晶面的法向量，P_1、P_2、P_3、P_4、P_5 表示不同的滑移面，1~12 用于标识位错线上不同的特征位置、扭折的位置或者是位错运动过程中不同阶段的特征点。）

高能离子辐照也是在金属材料中引入过饱和点缺陷的重要方式。当高能离子注入金属时，高能离子与点阵原子发生碰撞，点阵原子获得反冲能，当反冲能大于点阵原子的离位能时，点阵原子被撞离平衡位置，形成一个空位和一个自间隙原子。金属材料点阵原子的离位能与金属的熔点密切相关。点阵原子在离开平衡位置形成空位和自间隙原子所需要的最小分离距离受点阵结构的影响，阈值随撞击方向和晶体取向发生变化，存在各向异性。被撞离平衡位置的第一个原子通常称为初级击出原子（primary knock-on atom，PKA），它会进一步与周围原子发生碰撞，产生更多的空位和自间隙原子，新产生的自间隙原子也会和周围点阵原子产生进一步碰撞，从而形成级联碰撞反应，如图 2-15 所示。大量高能离子的入射会在材料中形成高浓度的点缺陷和点缺陷复合体，从而对金属材料的结构和性能产生重要影响，后续将在第 9 章金属辐照损伤中进行详细介绍。

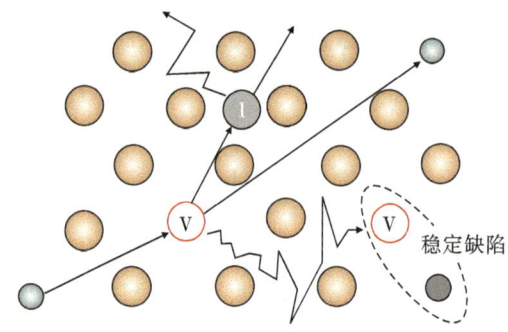

图 2-15　高能离子入射形成的级联碰撞反应

总之，金属材料中的点缺陷形态多种多样，为理解金属材料结构演化和进行性能调控提供了重要的切入点。

思考题

1. 纯铜中空位的形成能为 83 kJ/mol，间隙的形成能为 580 kJ/mol，请问在 1000 ℃时纯铜中的空位数量与间隙数量的比值是多少？空位的浓度是多少？

2. 纯铝在 400 ℃时的空位浓度为 2.3×10^{-5}，若将纯铝从 600 ℃度水中淬冷至室温，请问其内部的空位浓度是多少？这个状态下，$1\ \mu m^3$ 铝中的空位数量是多少？已知铝中空位的形成能为 0.62 eV，铝的原子半径为 0.143 nm。

3. 计算体心立方晶体铁和面心立方晶体铁中四面体和八面体间隙的尺寸并进行比较。已知两种晶体的晶格常数分别为 0.286 nm 和 0.357 nm。

4. 计算金在 1000 K 下的单空位浓度。若金样品被快冷至室温，请问金中的过饱和空位浓度是多少？

5. 试估算室温下每立方厘米铜中的空位数量是多少？

6. 思考空位对金属电导率有什么影响？

7. 思考空位的形成对周围原子的热振动会产生什么样的影响？

8. 思考变形中由于位错交割形成的点缺陷能稳定存在吗？对金属材料的力学性能有什么影响？

9. 思考单个位错运动会产生点缺陷吗？

10. 是否有办法来测量金属中无序分布的单个空位？

参考文献

[1] MEYERS M A, CHAWLA K K. Mechanical behavior of materials［M］. Cambridge：Cambridge University Press，2009.

[2] WOLLENBERGER H J. Point defects［M］. North-Holland：North-Holland Publishing Company，1996.

[3] 余永宁. 金属学原理［M］. 北京：冶金工业出版社，2013.

[4] LANDOLT H, EHRHART P, ULLMAIER H. Atomic defects in metals［M］. Berlin：Springer，1991.

[5] HIRSCH P B, SILCOX J, SMALL MAN R E, et al. Dislocation loops in quenched aluminium［J］. Philosophical Magazine，1958，3：897－908.

[6] MISHIN Y, MEHL M J, PAPACONSTANTOPOULOS D A. Structural stability and lattice defects in copper：Ab initio, tight-binding, and embedded-atom calculations［J］. Physical Review B，2001，63：224106.

[7] FU C C, WILLAIME F, ORDEJON P. Stability and mobility of mono and di-Interstitials in $\alpha-$Fe［J］. Physical Review Letters，2004，92：175503.

[8] MARIAN J, CAI W, BULATOV V V. Dynamic transitions from smooth to rough to twinning in dislocation motion［J］. Nature Communications，2004，3：158－163.

[9] DOMAIN C, LEGRIS A. Ab initio atomic-scale determination of point-defect structure in hcp zirconium［J］. Philosophical Magazine，2005，85：569－575.

[10] NGUYEN-MANH D, HORSFIELD A P, DUDAREV S L. Self-interstitial atom defects in bcc transition metals：group-specific trends［J］. Physical Review B，2006，73：20101.

[11] LI M, XIE D G, MA E, et al. Effect of hydrogen on the integrity of aluminium－oxide interface at elevated temperatures［J］. Nature Communications，2017，8：14564.

[12] YANG P J, LI Q J, TSURU T, et al. Mechanism of hardening and damage initiation in oxygen embrittlement of body-centred-cubic niobium［J］. Acta Materialia，2019，168：331－342.

[13] ZHENG R Y, JIAN W R, BEYERLEIN I J, et al. Atomic-scale hidden point-defect complexes induce ultrahigh-irradiation hardening in tungsten［J］. Nano Letters，2021，21：5798－5804.

第3章 直位错理论

本章基于弹性力学理论推导固体中直位错的弹性性质。在无限大、连续且各向同性的理想固体中，直位错的弹性性质最易解析；对于有限尺寸固体，需考虑位错在表面的位移和应力边界条件。为简化处理，引入镜像位错法：通过在固体外部设置虚拟位错，使其应力场与内部真实位错的应力场在表面相互抵消。对于简单几何形状的固体表面，镜像位错解较为简明；而复杂几何或位错构型则只能获得近似解。通过对直位错弹性性质及相互作用的研究，可以定性理解位错应力场分布、相互作用力等基本特征，从而建立位错运动的物理图像，为理解复杂位错行为奠定理论基础。这种简化模型虽不能完全反映实际材料中的位错行为，但对形成位错的基本认知具有重要价值。

本章将系统讨论直位错（包括螺位错、刃位错及混合位错）的弹性场特性，重点分析其位移场、应力场分布规律及弹性能计算。基于弹性力学理论，我们将引入位错受力概念，并通过典型算例阐明其应用。特别地，通过建立镜像位错模型，将严格推导位错镜像力和镜像应力的定量表达式，揭示位错与自由表面相互作用的物理本质。

3.1 螺位错

对于一个有限尺寸固体中的位错，当位错距固体表面的距离逐步增大时，镜像应力会逐渐减小，当达到一定距离时，镜像应力趋近于零，此时位错的应力场完全可以用无限尺寸固体中位错的应力场来表示。图 3-1 所示为一个圆柱体中螺位错的几何构型，圆柱体的半径为 R、长度为 L，位错位于其正中心，所处坐标如图中所示。当沿圆柱体的 z 方向在 Oxz 平面内施加一个切应力，在圆柱体的表面形成位移 b 时，圆柱体的中心虚线就对应于一条螺位错线，这是一个简单的螺位错构型。由于只在 Oxz 面内沿 z 轴施加了切应力，螺位错周围的圆柱体在 x 方向和 y 方向没有位移，即 $u_x = u_y = 0$，而只在 z 方向有位移，u_z 最大为 b。对于各向同性固体，随着图中 θ 角的变化，u_z 可表示为

$$u_z(r, \theta) = b\frac{\theta}{2\pi} = \frac{b}{2\pi}\arctan\frac{y}{x} \tag{3-1}$$

依据弹性理论，螺位错周围的应力场可以从位移场导出：

$$\sigma_{xz} = \frac{-\mu b}{2\pi}\frac{y}{x^2+y^2}, \ \sigma_{yz} = \frac{\mu b}{2\pi}\frac{y}{x^2+y^2}, \ \sigma_{xy} = \sigma_{xx} = \sigma_{yy} = 0 \tag{3-2}$$

也可以写成极轴坐标形式：

$$\sigma_{\theta z} = \frac{\mu b}{2\pi r}, \ \sigma_{r\theta} = \sigma_{rr} = \sigma_{\theta\theta} = \sigma_{zz} = 0 \tag{3-3}$$

式中，b 为伯格斯矢量大小；μ 为固体的剪切模量；σ_{xx} 表示 x 面内沿 z 方向的切应力；$\sigma_{\theta z}$ 表示 θ 面内沿 z 方向的切应力。依据上述公式，可以发现螺位错造成的位移平行于位错线方向，它周围的应力场比较简单，只沿 z 轴方向有切应力，其他应力分量均为零。

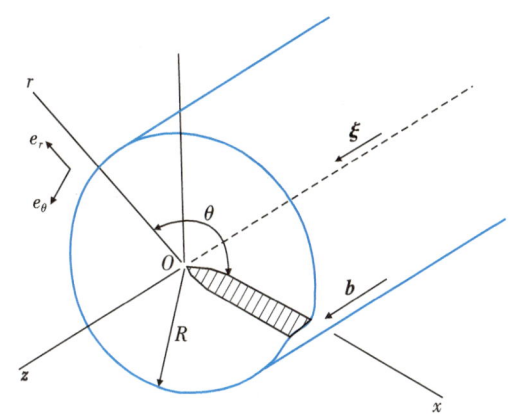

图 3-1　半径为 R、长度为 L 的圆柱体中螺位错示意图

（注：r 为 O 点到研究点的距离，e_r 为径向单位矢量，e_θ 为切向单位矢量。）

对于半径比较小的有限尺寸的圆柱体，比如一根晶须，芯部螺位错解析时不能直接采用无限尺寸圆柱体的解，而必须考虑圆柱体边界条件的影响。为了满足圆柱体表面位错应力场为零，必须施加一个反向的切应力。这种情况下螺位错周围的位移和应力场可以表示为

$$u_\theta(r, \ z) = \frac{-brz}{\pi R^2}, \ u_z(r, \ \theta) = \frac{b\theta}{2\pi}, \ \sigma_{\theta z} = \frac{\mu b}{2\pi r} - \frac{\mu b r}{\pi R^2} \tag{3-4}$$

当式（3-4）中的 R 趋近无限大时，应力场的第二项可以忽略，与式（3-3）中无限尺寸柱体的解一致。对于中等尺寸 R 的圆柱体，则必须考虑表面效应的影响，需加上镜像应力项。

位于无限尺寸圆柱体中的螺位错线上单位长度的能量可以依据其周围应力场进行计算。根据图 3-2，单位长度螺位错线能量可用从 r_0 到 R 之间圆柱体的弹性能代替，即

$$\frac{W}{L} = \int_{r_0}^{R} \frac{\sigma_{\theta z}^2}{2\mu} 2\pi r \mathrm{d}r = \frac{\mu b^2}{4\pi} \ln \frac{R}{r_0} \tag{3-5}$$

可见螺位错线的能量依赖于圆柱体半径 R 和位错核心的半径 r_0。在一个实际固体材料中，R 通常认为是位错到样品表面的最近距离 l。当 l 足够大时，位错镜像应力可以忽略不计。当固体中有很多条位错线时，R 可以取这些位错线平均间距的一半。位错线的能量对 R 的取值精度不敏感。r_0 为位错核心的半径，由于位错核心应力场比较复杂，很难用弹性应力场积分估算，故 r_0 取值通常为 b 或者 b 的几倍，依据材料类型

和具体情况而定。单位长度螺位错线的能量可通过式(3-5)加上位错核心的能量进行计算。不过，大多数情况下，位错核心的能量有限，可以忽略不计。原子尺度计算发现 NaCl 晶体中单位长度位错核心的能量仅约为 $0.2\mu b^2$，密排结构固体中位错线核心的能量仅约为 $0.05\mu b^2$。

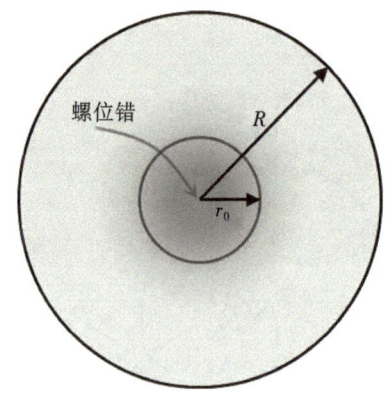

图 3-2　位于无限大圆柱中的螺位错线

（注：位错核心半径为 r_0，圆柱体半径为 R。）

基于以上讨论，螺位错线的能量可以表示为

$$\frac{W}{L}=\frac{\mu b^2}{4\pi}\ln\frac{\alpha R}{b} \tag{3-6}$$

式中，取 $r_0=b/\alpha$，其中 $\alpha\approx1$。半径为 R 的有限尺寸圆柱体中的螺位错能量为

$$\frac{W}{L}=\frac{\mu b^2}{4\pi}\ln\frac{\alpha R}{b}\frac{\mu b^2}{4\pi} \tag{3-7}$$

式中，最后一项为有限尺寸圆柱体表面边界条件的影响项，即镜像位错作用的影响项。

位错承受的力指驱动位错发生移动并改变整个体系自由能的力。该力施加到了位错周围发生弹性畸变的固体介质上，而不仅仅作用于位错线本身。现只讨论力作用于位错引起的弹性变形和力学效应。包含位错的固体单元在外力作用下的总能量包括两部分：晶格的弹性能和势能，即

$$W_t=W_e+W_p \tag{3-8}$$

式中，W_t 为总能量；W_e 为弹性能；W_p 为势能。总能量与位错的位置相关。对于一个平行于固体表面的螺位错，其距表面的距离为 l，单位长度的能量可以表示为式(3-6)，因此单位长度螺位错受到的使其向表面滑动的力为

$$\frac{F}{L}=-\frac{\partial\left(\dfrac{W}{L}\right)}{\partial(-l)}=\frac{\mu b^2}{4\pi l} \tag{3-9}$$

上式实际上是螺位错线受到的镜像力，它由晶体弹性能的变化引起。

图 3-3 长方体受到 y 面内沿 z 方向的切应力，形成右手螺旋状螺位错线。位错线距长方体两端距离均很远，于是两端对螺位错线的镜像应力可忽略不计。现将位错线

从位置 x_1 移动到 x_2，螺位错扫过的面积 $L(x_2-x_1)$ 对应的上下部分随之发生位移且位移为 b，在这一个过程中，切应力 σ_{yz} 做的功为 $\sigma_{yz}L(x_2-x_1)b$。切应力做功使螺位错线的势能发生了变化，即

$$\Delta W_p = -\sigma_{yz}L(x_2-x_1)b \qquad (3-10)$$

在螺位错移动过程中，其受到的力为

$$\frac{F_x}{L} = \sigma_{yz}b \qquad (3-11)$$

在上述位错移动过程中，长方体势能变化对应于位错运动过程中吸收或消耗的能量，通常通过声子散射转化为热。

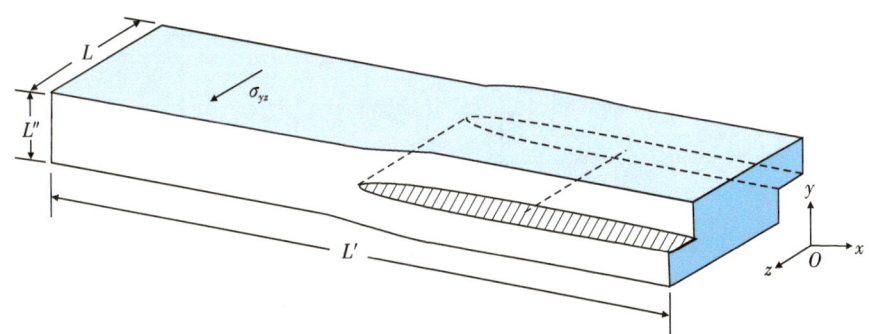

图 3 - 3　长方体中的右手螺旋位错

（注：矩形的长度(L')远大于其宽度(L)和高度(L'')。）

3.2　螺位错镜像力

现考虑一平行于固体表面的右手螺旋状螺位错，如图 3 - 4 所示。固体表面的应力场应为零，于是螺位错在表面处的应力场满足 $\sigma_{zz}=0$。为了满足这一边界条件，必须假设一个与螺位错大小相等、符号相反的镜像位错，如图 3 - 4 所示，二者以固体表面呈对称关系。在这种情况下，螺位错核心处受到的镜像应力为

$$\sigma_{yz} = \frac{\mu b}{4\pi l} \qquad (3-12)$$

则单位长度螺位错受到的使其向固体表面运动的镜像力为

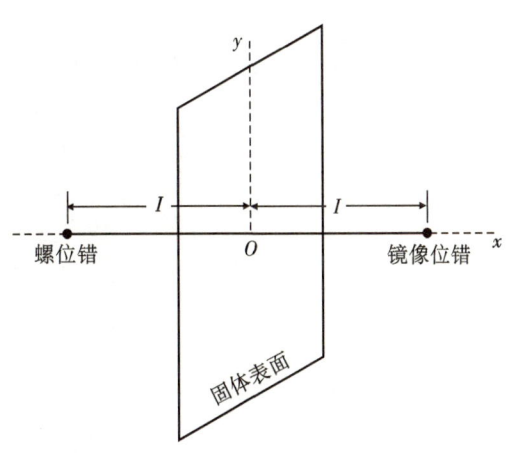

图 3 - 4　平行于固体表面的螺位错
和其镜像位错

$$\frac{F_x}{L} = \frac{\mu b^2}{4\pi l} \tag{3-13}$$

依据上式可以看出，螺位错受到的镜像力与其距表面的距离成反比，与剪切模量和伯格斯矢量大小成正比。

3.3　刃位错

图 3-5 所示为圆柱体中刃位错的构型。通过在 y 面内沿 x 方向施加切应力，可以在圆柱体内部产生一个刃位错。由图 3-5 可见，对于刃位错构型，只在 Oxy 面内有切应力和位移，沿 z 方向没有切应力和位移，沿 x 轴和 y 轴有主应力。采用和螺位错相似的方法可以导出刃位错周围的位移场和应力场。

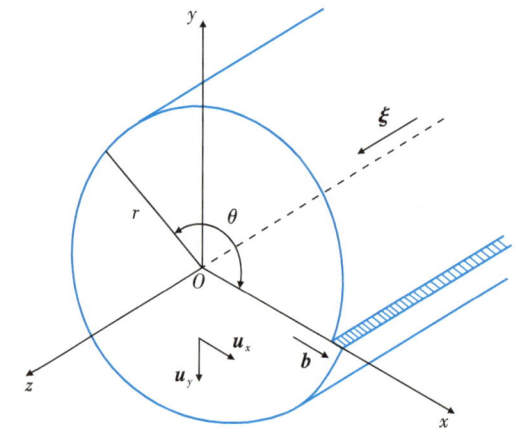

图 3-5　圆柱体中刃位错构型

（注：在 y 面内沿 x 轴施加切应力并在圆柱体芯部产生刃位错。）

在 $Oxyz$ 坐标系下，刃位错周围的应力场为

$$\begin{cases} \sigma_{xx} = -\dfrac{\mu b}{2\pi(1-\nu)}\dfrac{y(3x^2+y^2)}{(x^2+y^2)^2} \\[2mm] \sigma_{yy} = \dfrac{\mu b}{2\pi(1-\nu)}\dfrac{y(x^2-y^2)}{(x^2+y^2)^2} \\[2mm] \sigma_{xy} = \dfrac{\mu b}{2\pi(1-\nu)}\dfrac{x(x^2-y^2)}{(x^2+y^2)^2} \\[2mm] \sigma_{zz} = \nu(\sigma_{xx}+\sigma_{yy}) \\[2mm] \sigma_{xz} = \sigma_{yz} = 0 \end{cases} \tag{3-14}$$

式中，ν 为泊松比。

在极轴坐标系下，刃位错周围的应力场为

$$\begin{cases} \sigma_{rr} = \sigma_{\theta\theta} = -\dfrac{\mu b \sin\theta}{2\pi(1-\nu)r} \\[2mm] \sigma_{r\theta} = \dfrac{\mu b \cos\theta}{2\pi(1-\nu)r} \\[2mm] \sigma_{zz} = \nu(\sigma_{rr} + \sigma_{\theta\theta}) \\[2mm] \sigma_{rz} = \sigma_{\theta z} = 0 \end{cases} \tag{3-15}$$

依据上式，刃位错周围的应力场及其与点缺陷交互作用如图 3-6 所示。可见在刃位错半原子面部分(上部)以压应力为主，而刃位错下侧以拉应力为主。刃位错周围的应力场会影响点缺陷的分布，比如自间隙原子倾向于在刃位错的下侧偏聚(拉应力区)，而空位倾向于在刃位错的半原子面上侧偏聚(压应力区)，如图 3-6(b) 所示。

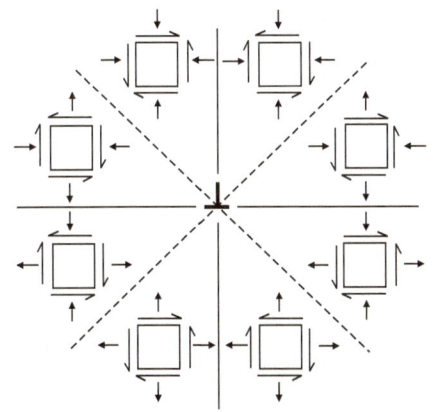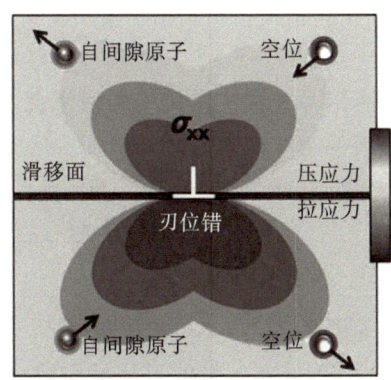

（a）刃位错半原子面一侧呈现压应力场，
而半原子面下方呈拉应力场

（b）由于刃位错上下应力场的差异，空位倾向
于在刃位错半原子面上侧聚集，而自间隙原子
倾向于在刃位错半原子面下侧聚集

图 3-6 刃位错周围的应力场分布及其与点缺陷交互作用示意图

刃位错周围的三个应力分量的等应力曲线如图 3-7 所示。

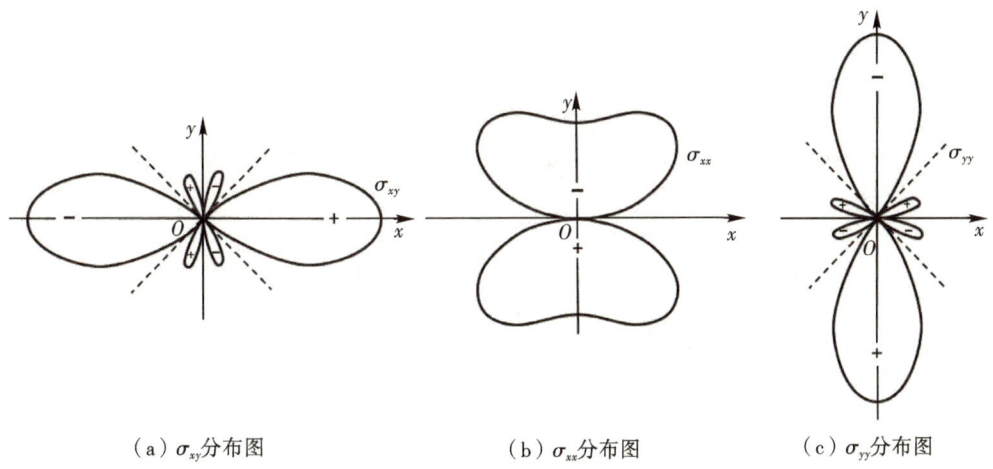

（a）σ_{xy} 分布图 　　　　　（b）σ_{xx} 分布图 　　　　　（c）σ_{yy} 分布图

图 3-7 刃位错周围的三个应力分量的等应力曲线

现考虑一个空心管状的刃位错构型（见图 3 - 2），空心管的外径为 R，内径为 r_0，与螺位错一样，r_0 代表位错核心的半径。基于空心管状刃位错构型，可以估算单位长度刃位错的应变能，即

$$\frac{W}{L}=\frac{\mu b^2}{4\pi(1-\nu)}\ln\frac{R}{r_0} \tag{3-16}$$

刃位错应变能表达式与螺位错的相似，两者只差泊松比项 $(1-\nu)$。若取刃位错核心半径为 b/α，则刃位错的应变能可表示为

$$\frac{W}{L}=\frac{\mu b^2}{4\pi(1-\nu)}\ln\frac{\alpha R}{b} \tag{3-17}$$

对于有限外径的圆柱体，由于外部材料的缺失和自由表面的影响，刃位错的应变能可表示为

$$\frac{W}{L}=\frac{\mu b^2}{4\pi(1-\nu)}\left[\ln\frac{R}{r_0}-1\right] \tag{3-18}$$

对于有限外径圆柱体位错构型来说，位错镜像力很重要，上式中的 R 可以用位错到自由表面的距离 l 代替。

3.4　混合直位错

对于如图 3 - 8 所示的混合直位错，位错线方向为 $\boldsymbol{\xi}$，位错的伯格斯矢量为 $\boldsymbol{b}$，位错线夹角为 β，伯格斯矢量的刃分量和螺分量分别为 $\boldsymbol{b}_e$ 和 $\boldsymbol{b}_s$。如此，混合直位错的滑移面由刃分量来决定，其即既包含位错线又包含位错的伯格斯矢量面。螺位错分量可以有很多可能的滑移面。单位长度混合直位错线的应变能为

$$\frac{W}{L}=\frac{\mu b^2}{4\pi}\left(\cos^2\beta+\frac{\sin^2\beta}{1-\nu}\right)\ln\frac{\alpha R}{b} \tag{3-19}$$

可见混合位错的应变能为其刃位错分量和螺位错分量应变能之和。

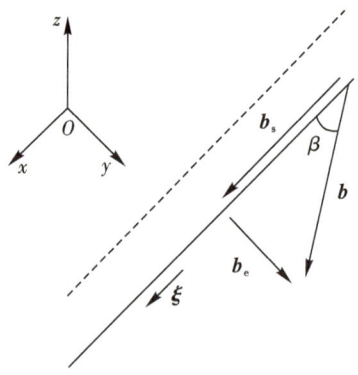

图 3 - 8　混合直位错示意图

3.5　平行直位错的交互作用

现考虑如图 3-9 所示的两个共面矩形位错环之间的交互作用。两个位错环都平行于 z 轴，它们的伯格斯矢量分别为 $\boldsymbol{b}_1$ 和 $\boldsymbol{b}_2$。两位错线的方向 $\boldsymbol{\xi}_1$ 和 $\boldsymbol{\xi}_2$ 均指向 z 轴正方向。两个位错环的坐标分别为 (x_1, y_1) 和 (x_2, y_2)。在这种情况下，当满足 $L \gg R$，即平行段位错线长度远大于两个位错环的间距，两个位错环的交互作用能主要取决于相邻平行段部分的交互作用能，如图 3-9 中面积为 A_1 和 A_2 的部分，其他部分位错环的交互作用可以忽略不计，这种效应称为末端效应。此时两个位错环的交互作用能为

$$\frac{W(A_1 - A_2)}{L} = \frac{\mu b_z^2}{2\pi} \ln \frac{2L}{R} \tag{3-20}$$

在满足 $L \gg R$ 情况下，两个位错环的交互作用能与平行段位错线长度成正比，与两者之间的距离成反比。

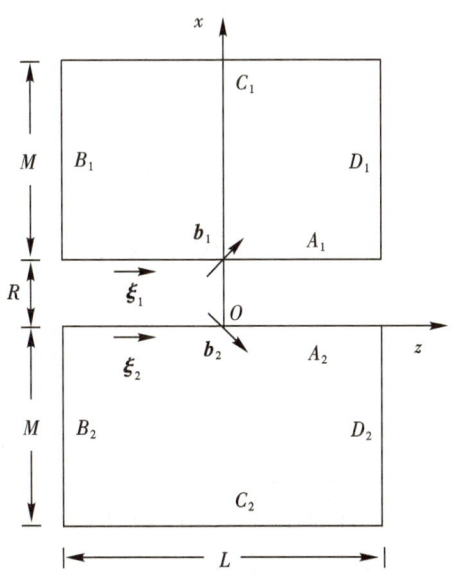

图 3-9　两个共面矩形位错环的交互作用

关于其他复杂的位错环交互作用可以参见相关参考书。本章所讲的一般位错的应力场、能量、位错镜像力及位错交互作用等内容也适用于具体晶体中的位错，只是需要考虑具体晶体材料的特性。基于以上内容，只要明确关于位错应力场、能量及交互作用的一些重要的结论和推论，就可以灵活地在金属材料的研究中运用位错知识了。

思考题

1. 在一个直径为 $1\ \mu\mathrm{m}$ 的铝晶须内有一条刃位错，请估算它受到的镜像力。若铝晶须的直径变为 $100\ \mathrm{nm}$，请问此时的镜像力是多大？比较前后两种情况下位错镜像力的差异。

2. 如何估算两个圆形位错环之间的作用力？

3. 请问铁中的碳原子倾向于偏聚在刃位错的哪个位置？为什么？对位错的运动会产生什么样的影响？

4. 现有两个符号相同的刃位错分别位于相距 h 的两平行滑移面上，请问两者之间的交互作用力如何估算？若是两个符号相反的位错，它们的交互作用力会有什么样的变化？

5. 不同金属之间位错线的能量差异由哪些因素决定？

参考文献

[1] HIRTH J P, LOTHE J. Theory of Dislocations[M]. 2nd ed. New York：A Wiley-Interscience Publication，1982.

[2] COTTRELL A H. Dislocations and plastic flow in crystal[M]. New York：Oxford University Press，1953.

[3] GRAMMATIKOPOULOS P. Atomistic modeling of radiation-induced defects in metals and their interactions with dislocations[J]. Elsevier，2020，17：161 – 186.

[4] ESHELBY J D, STROH A N. Dislocations in thin plates[J]. The London, Edinburgh，and Dublin Philosophical Magazine and Journal of Science，1951，42 (335)：1401 – 1405.

[5] ESHELBY J D. Screw dislocations in thin rods[J]. Journal of Applied Physics, 1953，24(2)：176 – 179.

[6] FRANK F C. On tin whiskers [J]. The London，Edinburgh，and Dublin Philosophical Magazine and Journal of Science，1953，44(355)：854 – 860.

[7] HUNTINGTON H B, DICKEY J E, THOMSON R. Dislocation energies in NaCl [J]. Physical Review，1955，100(4)：1117.

[8] HIRTH J P, FRANK F C. On the stability of dislocations in metal whiskers[J]. Philosophical Magazine，1958，3(34)：1110 – 1116.

[9] LOTHE J. Force on dislocations emerging at free surfaces[J]. Physica Norvegica, 1967，2(3)：153.

第4章 晶体结构与位错

第3章讲述的是各向同性均质固体中位错的一般形式。然而，大部分金属材料是各向异性的，而且具有不同的晶体结构，弹性和塑性性能差异也很大，因此，实际金属中的位错必须考虑晶体的周期性排列和各向异性行为。本章将介绍晶体结构对位错性质的影响，包括各向异性晶体中位错应力场、位错能量等的影响。在讨论晶体理想强度的时候我们曾假设晶体中原子之间具有周期性交互作用能，这一能量与原子的间距密切相关。晶体中位错运动受到原子之间周期性作用能的显著影响，这也是位错首先要克服的一个阻力，通常称为派-纳力（Peierls-Nabarro force）。该阻力被称为派-纳力是因为相关理论最先由英国物理学家派尔斯（Peierls）提出，而后由其学生纳巴罗（Nabarro）进一步阐释和拓展。这一模型首先讨论了位错的宽度和位错核心的能量，进而可以估算位错启动需要克服的晶格摩擦力。尽管这一模型只是粗略估算，但它首次给出了位错核心的非线性形式，展示了位错宽度与晶格摩擦力之间的关系，对于理解晶体中位错的物理性质具有重要的意义。本章将从介绍派-纳力模型开始，逐步深入阐释晶体结构对位错行为的影响，包括滑移面、全位错、不全位错、扩展位错、割阶、层错四面体等。

4.1 派-纳位错模型

晶体材料具有周期性的原子排列结构。现考虑如图 $4-1(a)$ 中的简单立方晶体模型，上下两部分晶体在 $y=0$ 的平面内，沿 x 方向发生一定的错位 φ^0，晶体在 x 方向的面间距为 b，在 y 方向的面间距为 d。在一开始，下半部分晶体相对于上半部分晶体的错位度为

$$\varphi_x^0 = \begin{cases} \dfrac{b}{2}, & x > 0 \\[2mm] -\dfrac{b}{2}, & x < 0 \end{cases} \tag{4-1}$$

若把上下两部分晶体拼接在一起形成如图 $4-1(b)$ 所示的刃位错结构，此时，上下晶体都需要发生一定的畸变以适应拼接形成的结构。上下对接原子柱发生的位移量为

$$\varphi_x(x) = \begin{cases} 2u_x(x) + \dfrac{b}{2}, & x > 0 \\[2mm] 2u_x(x) - \dfrac{b}{2}, & x < 0 \end{cases} \tag{4-2}$$

式中，$u_x(x)$ 为下半部分晶体位于 x 处原子柱在 $y=0$ 平面内发生的位移，其边界条件

满足 $u_x(\infty)=-u_x(-\infty)=-\dfrac{b}{4}$。

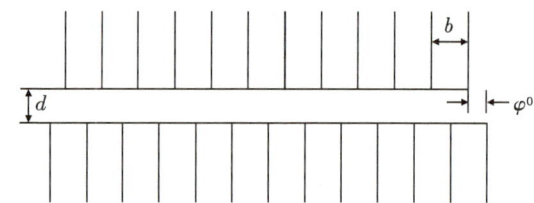

（a）两个半无限大立方晶体拟拼接在一起，它们之间的错位为$b/2$

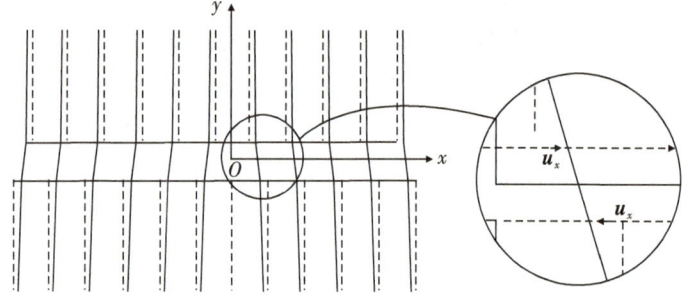

（b）上下两部分立方晶体拼接后在中心位置形成了一个刃位错

图 4 - 1　派-纳位错模型示意图

基于以上内容，刃位错周围的位移场如图 4 - 2 所示。上下原子面为了拼接在一起均发生了一定的弹性畸变，弹性畸变会促使上下原子面回复到初始位置。由弹性畸变产生的力叫作回复力（restoring force）。当晶格在 y 方向的位移量比较小时，在 $y=0$ 的平面内，回复力 σ'_{xy} 随位移 $\varphi(x)$ 满足周期性变化。对于下半部分晶体来说，该回复力可表示为

$$\sigma'_{xy}(x,\ 0)=\text{const}\cdot\sin\frac{2\pi\varphi_x}{b}=-\text{const}\cdot\sin\frac{4\pi u_x}{b} \tag{4-3}$$

式中，const 为比例常数。

以上畸变均为弹性畸变，基于胡克定律，回复力也可表示为

$$\sigma'_{xy}(x,\ 0)=2\mu\varepsilon_{xy}=\frac{\mu\varphi_x}{d} \tag{4-4}$$

联列上述两式可以得出：

$$\sigma'_{xy}(x,\ 0)=-\frac{\mu b}{2\pi d}\sin\frac{4\pi u_x}{b} \tag{4-5}$$

即，$\text{const}=\dfrac{\mu b}{2\pi d}$。

式（4 - 5）为刃位错的回复力表达式。依据相似的方法也可以推导出螺位错的回复力表达式。

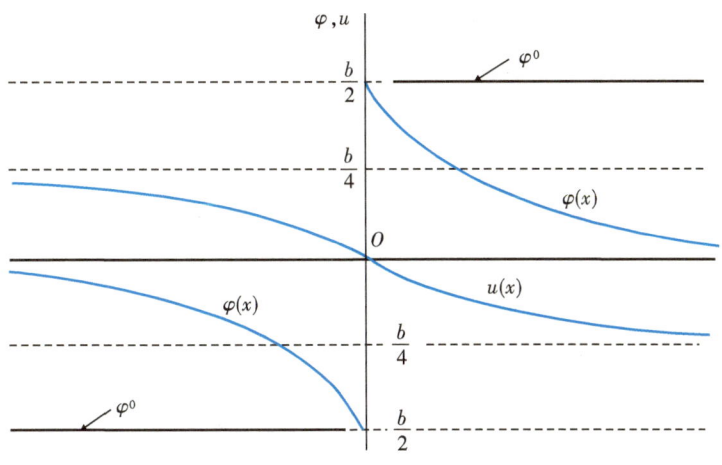

图 4 − 2　刃位错周围的位移场

4.2　位错核心宽度

如图 4 − 2 所示，刃位错的存在主要引起沿 x 方向发生的位移为 $\boldsymbol{u}_x$，沿 y 方向只形成很小的位移 $\boldsymbol{u}_y$。根据理论推导，刃位错引起的沿 x 方向的位移量可表示为

$$u_x = -\frac{b}{2\pi}\tan^{-1}\frac{x}{w} \tag{4-6}$$

其中，$w=\dfrac{d}{2(1-\nu)}$。$2w$ 为位错的宽度，表示刃位错两侧位移量介于 $-\dfrac{b}{8}$ 至 $\dfrac{b}{8}$ 之间，u_x 的最大值为 $\dfrac{b}{4}$，最小值为 $-\dfrac{b}{4}$，也就是说位错宽度定义为位移量从其极值衰减至一半所跨越的距离。位错宽度是描述位错核心畸变区大小的一个关键参量，对于理解位错的滑移行为有很大帮助。

图 4 − 3 展示了三种具有不同位错核心宽度的位错模型及其周围位移场和伯格斯矢量的分布情况。图 4 − 3(a) 为具有宽位错核心(wide core)的位错模型，其位错周围的晶格畸变基本分布在很宽的范围内。图 4 − 3(b) 为具有窄位错核心(narrow core)的位错模型，其位错周围晶格畸变仅局限在位错核心旁很窄的区域。图 4 − 3(c) 为具有分解位错核心(dissociated core)的位错模型，其位错周围晶格畸变分布在较宽的范围内，分解后的位错由两个分位错和中间的层错组成，通常这种位错组态被称为扩展位错(extended dislocation)。

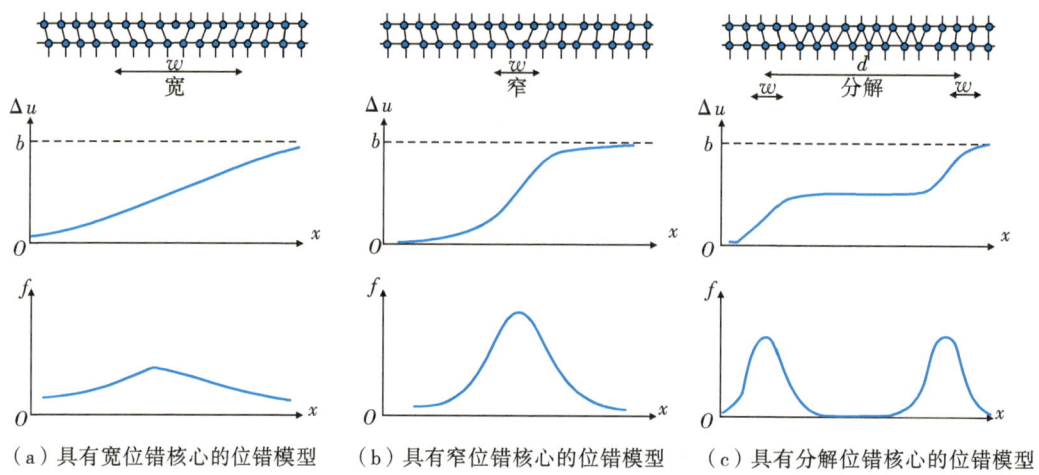

（a）具有宽位错核心的位错模型　（b）具有窄位错核心的位错模型　（c）具有分解位错核心的位错模型

图 4-3　几种具有不同位错核心宽度的位错模型及其周围的位移场和伯格斯矢量的分布情况

（注：图中 f 为局部畸变程度。）

4.3　位错派-纳力

位错核心的畸变场使得位错滑动需要克服一个阻力，这个阻力叫作派-纳力。派尔斯和纳巴罗分别于 1940 年和 1947 年对立方晶体刃位错滑动需要克服的能量和切应力进行了估算，通常二者分别称为派尔斯能和派-纳力。估算结果表明，单位长度的派尔斯能 E_P 随位错晶格位置发生波动，周期为 $b/2$，可表示为

$$E_P = \frac{Gb^2}{\pi(1-\nu)}\exp\left(-\frac{2\pi w}{b}\right) \tag{4-7}$$

式中，G 为剪切模量，ν 为泊松比，其他参数如上文所述。能量周期性变化的最大斜率代表位错移动需要克服的最大切应力，对派尔斯能方程求导则得到派-纳力随晶格位错的变化规律，可表示为

$$\tau_{PN} = \frac{2\pi}{b^2}E_P = \frac{2G}{(1-\nu)}\exp\left(-\frac{2\pi w}{b}\right) = \frac{2G}{(1-\nu)}\exp\left(-\frac{4\pi d}{2(1-\nu)b}\right) \tag{4-8}$$

图 4-4 展示了派尔斯能和派-纳力随位错位置的变化关系。派尔斯和纳巴罗对派-纳力进行的估算尽管存在很多简化和近似，但能很好地反映位错滑移需要克服的阻力远小于晶体的理论剪切强度。

关于派-纳力说明以下几点。

（1）派-纳力为在完整晶格中没有热激活辅助下驱动位错运动需要克服的阻力，也就是常说的晶格摩擦力。

（2）派-纳力与屈服强度不同，它通常小于材料的屈服强度。

（3）派-纳力远小于晶体的理论剪切强度。

（4）根据公式（4-8）可以发现，位错的伯格斯矢量越小，派-纳力越小；晶格面间距越大，派-纳力越小。

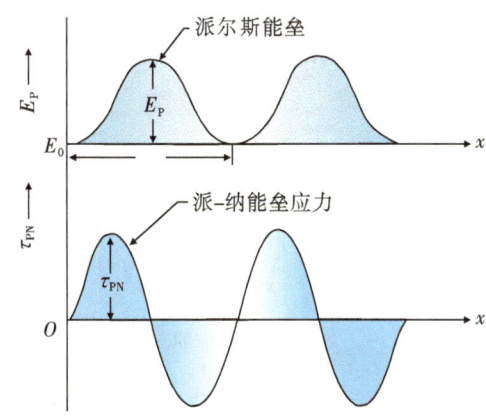

图 4-4 派尔斯能和派-纳力随位错位置的变化趋势示意图

（注：E_0 为位错晶格中处于平衡位置时的基准能量。）

（5）随着温度的增加，材料的剪切模量降低，派-纳力减小。

（6）位错宽度（$2w$）越大，派-纳力越小。

（7）刃位错核心尺寸通常大于螺位错核心尺寸，因此螺位错的派-纳力大于刃位错的派-纳力。

（8）派-纳力的大小强烈地依赖于晶体原子之间的健合强度，如面心立方金属和密排六方金属基面或柱面位错的派-纳力通常很小（$\leqslant 10^{-5}G$）；而具有共价键的硅和金刚石中位错的派-纳力很大（$\sim 10^{-2}G$）。体心立方金属的螺位错具有三维位错核心结构，宽度较窄，派-纳力较大，需要通过双扭折的形式进行滑动，依赖热激活过程；而其刃位错核心较宽，派-纳力很小，因此刃位错易于滑动。

4.4　位错滑移系统

位错通常沿特定的滑移面和滑移方向进行运动，哪些晶体学面和晶体学方向会成为位错滑移的首选？这就是本节要回答的问题。第 1 章介绍了可以通过右手螺旋准则来确定一个位错的伯格斯矢量，而伯格斯矢量通常是晶体中一个完整的最小的晶格矢量。具有这种晶格矢量的位错通常称为全位错（perfect dislocation），而具有这种晶格矢量一半或部分的位错通常称为扩展位错（不全位错）（partial dislocation）。

图 4-5 展示了全位错和不全位错的区别。在图 4-5(a)中简单立方晶体上沿 A—B 线切一刀，若形成如图 4-5(b)所示的构型，中间为位错线，其伯格斯矢量为完整的晶格矢量或几个完整晶格矢量的和，这样的位错就是全位错。这种位错具有与上节讨论的派-纳位错相同的结构，其错位能和弹性能主要集中在位错核心周围；若形成如图 4-5(c)所示的构型，该缺陷的畸变能分布在一定范围之内，包括两端不全位错的畸变能和上下原子面错位区的能量（即中间层错的层错能），这种构型的位错通常称为扩展位错。图 4-5(c)中缺陷两端位错的伯格斯矢量仅为立方晶体晶格矢量的一半或部分，

因此被称为不全位错。在实际晶体材料中，一个全位错会自动发生分解，形成扩展位错组态，包括两个分位错和中间的层错。

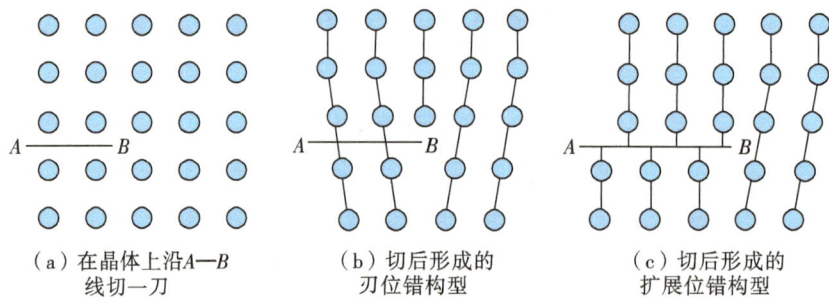

（a）在晶体上沿A—B　　　　（b）切后形成的　　　　（c）切后形成的
　　　线切一刀　　　　　　　　刃位错构型　　　　　　扩展位错构型

图 4 - 5　晶体中形成全位错和不全位错的过程

根据位错弹性能理论，位错的能量与位错伯格斯矢量的二次方（b^2）成正比，通常具有最小伯格斯矢量的位错才是稳定的全位错。1949 年弗兰克提出采用 b^2 来判定位错的稳定性，被称为弗兰克能量准则（Frank energy criterion）。一个全位错（b_1）分解成两个全位错（b_2+b_3），只有在满足能量降低原理才有可能发生，即

$$b_1^2 > b_2^2 + b_3^2 \qquad (4-9)$$

例如，若 $b_1 = 2b_2 = 2b_3$，则 $b_1^2 = 4b_2^2 > b_2^2 + b_3^2 = 2b_2^2$，表明位错分解可以进行。相似地也可以从分解后位错的交互作用形式来判断位错的稳定性。若分解后两个位错（b_2 和 b_3）相互吸引，则 b_1 保持稳定；若分解后两个位错（b_2 和 b_3）相互排斥，则 b_1 会自动分解为 b_2 和 b_3。

当然为了更加准确地评估位错的能量，可以采用位错能量（$E(\beta)$）表达式（3 - 19）进行比较，即满足

$$E_1(\beta) > E_2(\beta) + E_3(\beta) \qquad (4-10)$$

时位错会发生自动分解，β 为伯格斯矢量参量。基于弗兰克能量准则，具有晶体最小晶格矢量数倍的位错均不稳定，都会自动发生分解以形成伯格斯矢量更小的位错。在实际晶体中，由于晶体各个方向弹性性能的差异，需要考虑具体晶体学面和晶体学方向对位错能量的影响，从而判断位错的稳定性。

对于常见的晶体结构，其中比较稳定的位错见表 4 - 1。

表 4 - 1　典型晶体结构中稳定位错的伯格斯矢量

晶体结构	稳定伯格斯矢量	较稳定伯格斯矢量	可能滑移面
面心立方	$\frac{1}{2}<110>$	$<100>$	$\{111\}<\{110\}<\{100\}$
体心立方	$\frac{1}{2}<111>$，$<110>$	—	$\{110\}<\{112\}<\{123\}$
密排六方	$\frac{1}{3}<11\bar{2}0>$，$<0001>$	$\frac{1}{3}<11\bar{2}3>$	$\{0002\}$，$\{1\bar{1}00\}$，$\{10\bar{1}1\}$
金刚石结构	$\frac{1}{2}<110>$	$<100>$	$\{111\}<\{110\}<\{100\}$
NaCl 结构	$<110>$	$<200>$	$\{110\}$，$\{100\}$

4.5　常见晶体滑移系统

　　单晶晶体通过启动密排面和密排方向组成的位错滑移系统实现塑性变形。位错理论提出后，便将滑移方向和滑移面与位错的伯格斯矢量方向和位错滑移面联系起来。单晶晶体变形后表面形成平直的滑移迹线也被认为是一组具有相同伯格斯矢量的位错沿特定晶体学面和晶体学方向滑动的结果。随着材料表征技术的进步，以上推论逐步被实验观察所证实。

　　对于特定晶体来讲，位错理论预测只有若干低指数滑移面和滑移方向能组成可能的滑移系统。弗兰克能量准则指出只有表 4 - 1 中的全位错伯格斯矢量才具有弹性稳定性，成为可能的滑移方向，并形成滑移系统。依据位错派-纳力理论，只有具有最小伯格斯矢量位错的派-纳力才最小，因此具有最小伯格斯矢量的全位错才最易滑动。相似地，对于一个给定伯格斯矢量的位错，只有沿面间距最大的滑移面滑动时其派-纳力才最小。因此密排面和密排方向共同决定了位错的滑移系统。在晶体中，面间距最大的面通常是密排面，一般也是低指数晶体学面。对于立方晶体来说，其面间距表达式为

$$d_{hkl} = \frac{a_0}{\sqrt{h^2 + k^2 + l^2}} \qquad (4 - 11)$$

式中，a_0 为晶格常数；h、k、l 分别为晶体学面 $\{hkl\}$ 的指数。依据公式(4 - 11)，在立方晶体中 $\{111\}$ 面为密排面，其面间距 $d_{hkl} = a_0/\sqrt{3}$；$\{002\}$ 面为次密排面，其面间距为 $d_{hkl} = a_0/2$。部分全位错可能分解成扩展位错，即两个分位错和一个层错，这类位错的滑移面通常也是其层错形成的面，这个面通常也具有低晶体学面指数。例如，面心立方金属的 $\{111\}$ 面为其层错形成的面，也是常见的滑移面。

　　位错理论预测全位错具有最小伯格斯矢量的方向为滑移方向，依据弗兰克能量准则和位错派-纳力模型可以确定全位错的滑移面，通常为低指数密排面或层错形成的面。在位错理论发展早期，晶体材料的滑移系统通常由光学显微镜或 X 射线衍射方法来确定。后续透射电子显微镜技术逐渐成熟，也常用来确定晶体的滑移系统。近年来随着电镜三维成像技术的发展，晶体的滑移系统表征变得越来越容易，也再次证明了位错理论的正确性。

1. 面心立方晶体

　　依据位错理论和诸多实验观察，发现面心立方晶体的滑移系统为 $\{111\}<110>$，即密排面 $\{111\}$ 面为滑移面，密排方向 $<110>$ 为滑移方向。面心立方晶体的滑移系统如图 4 - 6 所示。面心立方晶体共有四个 (111) 滑移面，每个面上有 3 个 $<110>$ 滑移方向，

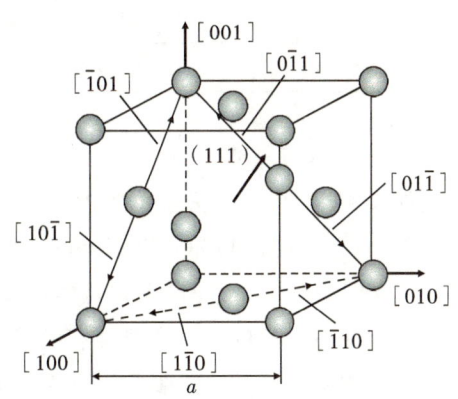

图 4 - 6　面心立方晶体的滑移系统

因此共有 12 个独立的{111}<110>滑移系统。

2. 体心立方晶体

依据位错理论和诸多实验观察，发现体心立方晶体的密排方向为<111>，对应全位错最小的伯格斯矢量为 $\frac{1}{2}$<111>。体心立方晶体中的密排面为{110}，而可能形成层错的面则为{112}，因此体心立方晶体具有多个可能的滑移面。大量研究发现体心立方晶体中最常见的滑移面包括{110}、{112}和{123}。图 4-7 展示了体心立方晶体中的滑移系统。表 4-2 列出了几种常见体心立方晶体中的滑移系统。

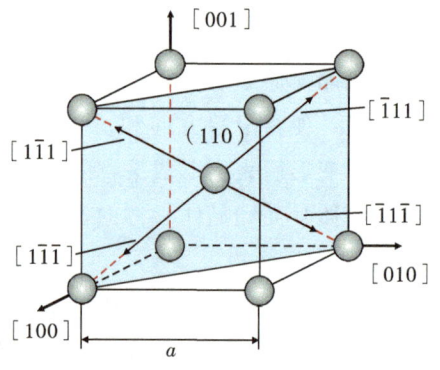

图 4-7　体心立方晶体的滑移系统

由于体心立方晶体有 3 种可能的滑移面，每种滑移面有 6 个分面，每个滑移面上有 2 个滑移方向，因此，体心立方晶体具有 12～48 个可能的滑移系统。

表 4-2　典型体心立方晶体中的滑移面(滑移方向均是<111>)

晶体	室温滑移面	低温滑移面	高温滑移面
Fe	{112} {110}	{110} {112}	{123}
Fe-3Si	{112} {110}	{110} {112}	{123}
Na	{123}	—	—
K	{123}	—	—
Nb	{110}	{110}	
Ta	{110}	{112}	
V	{110} {112}	{110} {112}	
W	{110} {112}	{110}	{112}
Mo	{110}	—	—
Mo-Re	{112}	—	—
Cr	{110} {123}	{112}	

3. 密排六方晶体

如表 4-3 所示，密排六方晶体中报道了诸多可能的滑移系统。依据位错理论，<11$\bar{2}$0>(<a>方向)和<11$\bar{2}$3>(<$c+a$>方向)为密排六方晶体常见的滑移方向。此外，<0001>(<c>方向)也是可能的滑移方向，但在实验中极少看到<c>位错的启动，只有在铍(Be)的高温变形中有所报道。具有<0001>伯格斯矢量方向的<c>位错环常见，如锆(Zr)经过辐照后会形成大量<c>位错环，进而引起锆的辐照生长。

表 4 - 3　典型密排六方晶体中的滑移系统

表 4 - 3　典型密排六方晶体中的滑移系统

晶体	室温滑移系统	高温滑移系统
$Cd\left(\dfrac{c}{a}=1.89\right)$	$<11\bar{2}0>\{0001\}$	$<11\bar{2}0>\{10\bar{1}0\}$
$Zn\left(\dfrac{c}{a}=1.86\right)$	$<11\bar{2}0>\{0001\}$	$<11\bar{2}0>\{10\bar{1}0\}$
$Mg\left(\dfrac{c}{a}=1.62\right)$	$<11\bar{2}0>\{0001\}$	$<11\bar{2}0>\{10\bar{1}1\}$
$Co\left(\dfrac{c}{a}=1.62\right)$	$<11\bar{2}0>\{0001\}$	—
$Re\left(\dfrac{c}{a}=1.62\right)$	$<11\bar{2}0>\{0001\}$	—
$Ti\left(\dfrac{c}{a}=1.59\right)$	$<11\bar{2}0>\{10\bar{1}0\}$	—
$Zr\left(\dfrac{c}{a}=1.59\right)$	$<11\bar{2}0>\{10\bar{1}0\}$	—
$Be\left(\dfrac{c}{a}=1.57\right)$	$<11\bar{2}0>\{0001\}$	—
$Y\left(\dfrac{c}{a}=1.57\right)$	$<11\bar{2}0>\{10\bar{1}0\}$	—

　　为了确定密排六方晶体的滑移面，首先来判定哪些晶体学面是密排六方晶体的密排面。相较于面心立方晶体和体心立方晶体而言，密排六方晶体的密排面略微有些复杂。密排六方晶体中晶体学面之间的面间距可由米勒-布拉维（Miller-Bravais）公式计算：

$$\frac{1}{d_{hkl}^{2}}=\frac{4}{3}\frac{h^{2}+hk+k^{2}}{a^{2}}+\frac{l^{2}}{c^{2}} \tag{4-12}$$

式中，a 和 c 为密排六方晶体沿 $\langle a\rangle$ 轴和 $\langle c\rangle$ 轴的晶格常数；h、k、l 都为晶格指数。对于满足理想 c/a 比值 1.633 的密排六方晶体，晶面面间距见表 4 - 4。在密排六方晶体中，简单依据晶面面间距公式判断晶面面间距容易造成误解。如图 4 - 8 所示，密排六方晶体中基面的原子排列平整，依据晶面面间距公式估算的面间距与基面之间的真实面间距一致，但对于柱面而言，两者之间存在较大差异。密排六方晶体中柱面的原子排列具有锯齿状特征，依据晶面面间距公式估算的是柱面法向的原子间距为 $0.866a$，如图 4 - 8 所示。然而，柱面中锯齿面之间的间距才是其真实的面间距，仅为 $0.816a$，如图 4 - 8 所示。因此，对于原子排列不平整的晶体学面，例如密排六方金属的柱面和锥面，依据晶体学面面间距公式的估算就存在比较大的差异，需具体考虑晶体学面内锯齿面的真实间距，见表 4 - 4。

表 4 - 4　理想轴比密排六方晶面面间距

指标	晶面或数值			
晶体学面	(0001)	$\{10\bar{1}0\}$	$\{10\bar{1}1\}$	$\{11\bar{2}2\}$
d_{hkl}	$0.816a$	$0.866a$	$0.765a$	$0.428a$
真实面间距	$0.816a$	$0.816a$	$0.706a$	$0.428a$

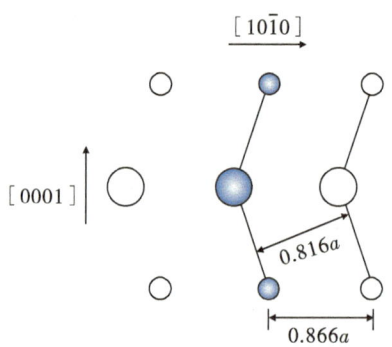

图 4 - 8　密排六方晶体中基面和柱面面间距的示意图

在具体的密排六方晶体中，c/a 通常不满足理想轴比 1.633，而总是偏小或者偏大，其晶体学面面间距也会随着 c/a 发生变化。以密排六方晶体的 (0001) 基面为例，当 $c/a<1.633$ 时，其面间距减小；当 $c/a>1.633$ 时，其面间距增加。正是由于以上特点，不同密排六方晶体结构晶体中的滑移面不同，见表 4 - 3。对于锌 (Zn) 和镉 (Cd) 而言，(0001) 基面为滑移面，其具有最大的面间距和较低的层错能及较小的派-纳力。对于钴 (Co) 和铼 (Re) 而言，(0001) 基面层错能低，也是常见的滑移面。对镁 (Mg) 而言，其 $c/a=1.62$，略小于理想轴比 1.633，这时 $\{10\bar{1}0\}$ 柱面的面间距略大于 (0001) 基面的面间距，似乎 $\{10\bar{1}0\}$ 柱面应当成为常见的滑移面。但大量实验表明镁的 (0001) 基面是常见的滑移面，这是由于虽然 $\{10\bar{1}0\}$ 柱面的面间距略大，但其具有锯齿状原子面，位错滑移的派-纳力会显著增加；此外，位错也易在 (0001) 基面分解形成层错。以上两方面原因使得 (0001) 基面仍然是密排六方晶体镁中主导的滑移面。钛 (Ti)、锆 (Zr) 和钇 (Y) 的 c/a 远小于理想轴比 1.633，此时 $\{10\bar{1}0\}$ 柱面的面间距比 (0001) 基面大得多，$\{10\bar{1}0\}$ 柱面就成为主导的滑移面。密排六方晶体铍 (Be) 是一个例外，按 $c/a=1.57$ 推断，其 $\{10\bar{1}0\}$ 柱面应当为主要的滑移面，但实验中发现 (0001) 基面仍然是主要的滑移面。对于以上密排六方晶体，不管是以基面还是柱面为主导的滑移面，共同的滑移方向均是 $\langle11\bar{2}0\rangle$，该方向对应于最小的全位错伯格斯矢量 $\frac{1}{3}\langle11\bar{2}0\rangle$。

除了常见的基面和柱面滑移面外，密排六方晶体中的锥面滑移也非常重要。常见的锥面滑移面包括第一锥面 $\{10\bar{1}1\}$ 和第二锥面 $\{11\bar{2}2\}$，对应的滑移方向均为 $\frac{1}{3}\{\bar{1}\bar{1}23\}$，即 $\langle c+a\rangle$ 滑移。具有伯格斯矢量为 $\langle c+a\rangle$ 的位错可以看作沿 $\langle a\rangle$ 方向和 $\langle c\rangle$ 方向均有一定的分量，对协调密排六方晶体沿 $\langle c\rangle$ 方向的变形发挥着重要作用。因此，协调密排六方晶体的变形能力，对促进 $\langle c+a\rangle$ 位错的启动是非常重要的。密排六方晶体中常见的滑移系统如图 4 - 9 所示。

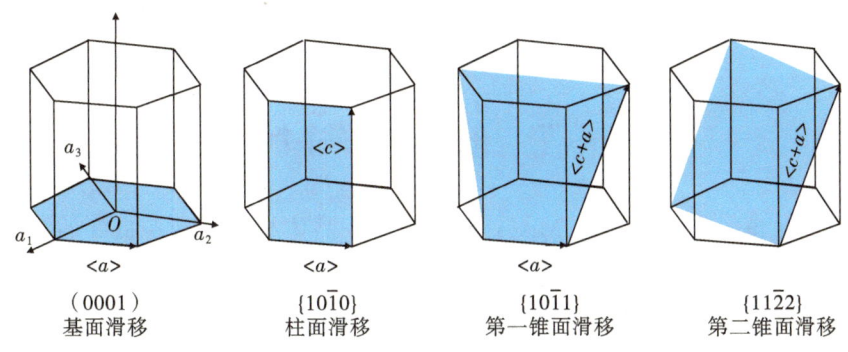

|（0001）
基面滑移|{10$\bar{1}$0}
柱面滑移|{10$\bar{1}$1}
第一锥面滑移|{11$\bar{2}$2}
第二锥面滑移|

图 4 - 9　密排六方晶体中常见的滑移系统

4. 金刚石晶体

金刚石晶体和面心立方晶体类似，{111}面是硅（Si）、锗（Ge）和金刚石中最常见的滑移面，具有最大的面间距，也是低层错能面。金刚石晶体的滑移方向是<110>方向，对应全位错最小的伯格斯矢量$\frac{1}{2}$<110>。

5. 类氯化钠晶体

类氯化钠（NaCl）晶体中的滑移方向为<110>，常见的滑移面为{110}和{100}。

4.6　分解切应力

晶体中滑移系统的启动既依赖于晶体的结构特性，比如密排面、密排方向、派-纳力、伯格斯矢量等，也依赖于外在施加的应力大小。对于单晶体而言，各个滑移系统的分切应力大小决定了它们启动的先后顺序。晶体通常具有多个滑移系统，具有最大切应力的滑移系统一般会最先启动。

考虑如图 4 - 10 的单晶晶体，沿 x_1 方向承受单轴拉应力，应力张量矩阵为

$$(\sigma_{ij}) = \begin{bmatrix} \sigma_{11} & 0 & 0 \\ 0 & 0 & 0 \\ 0 & 0 & 0 \end{bmatrix} \qquad (4-13)$$

特定滑移系统上的分切应力可以通过将单轴拉应力投影到滑移面的滑移方向上获得，即

$$\sigma'_{12} = \cos\alpha\cos\beta\sigma_{11} = m\sigma_{11} \qquad (4-14)$$

式中，α 是加载轴和滑移方向的夹角；β 是加载轴与滑移面法向的夹角。以上公式最先由施密德（Schmid）提出，因此，取向因子 m 又被称为施密德因子（Schmid factor）。依据公式（4-14），可以非常方便地估算单晶

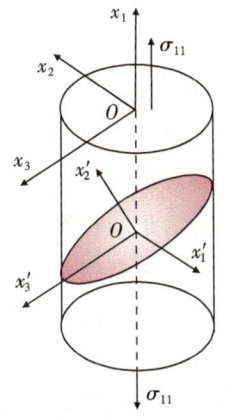

图 4 - 10　单晶体在单轴拉应力下的滑移系统坐标

（注：σ_{11} 为施加的拉应力。）

体中各滑移系统上的分切应力或者施密特因子的大小，从而判断滑移系统启动的优先顺序。

4.7　独立滑移系统

1928 年，冯·米塞斯(von Mises)研究发现，晶体材料要具备良好的塑性变形能力，必须拥有至少 5 个独立的滑移系统。如果晶体无法满足这一条件，在变形过程中就容易出现微孔形核、晶界滑动、变形孪生、相变或断裂等现象。面心立方晶体拥有12 个独立的滑移系统，随机选择 5 个滑移系统时共有 792 种组合方式，其中 384 种是独立的滑移系统，因此这类晶体通常表现出优异的塑性变形能力。体心立方晶体的滑移面包括{110}、{112}和{123}，随机组合时至少可形成 648 种独立的 5 个滑移系统的组合，理论上也具备良好的塑性变形能力。然而，实验表明，体心立方晶体在低温下往往表现出脆性，并具有明显的韧脆转变行为，这说明足够的滑移系统仅是良好塑性的前提条件之一。相比之下，密排六方晶体的塑性变形能力受限于较少的独立滑移系统，其基面滑移包含 3 个滑移方向($\langle a \rangle$方向)，但仅能提供 2 个独立的滑移系统；柱面滑移同样仅能贡献 2 个独立滑移系统。由于基面和柱面通常不会同时成为滑移面，密排六方晶体在仅依赖这两种滑移系统时无法满足 5 个独立滑移系统的最低要求。因此，锥面滑移系统的激活对于密排六方晶体的塑性变形至关重要——第一锥面和第二锥面滑移系统各自包含 6 个滑移系统，其中 5 个是独立的，这意味着它们可额外提供 10 个独立滑移系统。只有结合基面(或柱面)与锥面滑移系统，密排六方晶体才能实现充分的塑性变形。此外，孪生系统的启动也能在一定程度上辅助其塑性变形(详见第 8 章)。

4.8　面心立方晶体不全位错

不全位错是相对于全位错而言的，晶体中的全位错可以通过分解形成两个不全位错加中间层错的位错组态(即扩展位错)，如图 4-5 所示，该分解可以使全位错的能量进一步降低，但单独的不全位错很难存在，不全位错的出现一定伴随着层错的形成。不全位错在晶体的孪生变形、相变和通过位错反应形成位错锁等方面发挥着重要作用。全位错分解形成扩展位错也会提高其发生攀移或交滑移的阻力，层错本身就是位错滑移的障碍。本节将介绍面心立方晶体中的层错和不全位错等。层错已经在面心立方晶体中被观察到，而且扩展位错与面心立方晶体的力学性能密切相关。

1. 层错

面心立方晶体由高度密排的原子一层一层堆垛而成，满足 $ABCABC$ 的堆垛次序，其密排面为(111)面，如图 4-11 所示。第一层密排原子占据 A 位置，第二层密排原子堆垛有两种选择，即 B 和 C 位置。若第二层密排原子选定 B 位置，第三层密排原子堆垛则可以选择 A 和 C 位置；若继续沿 A 位置堆垛并保持该规律，则形成 $ABAB$ 堆垛次序，形成密排六方晶体；若第三层密排原子选定 C 位置，则形成 ABCABC 堆垛次序，形成面心立方晶体。在(111)密排面内，面心立方晶格分别有 3 个⟨110⟩和 3 个⟨112⟩方向，如图 4-11(b)所示，分别对于 3 个全位错的伯格斯矢量和 3 个不全位错的伯格斯矢量。若形成密排六方晶格，在(0001)密排面内则具有 3 个⟨11$\bar{2}$0⟩和 3 个⟨10$\bar{1}$0⟩方向，如图 4-11(b)所示，分别对应 3 个⟨a⟩方向和 3 个柱面的法向。

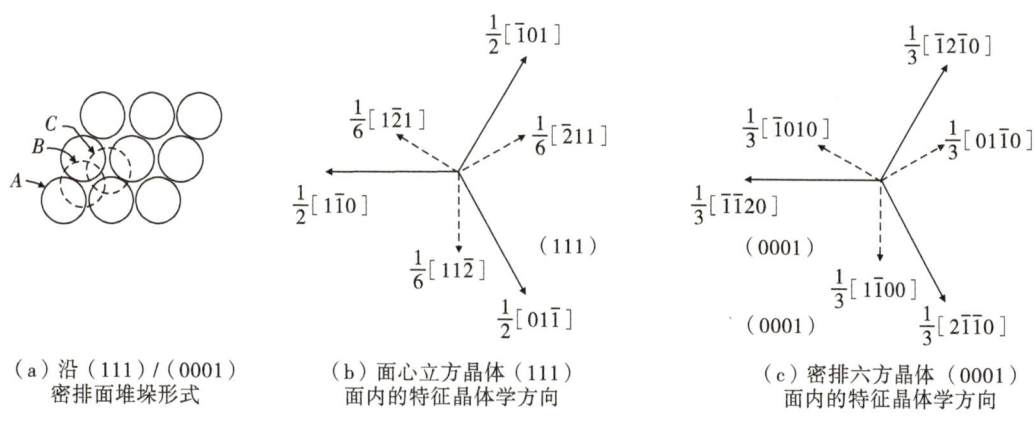

（a）沿（111）/（0001）　　　　（b）面心立方晶体（111）　　　　（c）密排六方晶体（0001）
　　密排面堆垛形式　　　　　　　面内的特征晶体学方向　　　　　　面内的特征晶体学方向

图 4-11　面心立方/密排六方晶体堆垛和晶体学方向

在面心立方晶体中，(111)密排面既是位错的滑移面又是发生孪生的晶体学面。上述 A、B、C 分别代表不同堆垛位置的密排面，因此孪晶和不同的层错结构可以用不同的 A、B、C 堆垛次序表示。面心立方金属中孪晶的堆垛次序如下：

$$ABCABCABCBACBACBA \qquad (4-15)$$

式中，C 层代表孪晶面，也是层错所在的位置。依据形成层错的不同堆垛方式，弗兰克把层错分成内禀层错和外禀层错。内禀层错的两侧密排面保持正常的堆垛次序，只是从中间抽出了某一层密排原子；外禀层错是在正常堆垛次序中插入一层密排原子。面心立方晶体中内禀层错的堆垛次序如下：

$$ABCABCBCABC \qquad (4-16)$$

在内禀层错的两侧仍然保持 ABCABC 的正常堆垛次序，只是抽掉了 A 层。

外禀层错的堆垛次序如下：

$$ABCABCBABCABC \qquad (4-17)$$

外禀层错的两侧也保持正常的 ABCABC 堆垛次序，只是插入了 B 层。

对于层错的形成过程，我们可以通过抽出或插入密排原子进行理解，而在晶体的实际变形中通过不全位错的滑动就可以实现不同位置密排原子面的切换，如图 4-11 所示。也就是说，通过不同不全位错的滑移可以形成内禀层错和外禀层错，通过不全位错的连续滑动可以形成孪晶。

2. 肖克莱不全错

在如图 4-12 所示的(111)密排面上有 a、b、c、d 四个位置，从 a 至 c 的方向对应于⟨110⟩方向，即全位错的伯格斯矢量方向，也就是说通过全位错的滑动可以实现上下

密排面从 a 至 c 的错动。除此以外，上下密排面还可以通过另外两种滑动方式实现。第一种是先从 a 到 b 再到 c，如图 4-12 实线所示，从 a 至 b 的方向对应于〈112〉方向，从 b 至 c 也对应于〈112〉方向，即肖克莱不全位错（Shockley partial dislocation）的伯格斯矢量方向，也就是说通过两次肖克莱不全位错的滑动，也可以实现从 a 至 c 的错动。第二种是先从 a 到 d 再到 c，然而这种方式下，d 位置处于原子球的顶点，能量太高，不是优先的滑移路径。通过以上分析可以发现，（111）面内全位错的滑移可以分解成两个肖克莱不全位错的滑移，而且分解以后的滑移更容易实现，能量损耗更低，此即全位错和不全位错的关系。这类可滑动的不全位错称为肖克莱不全位错，其伯格斯矢量为 $\frac{1}{6}[112]$，滑移面为（111）密排面。图 4-13 展示了肖克莱不全位错滑动使得面心立方晶体的密排面堆垛次序发生了变化，其中的 C 层变成了 B 层，B 层变成了 A 层，A 层变成了 C 层。

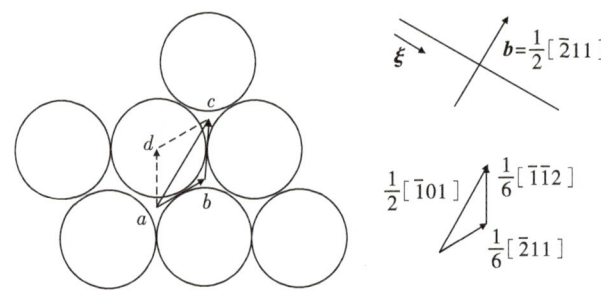

图 4-12　面心立方晶体中（111）密排面上全位错和肖克莱不全位错之间的关系

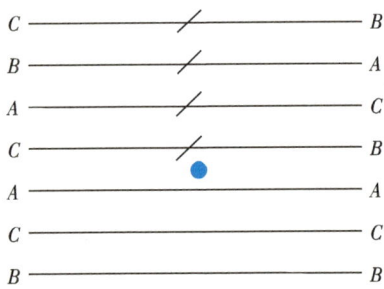

图 4-13　肖克莱不全错滑动使得面心立方晶体密排面堆垛次序发生变化

3. 扩展位错

面心立方晶体中全位错可分解成两个分位错和它们中间包围的层错，被称为扩展位错组态，如图 4-14 所示。全位错的伯格斯矢量和分解后两个分位错的伯格斯矢量之和相等，即 $\boldsymbol{b}_1 = \boldsymbol{b}_2 + \boldsymbol{b}_3$。全位错和分位错的伯格斯矢量都可以采用伯格斯回路来确定，但对于分位错，伯格斯回路的起点和终点都要在层错形成的面内。全位错的伯格斯矢量为 $\boldsymbol{b}_1 = \frac{1}{2}[\bar{1}01]$，分解后两个分位错的伯格斯矢量分别为 $\boldsymbol{b}_2 = \frac{1}{6}[\bar{2}11]$ 和 $\boldsymbol{b}_3 = \frac{1}{6}[\bar{1}\bar{1}2]$，该分解满足弗兰克能量准则弹性能量降低的原理。

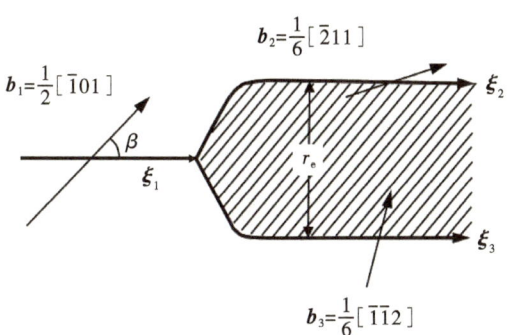

图 4-14　全位错分解后形成的扩展位错组态

全位错分解后形成的两个肖克莱不全位错在弹性交互作用中互斥，而两个不全位错包围的层错又紧密地把两个不全位错连接在一起，最终不全位错的互斥和层错的吸引达到平衡，也就是说全位错分解后形成的扩展位错组态具有一个平衡宽度 r_e。以图 4-14 中全位错分解后形成的扩展位错组态为例，其平衡宽度为

$$r_e = \frac{\mu b_2^2}{8\pi\gamma_I} \cdot \frac{2-\nu}{1-\nu}\left(1 - \frac{2\nu\cos2\beta}{2-\nu}\right) \tag{4-18}$$

式中，γ_I 为层错能；β 为伯格斯矢量与位错线之间的夹角；其他参数的含义同前。

根据公式（4-18）可以判断出，刃位错的平衡宽度要大于螺位错的。扩展位错的平衡宽度依赖于层错能，层错能越低，扩展位错的平衡宽度越大。在部分低层错能金属中，扩展位错的宽度可以达到几个纳米，在透射电镜下采用弱束暗场像可以进行观测。图 4-15 展示了石墨中基面全位错分解形成的扩展位错组态，其平衡宽度可以到达几百纳米。

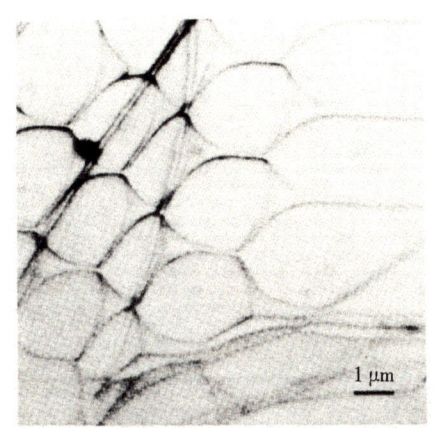

图 4-15　石墨中的基面全位错
分解形成的扩展位错组态

4. 汤普森四面体

面心立方晶体有 4 个等效的（111）滑移面，每个滑移面上有 3 个等效的〈110〉滑移方向，每个滑移系上的全位错可以分解成两个不全位错和它们包裹的层错。若考虑不同滑移面上位错的交互作用和位错反应，将是一个非常复杂的过程。为了更好地归纳面心立方晶体的全位错和不全位错，以及方便分析它们之间的交互作用，汤普森（Thompson）提出采用等四面体模型的方法来分析所有的全位错和不全位错及它们之间的空间几何关系，该四面体模型被称为汤普森四面体（Thompson tetrahedron）。

图 4 - 16 为面心立方晶体示意图，将 A、
B、C、D 4 个顶点连线正好形成一个正四面体，
四面体的 4 个面(a)、(b)、(c)、(d)分别对应
面心立方晶体的四个(111)滑移面，6 条棱分别
对应面心立方晶体的 6 个〈110〉方向，每个面的
中心点分别标记为 α、β、γ 和 δ，这个正四面体
可以方便地描述面心立方晶体的所有全位错和
不全位错。将汤普森四面体展开为如图 4 - 17
所示的模型，这个由 4 个小正三角形组成的大
三角形模型包含了所有的全位错和不全位错。
在汤普森四面体中 $\overrightarrow{BD}$ 表示全位错 $\frac{1}{2}[0\bar{1}\bar{1}]$ 方向，

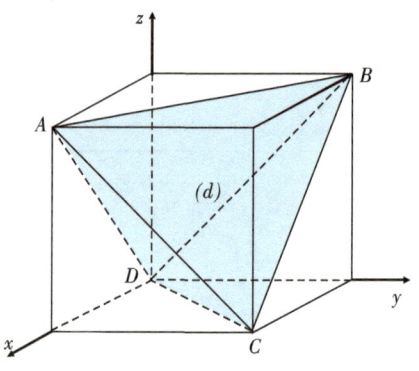

图 4 - 16　面心立方晶体中的四个
(111)面正好形成一个正四面体

$\overrightarrow{D\beta}$ 表示分位错 $\frac{1}{6}[211]$ 方向，$\overrightarrow{DC}/\overrightarrow{AB}$ 表示伯格斯矢量为[001]的位错，以此类推。基于
汤普森四面体可以比较容易地分析面心立方晶体的位错交互作用。

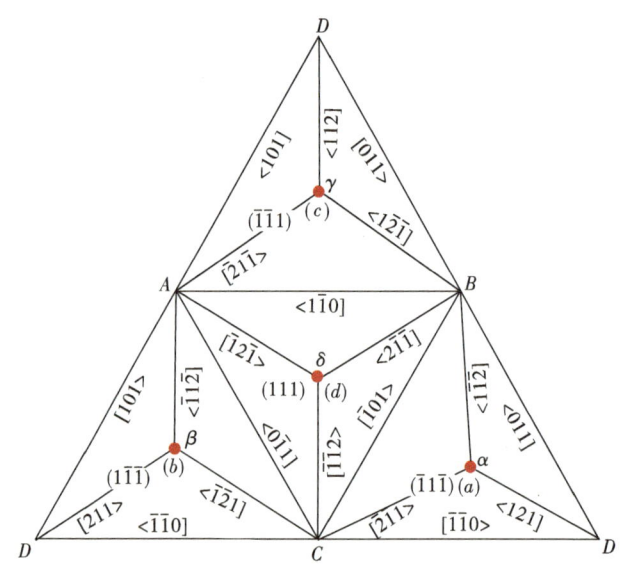

图 4 - 17　汤普森四面体从 D 点展开后形成了一个大三角形

(注：每个小正三角形代表一个滑移面，所有的全位错和不全位错均可以在图中标出。)

5. 压杆位错

压杆位错(stair - rod dislocation)的概念由汤普森提出，指两个相交滑移面上的全
位错分解并形成扩展位错后，其中两个分位错进一步反应形成的位错结构。压杆位错
对应的位错组态是一个复杂的三维位错结构，如图 4 - 18 所示。基于不同滑移面上扩展
位错的交互作用可以形成多种压杆位错，压杆位错形成过程中的分位错反应也需遵循
弗兰克能量准则。压杆位错把两个滑移面上的位错紧密地锁在一起，形成一个不可滑
动的位错组态，其对面心立方金属的硬化会产生影响。

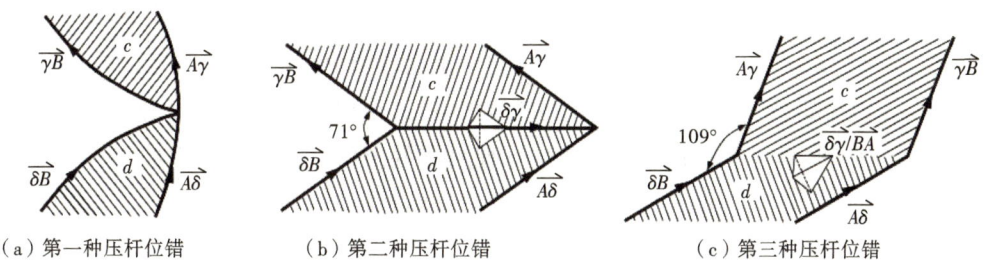

（a）第一种压杆位错　　　　（b）第二种压杆位错　　　　（c）第三种压杆位错

图 4 - 18　面心立方晶体中的几种典型的压杆位错

6. 弗兰克不全位错

在辐照或高温变形后晶体可能产生大量的空位，空位聚集会形成空位片，而空位片塌缩就会形成位错环，这个过程相当于在晶体的局部区域抽走了一层。在面心立方晶体中，空位易在(111)密排面上聚集，形成一个包含层错的位错环，这类位错环被称为弗兰克不全位错(Frank partial dislocation)环，如图 4 - 19 所示。弗兰克不全位错环的伯格斯矢量是 $\frac{1}{3}\langle 111\rangle$，垂直于滑移面，是一种不可滑动的分位错。

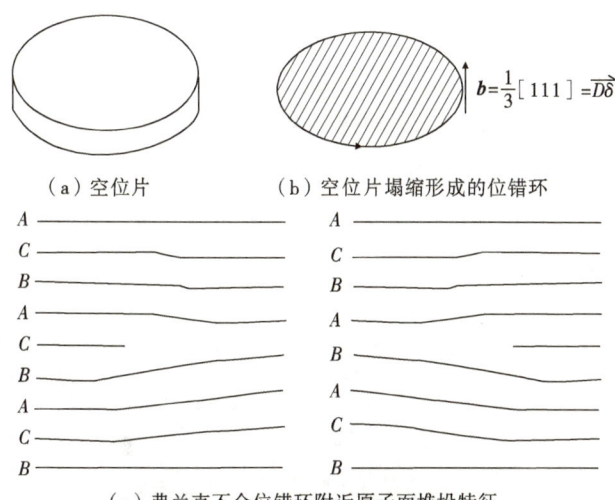

（a）空位片　　　　（b）空位片塌缩形成的位错环

（c）弗兰克不全位错环附近原子面堆垛特征

图 4 - 19　空位片塌缩形成弗兰克不全位错环及其中包含的层错和特征伯格斯矢量

如图 4 - 20 所示，在弗兰克不全位错环边缘形核一个肖克莱不全位错并进行滑移，就可以清除掉原有的弗兰克不全位错，二者反应形成一个全位错环，而这个过程需要切应力的驱动。反之，一个全位错可以分解形成两个肖克莱不全位错，也可以分解形成一个肖克莱不全位错和一个弗兰克不全位错，这个过程满足弗兰克能量准则。

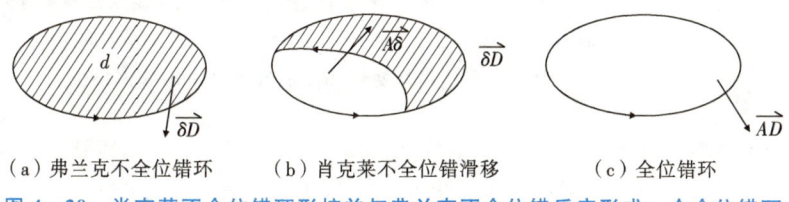

（a）弗兰克不全位错环　　　（b）肖克莱不全位错滑移　　　（c）全位错环

图 4 - 20　肖克莱不全位错环形核并与弗兰克不全位错反应形成一个全位错环

7. 扩展超割阶

图 4-21 展示的是由两个压杆位错横跨三个滑移面形成的三维位错组态，被称为扩展超割阶(extended superjogs)。扩展超割阶的稳定性依赖于压杆位错的稳定性，扩展超割阶也是一种不可滑移的位错组态，一种更加复杂的位错锁，对面心立方晶体的硬化起作用。

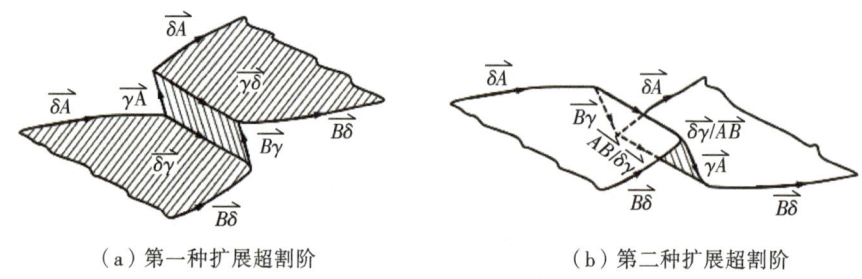

（a）第一种扩展超割阶　　　　　　　（b）第二种扩展超割阶

图 4-21　扩展超割阶位错组态示意图

8. 层错四面体

在低层错能面心立方晶体中易形成一种三维缺陷结构，它具有正四面体形状，由 4 个不同滑移面上的层错组合而成，被称为层错四面体(stacking fault tetrahedra，SFT)。通常层错四面体的形成与空位的聚集和塌缩相关。西尔科克斯(Silcox)和赫希(Hirsch)首先在淬火的金薄片中看到了层错四面体，如图 4-22 所示。后续在多种低层错能金属中观察到了层错四面体，包括银、镍-钴合金、铜和铜合金等，层错四面体在辐照后的低层错能金属材料中广泛存在。

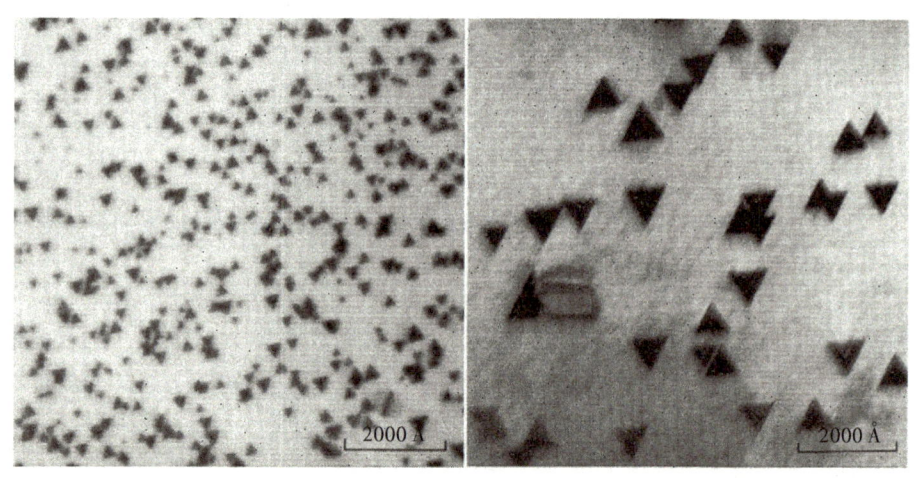

（a）小尺寸层错四面体形貌　　　　　　（b）大尺寸层错四面体形貌

图 4-22　金薄片中形成的层错四面体的典型透射电镜形貌

图 4-23 展示了一种典型层错四面体的形成机制。面心立方晶体在变形或辐照过程中会产生空位，空位在(111)密排面聚集并塌缩则形成如图 4-23(d)所示的三角形弗兰

克不全位错环。在变形过程中或与点缺陷进一步交互作用下，每个边形核一个肖克莱不全位错并沿 3 个侧着的(111)面进行滑移，形成 4 - 23(a)和(b)中的构型，三个肖克莱不全位错进一步滑移，直至相交于顶点 D，最后形成一个层错四面体。它的四个面对应四片层错，每个棱对应一个压杆分位错线。此外，层错四面体也可通过有割阶的螺位错滑动产生。基于层错四面体的形成过程可以发现，其内部应当是实心的，与四面体空洞完全不同。层错四面体也是一种不可动位错组态，可以阻碍位错运动，引起晶体材料的硬化。被辐照的低层错能晶体会形成大量的层错四面体缺陷，从而造成显著的辐照硬化。

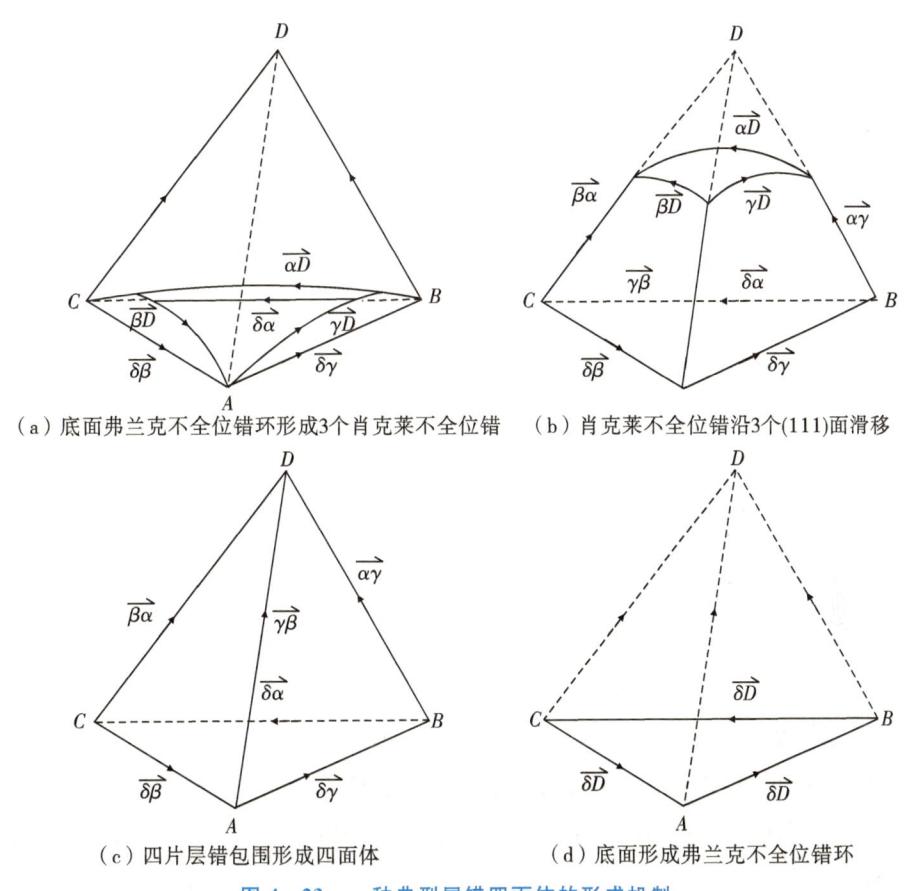

（a）底面弗兰克不全位错环形成3个肖克莱不全位错　　（b）肖克莱不全位错沿3个(111)面滑移

（c）四片层错包围形成四面体　　　　　　（d）底面形成弗兰克不全位错环

图 4 - 23　一种典型层错四面体的形成机制

关于密排六方晶体和体心立方晶体中的不全位错结构，详见其他参考资料。本章学习之后可以发现，不同晶体结构对位错的形态和性质有显著的影响，讨论位错与金属材料性能之间的关系首先要考虑晶体结构的特征。位错的性质和滑移行为对金属材料的宏观力学性能有重要影响，这也为人们从位错行为入手调控金属材料的宏观性能提供了重要依据。

思考题

1. 为什么密排六方晶体的理想轴比 c/a 为 1.633？请证明之。

2. 请评估[511]面心立方晶体单晶中 12 个滑移系统启动的优先顺序。

3. 如果在式（4-17）的外禀层错中插入 A 层或 C 层会发生什么？

4. 请估算金、银、铝、铜、镍中扩展位错的宽度，并进行排序。在常规电镜中能看到扩展位错组态吗？

5. 在体心立方晶体和密排六方晶体中是否也能找出类似汤普森四面体的形式来描述滑移系统和相关位错？

6. 弗兰克不全位错环为什么不可以滑动？

7. 扩展位错的宽度与交滑移能力有什么联系？

8. 图 4-12 中的 $a—d—c$ 位错滑移路径可行吗？为什么？

9. 密排六方晶体共有多少个锥面滑移系统？

10. 分别计算铝和铁中的派-纳力并与二者理论剪切强度进行对比。

11. 请评估面心立方晶体、体心立方晶体和密排六方晶体中的密排面和密排方向有哪些。

12. 为什么密排六方晶体中的 $\langle c \rangle$ 位错难以启动？

参考文献

[1] HIRTH J P, LOTHE J. Theory of dislocations[M]. 2nd ed. New York：A Wiley-Interscience Publication，1982.

[2] BARRETT C S. Structure of metals[M]. New York：McGraw-Hill Book Company，1952.

[3] FRANK F C. Discussion on paper by NF mott：mechanical properties of metals[J]. Physica，1949，15(4069)：131-133.

[4] STEEDS J W. Anisotropic elastic theory of dislocations[M]. Oxford：Clarendon，1973.

[5] MOTOHASHI Y，OHTAKE S. The effect of self-energy of dislocations on the choice of slip systems in crystals[J]. Physica Status Solidi (a)，1978，50(2)：449-458.

[6] BOLLMAN W. The experimental foundations of particle physics[J]. Physical review，1956，103：1588-1594.

[7] HIRSCH P B. Observations of dislocations in metals by transmission electron microscopy[J]. The Journal of the Institute of Metals，1958，87：406.

[8] ESHELBY J D. Edge dislocations in anisotropic materials[J]. The London, Edinburgh, and Dublin Philosophical Magazine and Journal of Science，1949，40(308)：903-912.

[9] REID C N. Dislocation widths in anisotropic BCC crystals[J]. Acta metallurgica,

1966, 14(1): 13 – 16.

[10] BARRETT C S, ANSEL G, MEHL R F. Slip, twinning and cleavage in iron and silicon ferrite[J]. Trans. ASM, 1937, 25: 702.

[11] TAYLOR G I, ELAM C F. The distortion of iron crystals[J]. Proceedings of the Royal Society of London. Series A, Containing Papers of a Mathematical and Physical Character, 1926, 112(761): 337 – 361.

[12] SHMID E, BOAS W, Plasticity of crystals[M]. London: Hughes & Co. Ltd., 1950.

[13] SEEGER A. Report of a conference on defects in crystalline solids[J]. The Physical Society, London, 1955, 328.

[14] KOCKS U F. Independent slip systems in crystals[J]. Philosophical Magazine, 1964, 10(104): 187 – 193.

[15] THOMPSON N. Dislocation nodes in face-centred cubic lattices[J]. Proceedings of the Physical Society. Section B, 1953, 66(6): 481.

[16] FRANK F C. Crystal dislocations-elementary concepts and definitions[J]. The London, Edinburgh, and Dublin Philosophical Magazine and Journal of Science, 1951, 42(331): 809 – 819.

[17] PEI C C. Theory of interface energies[J]. Physical Review B, 1978, 18(6): 2583.

[18] DELAVIGNETTE P, AMELINCKX S. Dislocation patterns in graphite[J]. Journal of nuclear materials, 1962, 5(1): 17 – 66.

[19] FRIEDEL J. On the linear work hardening mate of face-centred cubic single crystals[J]. The London, Edinburgh, and Dublin Philosophical Magazine and Journal of Science, 1955, 46(382): 1169 – 1186.

[20] HIRTH J P. On dislocation interactions in the fcc lattice[J]. Journal of Applied Physics, 1961, 32(4): 700 – 706.

[21] SILCOX J, HIRSCH P B. Direct observations of defects in quenched gold[J]. Philosophical Magazine, 1959, 4(37): 72 – 89.

第5章 位错运动与增殖

第4章介绍晶体结构对位错性质的影响，包括不同晶体结构中位错的核心、位错派-纳力、滑移面、滑移方向，以及位错的多种形态，如全位错、不全位错、扩展位错、压杆位错、层错、层错四面体、孪晶等。前述内容大部分是位错在静止下的形态，而金属材料在发生塑性变形时，位错要运动起来，只有充分认知位错的运动特性，才能更好地理解金属材料的塑性变形行为。本章将简要介绍位错运动的一些基本规律，包括滑移、滑移面、交滑移、位错运动速度、攀移、位错运动与塑性变形、位错增殖和位错源效率等。

5.1 滑移的概念

位错运动主要有两种形式：滑动(glide)和攀移(climb)。滑动指位错沿着特定的滑移面和滑移方向进行守恒运动的过程，此时滑动方向位于滑移面内。具备这种运动能力的位错被称为可动位错(glissile dislocation)，而不能以这种方式进行运动的位错被称为不可动位错(sessile dislocation)。攀移指位错沿垂直于滑移面方向进行非守恒运动的过程，此时位错的伯格斯矢量与滑移面垂直或成一定的角度。大量的位错沿着同一或相邻的几个滑移面进行滑动形成滑移，这是晶体材料塑性变形最重要的方式。如图5-1所示，发生滑移后，晶体的上下两部分取向保持一致。晶体材料若继续进行塑性变形，位错会沿着已开动的滑移系统进行滑动或沿新的滑移面滑动。晶体的滑移面和滑移方向都具有显著的晶体学特征，第4章已经对这一部分进行了系统的介绍。

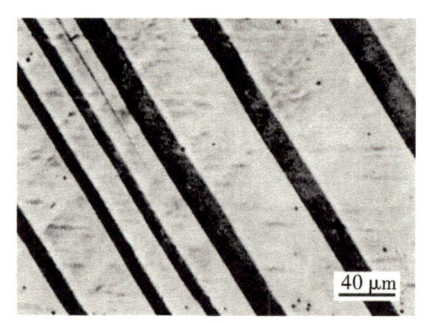

（a）实验中观察到的滑移带

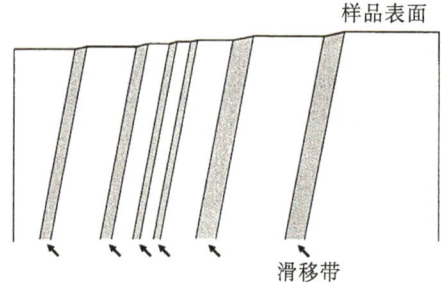

（b）滑移带示意图

图 5-1 Fe-3.25Si 合金表面形成的笔直滑移带形貌和其相应的示意图

（注：每一条滑移带内部都包含大量相邻平行滑移面上的位错滑移。）

5.2   交滑移

位错分为刃位错和螺位错。刃位错的位错线方向和伯格斯矢量方向垂直，二者决定了刃位错具有唯一的滑移面，即刃位错只能在一个滑移面内连续滑动，而不能转移到其他的滑移面上。螺位错则不同，螺位错的位错线平行于伯格斯矢量的方向，即只要包含螺位错线的面都有可能成为滑移面。以面心立方晶体为例，4个{111}滑移面两两相交，相邻两个滑移面(1$\bar{1}$1)和(111)的交线正好是[$\bar{1}$01]方向，也就是螺位错线的方向，如图5-2所示。图5-2中的位错线在(111)面上进一步扩展到两个滑移面的交线处S的位置时，其中的螺位错线部分可以继续沿着(1$\bar{1}$1)面滑移，也就是说螺位

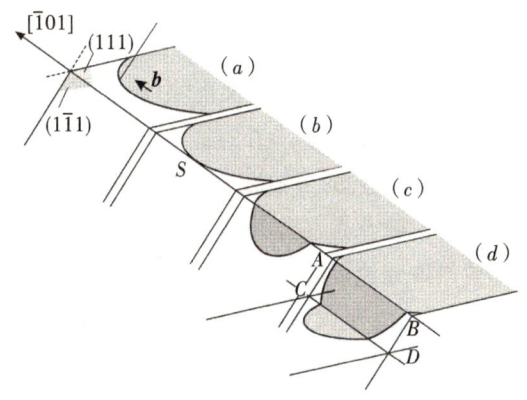

图 5-2   面心立方晶体中螺位错交滑移示意图

错线可以发生滑移面的转变，这种位错的滑移行为被称为交滑移(cross-slip)。同理，螺位错线交滑移后沿(1$\bar{1}$1)面继续滑移，当运动到与下层(111)面交线位置时可以进一步转变滑移面，重新回到(111)面滑移，这种滑移方式被称为双交滑移。螺位错的交滑移可以实现位错滑移变形的均匀性，也能帮助滑移带进行扩展。交滑移已经在实验中得到了证实，如图5-3所示。交滑移可以通过观察滑移带进行辨别，也可以通过透射电镜观察位错滑移路径的改变进行辨别。近些年发展起来的原位透射电镜技术，可以非常直观地看到位错的交滑移。面心立方晶体的滑移面有4个，可以比较容易地分辨位错交滑移过程。体心立方晶体的滑移面众多，而且螺位错在其变形中发挥主导作用，因此螺位错交滑移的方式多种多样，不易分辨，在样品表面会形成诸多波状滑移的特征。

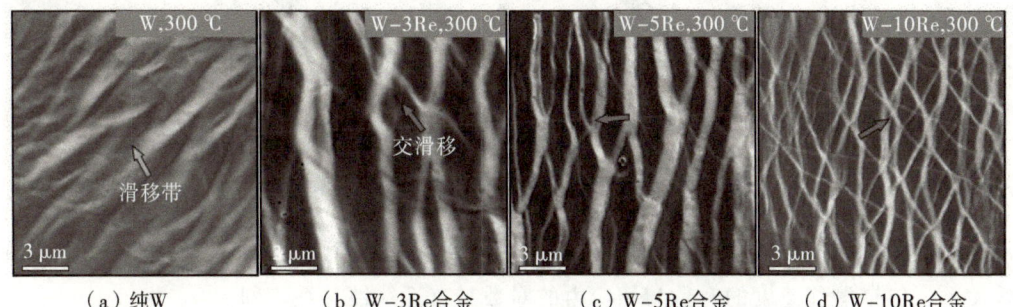

（a）纯W   （b）W-3Re合金   （c）W-5Re合金   （d）W-10Re合金

图 5-3   W-Re 合金变形后形成的滑移带和交滑移特征

（注：随着 Re 含量的增加，交滑移越来越频繁。）

5.3　位错滑移速度

位错在晶体中滑移的速度依赖于施加切应力的大小、晶体的纯度、变形的温度和位错的类型。1957 年约翰斯顿（Johnston）和吉尔曼（Gilman）等提出了一种简易测量位错滑移速度的方法，如图 5-4 所示。在氟化锂晶体表面进行腐蚀可以观察到菱形的腐蚀坑（B），这是由位错露头造成的，反映了位错的位置。在施加恒定的切应力后，位错进行了滑移，再次腐蚀样品的表面就会形成图 5-4 中较小的一系列位错腐蚀坑，表明位错滑移了一段距离。借助腐蚀坑的相对位置和变形的时间就可以估算位错的滑移速度。图中 A 位置的位错在相同的情况下滑移距离较小，表明该位错滑移缓慢。借助该方法，针对氟化锂晶体开展系统研究，通过施加不同大小的切应力，就可以找出切应力和位错滑移速度之间的关系，如图 5-5 所示。在不同切应力的驱动下，位错滑移速度可以相差 12 个数量级，从几纳米每秒到千米每秒，表明位错滑移速度强烈依赖于外加切应力的大小。

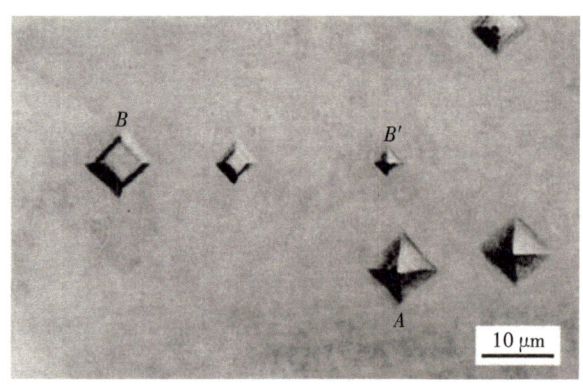

（a）实物图

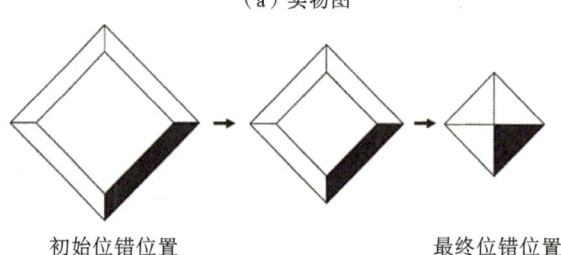

初始位错位置　　　　　　　　　　　　最终位错位置

（b）图（a）中 B 位置位错滑移示意图

图 5-4　氟化锂晶体变形前后表面的位错腐蚀坑

根据图 5-5 中实验测得的位错滑移速度与切应力的对应关系，可以拟合二者的数学关系。位错滑移速度的对数与切应力的对数具有近线性关系，即

$$v \propto \left(\frac{\tau}{\tau_0}\right)^n \tag{5-1}$$

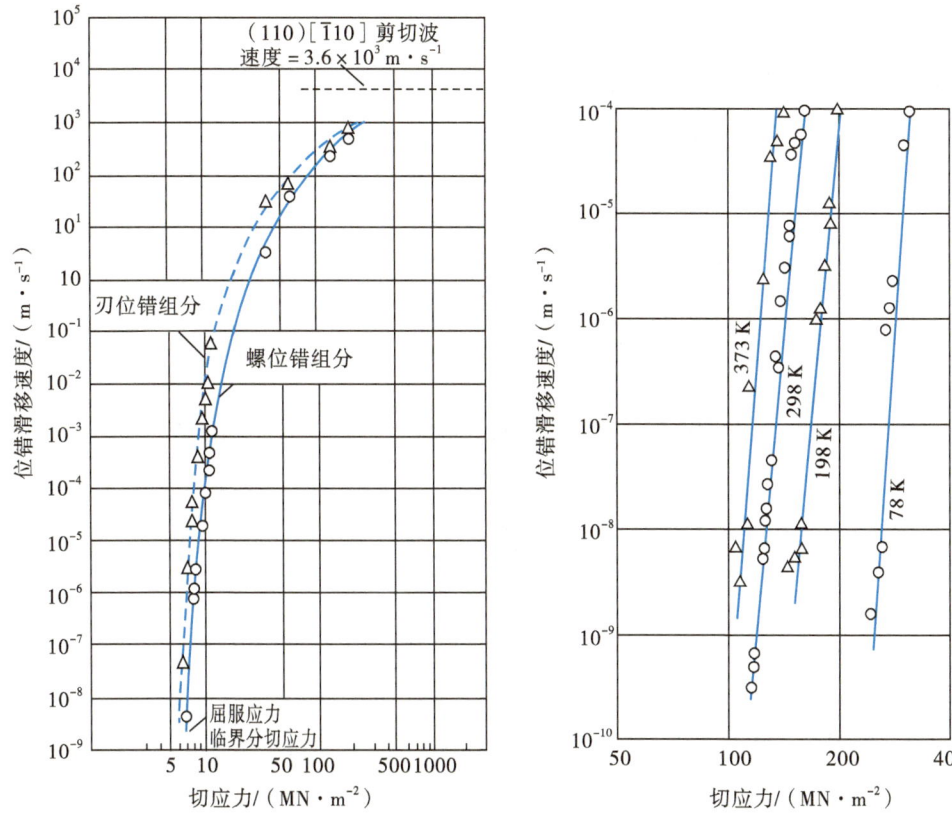

（a）氟化锂晶体中刃位错和螺位错滑移速度
与施加切应力之间的关系

（b）Fe-3.25Si中位错运动速度
与变形温度和施加切应力之间的关系

图 5 - 5　位错的滑移速度与位错类型、切应力和温度的关系

式中，v 为位错滑移速度；τ 是滑移面内的切应力；τ_0 是位错滑移速度为 1 m/s 时的切应力；n 是一个常数，实验测量发现对于氟化锂而言 $n \approx 25$。

需要说明的是公式(5-1)仅是一个基于实验数据的拟合关系，不具有确定的物理内涵。图 5-5(a)对刃位错和螺位错的滑移速度分别进行了测量。在低速范围内，刃位错滑移速度是螺位错滑移速度的 50 倍，表明在氟化锂晶体中两种位错之间的滑移能力存在巨大差异。此外，位错滑移存在一个临界切应力，只有高于临界切应力时，位错才能进行滑移。位错滑移速度也受温度的影响，如图5-5(b)所示。在相同的切应力下，随着温度的升高，位错滑移速度增加。铁硅合金中的位错速度和切应力之间的关系也满足公式(5-1)。在 293 K 时，$n \approx 35$，在 78 K 时，$n \approx 44$，可见 n 的大小与温度密切相关。

位错滑移速度也展现出强烈的材料依赖性，如图 5-6 所示。对于一种材料，位错滑移速度的上限是其横向剪切波的速度。当位错滑移速度达到剪切波速度的 10^{-3} 之上时，阻尼力快速增加，此时位错滑移速度随切应力增加的趋势变缓。依据图 5-6 可以发现，相同切应力下，铜、锌等金属中的位错滑移速度是钨、铌中位错滑移速度的成千上万倍。非金属或半导体材料中的位错滑移速度均很低。可见材料类型对于位错滑移能力的影响巨大。对面心立方晶体和密排六方晶体的研究表明，晶体在临界分切应力驱动下发生宏观滑移时对应的位错滑移速度约为 1 m/s(约为剪切波速度的 10^{-3})，此时位错滑移速度与切应力满足

$$v = A\tau^m \tag{5-2}$$

式中，A 为材料常数。对于常温下的纯晶体来说，$m \approx 1$；对于合金化的晶体来说，m 在 2～5 范围内；在 77 K 时，m 可以增加到 4～12。位错动力学计算机模拟研究中常常采用公式(5-2)来描述切应力与位错滑移速度之间的关系。

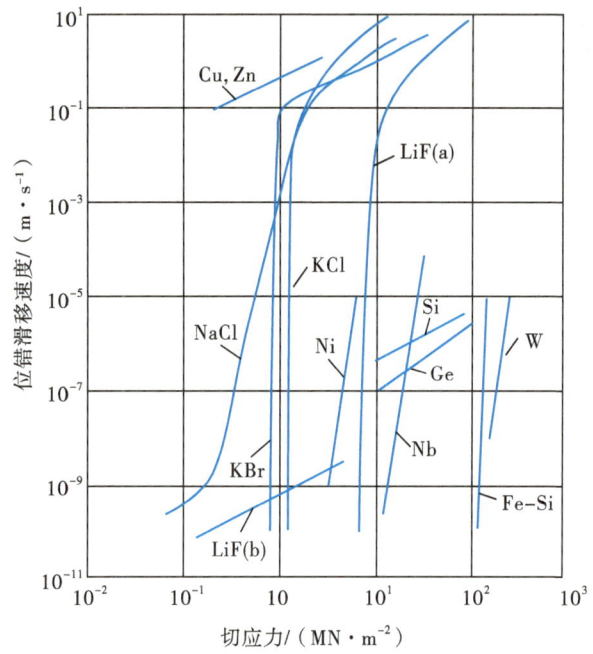

图 5-6　不同材料位错滑移速度与切应力之间的关系

5.4　攀移

材料在低温下扩散缓慢，内部也难以形成高浓度的点缺陷，在这种情况下，位错的运动仅限于在切应力驱动下进行滑移。随着温度的升高，材料内部的点缺陷浓度逐步升高，点缺陷扩散进而与位错产生交互作用，使刃位错沿垂直于滑移面的方向进行运动，这种位错运动被称为攀移。图 5-7 展示了刃位错在点缺陷辅助下发生正向攀移和负向攀移的具体机制。若图 5-7(b)中 A 原子柱被抽走，则刃位错向上移动一个原子面，这种运动被称为正向攀移(positive climb)；若在 A 原子柱下面再插入一个原子柱，则刃位错向下移动一个原子面，这种运动被称为负向攀移(negative climb)。事实上，材料中位错在进行攀移运动时并不需要以硬生生插入或抽出原子柱的方式进行，而是通过点缺陷扩散来实现。若一串空位扩散到 A 原子柱的位置，就等效于把 A 原子柱抽

走，从而导致刃位错向上攀移一个滑移面，如图 5-7(a)所示；若一串自间隙原子扩散到 A 原子柱的下方，就等效于在 A 原子柱下面又插入了一列原子柱，使得刃位错向下移动一个滑移面，如图 5-7(c)所示。因此，刃位错的攀移需要点缺陷的参与，伴随着物质的输运，只有在较高温度下才能实现。最常见的攀移过程通常包括空位扩散聚集到位错核心或空位从位错核心扩散进入基体两种方式，分别对应位错的正向攀移和负向攀移。

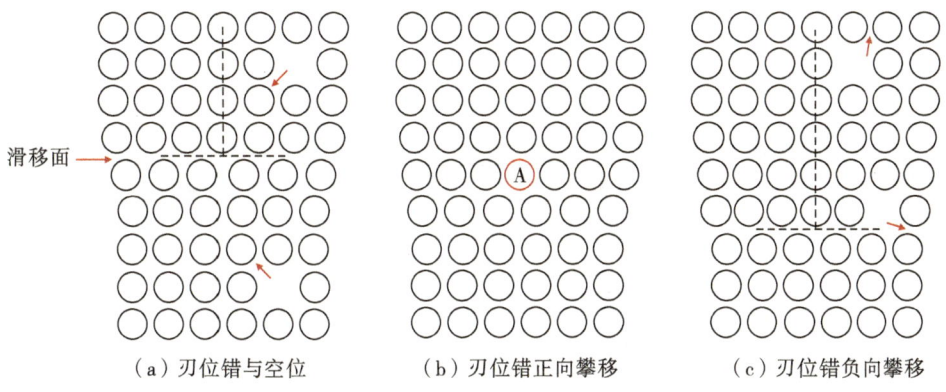

（a）刃位错与空位　　　　　（b）刃位错正向攀移　　　　　（c）刃位错负向攀移

图 5-7　刃位错的正向攀移和负向攀移机制

在实际材料中，整条位错线的攀移是很难实现的，通常只是位错线的一部分发生了正向或负向攀移，如图 5-8所示。当材料中一部分空位扩散到刃位错线上时，会引起部分位错线发生攀移，发生攀移的位错线和原有位错线之间由两个小台阶连接，这类台阶称为位错割阶（jog）。可见，位错与空位交互作用会形成割阶，同时位错线上的割阶也是空位的陷阱和产生源，当位错拖动割阶运动时会产生空位。割阶和扭折（kink）都是位错线上常见的

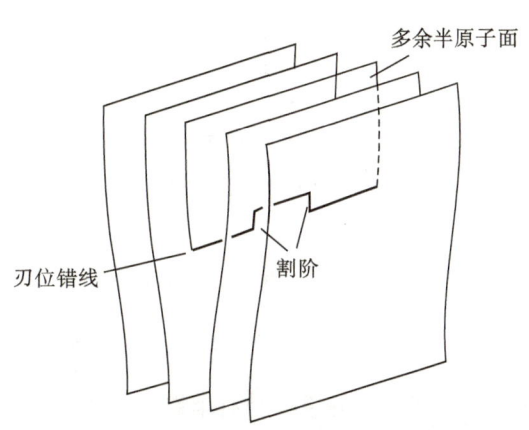

图 5-8　刃位错线发生部分攀移形成位错割阶

几何缺陷，但它们的几何特征完全不同。位错割阶横跨两个以上滑移面，在滑移面法线方向进行弯折；而位错扭折与位错线在同一个滑移面内，在伯格斯矢量方向上进行弯折，如图 5-9所示。扭折与位错线在同一个滑移面内，对位错运动阻碍很小，如图 5-9(a)和(b)所示。类似地，刃位错线上的割阶对位错滑移影响也较小，如图 5-9(c)所示。然而，螺位错线上的割阶与伯格斯矢量方向垂直，相当于一小段刃位错，只能沿螺位错线方向滑动。若随螺位错线一起向前运动则需要发生攀移，螺位错线上的割阶会对滑移产生较大阻碍。若螺位错线拖着割阶滑动，则会产生空位和自间隙原子。

由于自间隙原子的形成能很高，迁移能很低，一旦形成将迅速迁移到晶界或表面，而残余的点缺陷主要是空位，其迁移能比较高。

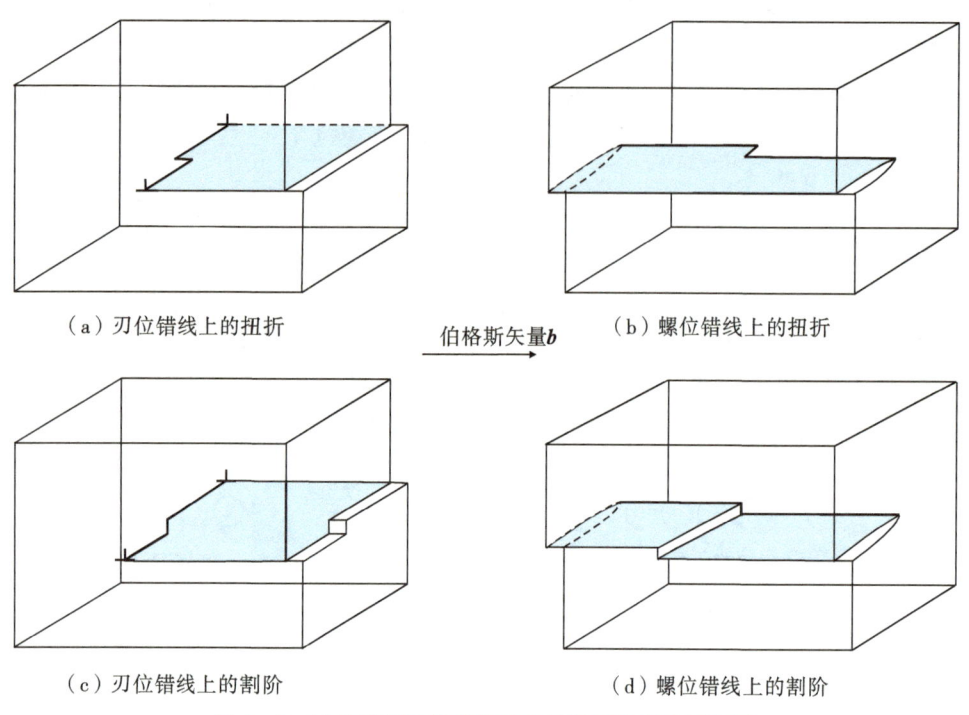

（a）刃位错线上的扭折　　　伯格斯矢量**b**　　　（b）螺位错线上的扭折

（c）刃位错线上的割阶　　　　　　　　　　　（d）螺位错线上的割阶

图 5-9　刃位错线和螺位错线上的扭折和割阶示意图

位错割阶的高度通常为垂直于滑移面方向的一个晶格间距，对应的割阶形成能约为 1 eV，来源于割阶形成引起的位错线的增加。在金属材料变形过程中，由于位错线的交互作用，割阶会大量形成，即使在充分退火的金属中，位错线上也存在一定量的热力学平衡割阶。单位长度位错线上的热平衡割阶数量满足：

$$n_j = n_0 \exp\left(-\frac{E_j}{kT}\right) \tag{5-3}$$

式中，n_0 为单位长度位错线上的原子数，在 $T = 1000$ K 时，n_j/n_0 约为 10^{-5}，在 $T = 300$ K 时，n_j/n_0 约为 10^{-17}；E_j 为割阶形成能；k 为玻尔兹曼常数。

纯螺位错没有像刃位错那样的额外半原子面，理论上是不可以进行攀移的，但螺位错上只要有小的刃位错或割阶的存在就为攀移提供了可能。螺位错和刃位错的攀移为位错运动和结构演化提供了更多的可能。

5.5　攀移的实验案例

1. 柱面位错环

如果一个位错在一个面内形成位错环，并且它的伯格斯矢量也位于同一面内，如图 5-10(a) 所示，这类位错环可以在切应力的作用下通过滑移的方式进行扩大或者收缩，这是最常见的位错环类型。除此之外，还有一类位错环，它与伯格斯矢量不在同一面内，二者所在的面成一定的角度，且由位错环和伯格斯矢量确定的滑移面是一个柱面，如图 5-10(b)所示，这类位错环就被称为柱面位错环(prismatic dislocation loop)。柱面位错环只能沿伯格斯矢量方向进行滑移，若要使位错环扩大或者收缩，只能通过位错攀移实现。

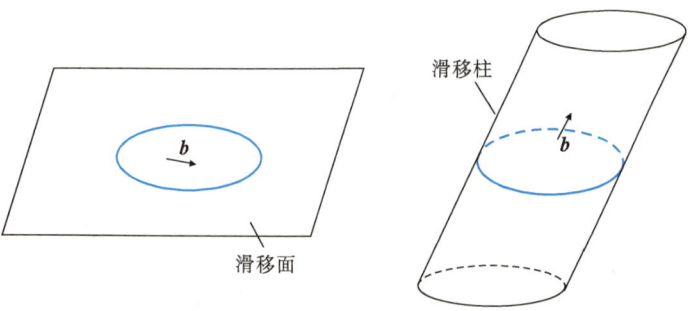

（a）伯格斯矢量位于位错环面内　　（b）伯格斯矢量与位错环面成一定角度

图 5-10　位错环的滑移面和伯格斯矢量的关系

目前，已经报道了很多柱面位错环形成的例子。柱面位错环可以通过以下方式形成。当材料从高温快冷至室温或者被高能粒子辐照后，其内部会形成过饱和的空位，过饱和空位会沿材料密排面聚集，形成一个单原子层厚的空位片，如图 5-11(a)和(b)所示。随着空位片尺寸的增大，为了降低系统的能量，空位片通常会塌缩形成一个空位型位错环，如图 5-11(c)所示。这类位错环的伯格斯矢量垂直于位错环面，是一个纯刃型空位型位错环。当空位型位错环进一步吸收空位时，它将通过攀移的方式长大。反之，随着温度升高或在缺陷陷阱的作用下，位错环发射空位时，将通过负攀移的方式收缩。

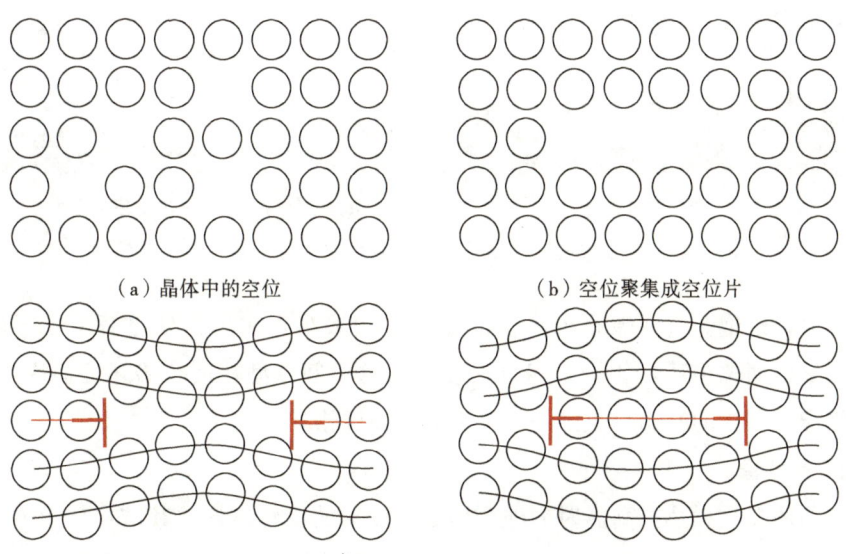

（a）晶体中的空位　　　　　　　　　　（b）空位聚集成空位片

（c）空位片塌缩形成空位型位错环　　　（d）自间隙原子聚集形成间隙型柱面位错环

图 5-11　过饱和空位或自间隙原子聚集形成柱面位错环的过程

图 5-12 展示了纯铝中柱面位错环在加热过程中发生负攀移收缩并消失的过程。纯铝在加热后从高温快速冷却至室温，其内部会形成如图 5-12(a)所示的六边形柱面位错环，经分析该位错环的伯格斯矢量为 $\frac{1}{3}\langle 111 \rangle$，为典型的弗兰克不全位错环，是由大量空位聚集并塌缩而形成的。当该样品在透射电镜中原位升温至 102 ℃并保温不同的时间后，发现六边形柱面位错环逐步收缩并最终完全消失，如图 5-12 所示。透射电镜样品比较薄，样品表面有吸收能力很强的点缺陷陷阱，在加热过程中，柱面位错环中的空位逐步被表面陷阱吸收，导致柱面位错环发生负攀移，从而引起位错环的收缩。

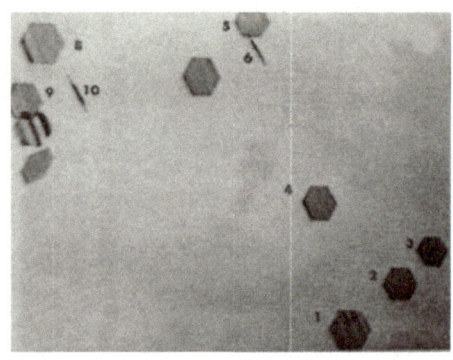

（a）弗兰克不全位错环　　　（b）吸收自间隙原子后弗兰克不全位错环尺寸减小

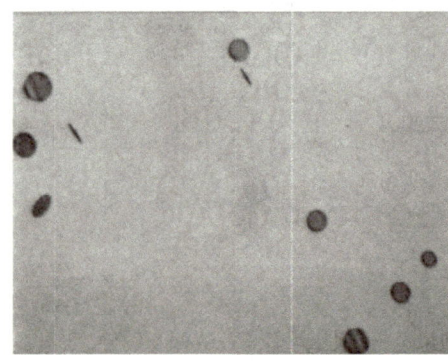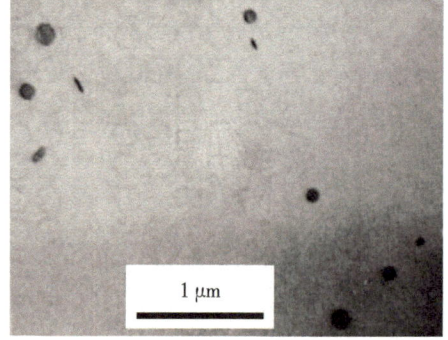

（c）弗兰克不全位错环尺寸进一步减小　　　（d）部分弗兰克不全位错环消失

图 5-12　纯铝中柱面位错环在加热过程中发生负攀移收缩并消失

相似地，过饱和自间隙原子也会沿着密排面聚集，在聚集处撑开上、下层原子，形成间隙型柱面位错环，如图 5-11(d)所示。这类间隙型柱面位错环的伯格斯矢量也垂直于位错环所在的平面，也是一个纯刃型柱面位错环。

2. 螺旋位错

部分晶体在被加热至高温时内部会形成螺旋形的位错结构，其结构就像弹簧一样，被称为螺旋位错(helical dislocations)。图 5-13 展示了氟化钙晶体内部在高温下形成的螺旋位错结构。最新原位纳米力学实验发现，在充氢的铝单晶样品压缩变形过程中也形成了动态的螺旋型位错结构。在原位力加载时，螺旋位错会随着加载方向的变化收缩或者伸长，就像手动压缩或拉伸弹簧一样。螺旋位错结构的形成与高浓度空位和位错的攀移过程密切相关。

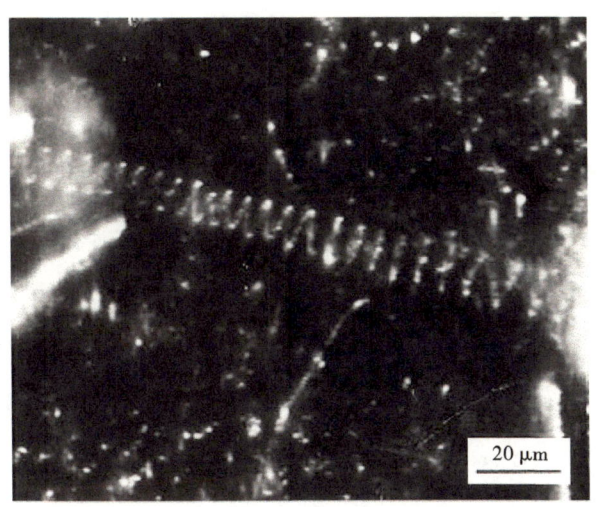

图 5-13　氟化钙晶体中的螺旋位错（形似弹簧）

图 5-14 展示了一种螺旋位错形成的可能过程。图中混合位错线 AB 被钉扎在 A 点和 B 点，其伯格斯矢量与位错线成一定角度。ABA' 面为位错线 AB 的滑移面。当加热或辐照过程中产生过饱和空位时，空位运动到位错线周围会引起位错线发生局部不同程度的攀移，攀移使位错线发生扭转，沿柱面形成螺旋形状，攀移后位错线就脱离了原 ABA' 滑移面，沿着柱面不断变化。此时，柱面的轴向平行于伯格斯矢量，螺旋位错可以沿着柱面进行滑移。若位错线的上半部和下半部发生反方向的攀移，就形成如图 5-14(c) 所示的双螺旋结构。若初始位错线 AB 的刃位错部分占主导，则会形成如图 5-13 所示的等直径螺旋位错结构。

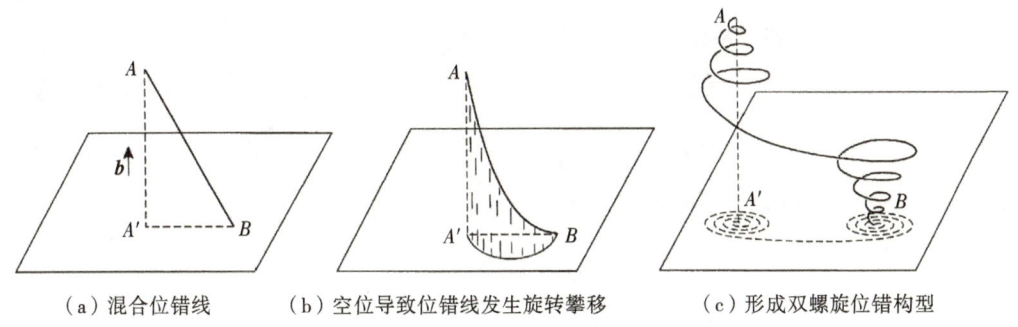

（a）混合位错线　　　（b）空位导致位错线发生旋转攀移　　　（c）形成双螺旋位错构型

图 5-14　一段混合位错线通过逐步攀移形成螺旋位错结构

实际上，一个空位型位错环和一段螺旋位错反应就会形成一个螺旋型转弯，如图 5-15 所示。过饱和空位聚集形成空位型柱面位错环，加之与晶体中的位错线进行系列反应就会形成复杂的螺旋位错结构。因此，螺旋位错结构的形成意味着大量空位的存在及位错线发生了攀移运动。

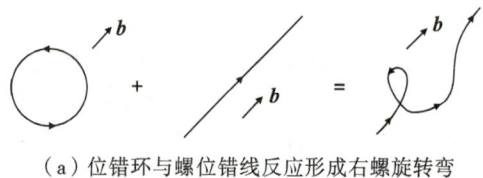

（a）位错环与螺位错线反应形成右螺旋转弯

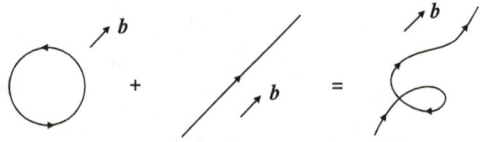

（b）位错环与螺位错线反应形成左螺旋转弯

图 5 - 15   位错环与螺位错线反应形成螺旋转弯

5.6   位错运动与塑性应变

在外力驱动下位错运动会引起材料发生塑性变形，产生塑性应变（plastic strain），因此位错是晶体材料发生塑性变形的重要载体。塑性应变与弹性应变不同，后者与外力的关系满足胡克定律。塑性应变与外力的关系比较复杂，受变形温度、变形速率和材料微观结构的共同影响。尽管如此，研究发现塑性应变和位错密度之间存在一个简单的关系，这是由于位错运动产生的位移量为伯格斯矢量的大小，因此可以直接建立位错密度与塑性应变关系。

我们首先推导晶体滑动与位错滑移之间的关系。图 5 - 16 所示有体积为 hld 的晶体，h、l、d 分别为晶体的高、宽和长。晶体内部有若干刃位错，位于互相平行的不同的滑移面上。在足够大外力驱动下，晶体内刃位错开始滑移，正刃位错向右滑移，负刃位错向左滑移。经过位错的滑移，晶体的左右表面发生了相对错动，如图 5 - 16（b）所示。若一个刃位错从晶体的左侧滑移到晶体的右侧，则这个位错贡献的位移量是伯格斯矢量大小 b。若刃位错仅在晶体内部滑动了部分距离 x_i，则该位错贡献的位移量为伯格斯矢量 $\boldsymbol{b}$ 的一部分，可表示为 $\left(\dfrac{x_i}{d}\right)b$。因此，若在变形过程中可以滑移的位错数为 N，则这些位错贡献的总位移量可表示为

$$D = \frac{b}{d} \sum_{i=1}^{N} x_i \tag{5-4}$$

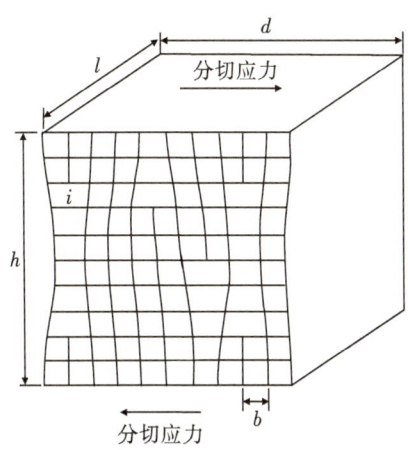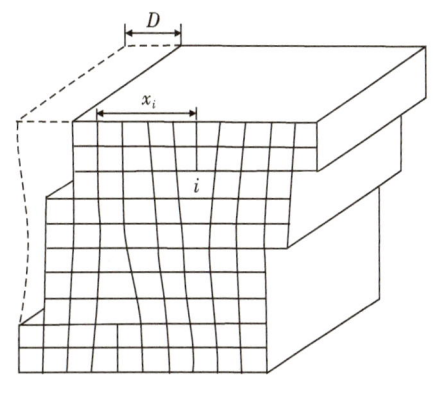

（a）运动前的晶体形状和位错结构　　　　（b）运动后的晶体形状和位错结构

图 5 - 16　刃位错运动使晶体发生塑性变形

（注：位错 i 滑动的距离为 x_i。）

这些位错滑移引起的宏观塑性剪切应变为

$$\varepsilon = \frac{D}{h} = \frac{b}{hd}\sum_{i=1}^{N}x_i \qquad (5-5)$$

若位错滑移的平均距离为 $\bar{x} = \dfrac{1}{N}\sum\limits_{i=1}^{N}x_i$，可动位错密度为 $\rho_{\mathrm{m}} = \dfrac{Nl}{hdl}$，则上式可以简化为

$$\varepsilon = b\rho_{\mathrm{m}}\bar{x} \qquad (5-6)$$

上式两边对时间求导，可得到应变速率与位错滑移速度之间的关系：

$$\dot{\varepsilon} = b\rho_{\mathrm{m}}\bar{v} \qquad (5-7)$$

式中，$\dot{\varepsilon}$ 为应变速率；$\bar{v}$ 为位错的平均滑移速度。这就是著名的奥罗万公式，对于螺位错同样适用。需要注意的是式(5-7)中 ρ_{m} 仅为可动位错密度，不可动位错对塑性应变没有贡献。

对于刃位错攀移，上述塑性应变与位错密度之间的关系仍然成立。图 5-17 中若干刃位错在高温拉伸变形时会发生攀移。刃位错发生攀移后，其额外半原子面会变长或者缩短，对于位错攀移的距离，若刃位错从晶体的一侧攀移至另一侧，引起的位移量为伯格斯矢量大小 b；若只发生了部分攀移 x_i，则造成的位移量为 $b(x_i/d)$。因此，与刃位错滑移造成的总位移量类似，刃位错攀移引起的总位移量和塑性应变也满足式(5-4)和式(5-5)。对于混合位错的攀移，上面的规律仍然成立，此时的位移量仅为刃位错部分的伯格斯矢量大小。

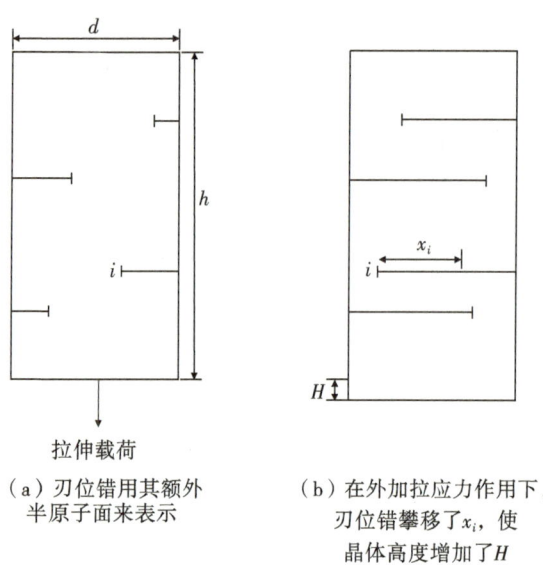

（a）刃位错用其额外　　　　　　（b）在外加拉应力作用下，
　　半原子面来表示　　　　　　　　　刃位错攀移了 x_i，使
　　　　　　　　　　　　　　　　　　晶体高度增加了 H

图 5 - 17　晶体中刃位错的攀移

奥罗万公式的推导过程非常简单，但其将晶体材料变形时的应变速率和位错滑移速度紧密地联系在一起，将塑性应变和可动位错密度之间的关系建立了起来，对于理解和进一步推导晶体材料的塑性变形规律有重要的意义。

5.7　初始晶体中的位错

晶体的生长过程不可避免地伴随着位错的产生，这使得制备无位错或极低位错密度的晶体材料在实际中极具挑战性。新生晶体中位错的主要来源有两种。首先，籽晶或生长基底中存在的位错及表面台阶会传递至新生晶体，或诱发新位错的产生。其次，晶体生长过程中随机形核的不同取向晶粒会引入位错，其机制包括：①晶粒形核时杂质导致的内应力产生位错；②结晶过程中的热应力诱发位错；③不同取向晶粒相遇形成晶界时产生位错阵列；④残余点缺陷（如空位）聚集形成位错。此外，晶体冷却时，成分和温度分布不均导致的局部体积收缩或晶格常数差异，会引发晶格错配并引入位错结构。例如，枝晶间因成分或取向差异形成的界面会产生界面位错，这种结构常见于沉淀相析出或外延生长过程中，用于协调基体与新相之间的晶格失配。快速冷却时，高温下形成的过饱和点缺陷（如空位）在室温下会聚集形成位错环（空位型或间隙型），进一步演化为位错线。图 5 - 18 展示了纯铝从近熔点温度淬火至冰水后的透射电镜照片：高温下高浓度的空位在淬火后保留，因室温下空位平衡浓度极低，空位聚集形成位错环以降低系统能量。这些小位错环可通过合并长大，而晶界作为点缺陷的陷阱会捕获空位，导致其附近空位浓度降低，无法形成位错环，从而在晶界周围出现无位错环区域。这一现象清晰证实了晶界对点缺陷的强捕获作用。

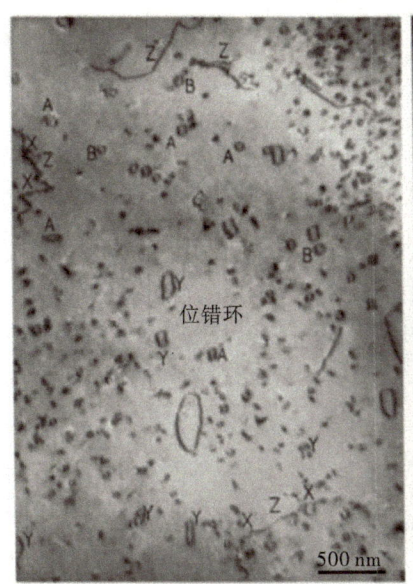 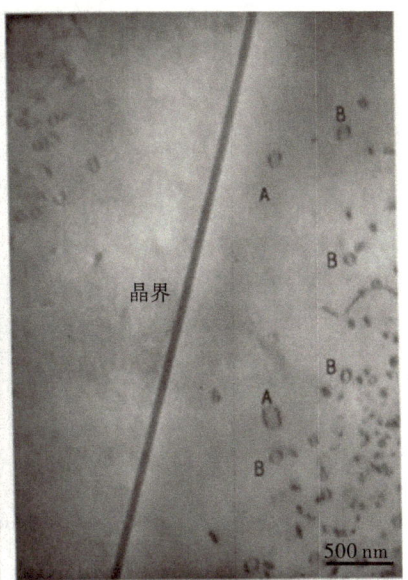

（a）内部过饱和空位聚集
形成了不同尺寸的位错环

（b）在大角晶界附近的位错环密度
很低，形成了一个无位错环区域

图 5-18　纯铝从 600 ℃ 淬火至冰水混合液中形成的位错环

5.8　位错的均匀形核

位错从一个完整晶格处形成时需要很高的应力，这种位错形核方式被称为均匀形核（homogeneous nucleation）。位错均匀形核通常只发生在极少数极端条件下，一方面是因为位错均匀形核的临界应力很高，另一方面是因为晶体中往往都存在着各种各样的缺陷。位错从缺陷处形核会更加容易，位错从缺陷处形核的方式被称为非均匀形核（heterogeneous nucleation）。科特雷尔（Cottrell）在 1953 年提出了一种估算位错均匀形核临界剪切应力的方法。具体为，在晶体的滑移面上施加一个切应力，促使晶体沿滑移面进行滑动，在滑移面上形核一个半径为 r、伯格斯矢量为 $\boldsymbol{b}$ 的位错环，引起的能量变化为

$$E=\frac{1}{2}Gb^2 r\ln\left(\frac{2r}{r_0}\right)-\pi r^2 \tau b \tag{5-8}$$

式中，G 为切变模量；r_0 为位错中心的截止半径。

为了简化计算，设泊松比为零。位错环形成能随 r 的增加表现为先增加后减小的趋势，存在一个临界的位错环半径 r_c，此时 $\mathrm{d}E/\mathrm{d}r=0$。基于此，可以通过对上式求导获得以下 r_c 关系式：

$$r_c=\frac{Gb}{4\pi\tau}\left[\ln\left(\frac{2r_c}{r_0}\right)+1\right] \tag{5-9}$$

此时对应的最小能量为

$$E_c = \frac{1}{4}Gb^2 r_c \left[\ln\left(\frac{2r_c}{r_0}\right) - 1 \right] \tag{5-10}$$

若位错环的半径为 r_c，这将是一个稳定形核的过程，位错环在切应力的驱动下稳定长大。在没有热激活协助下，位错环形核只有在 $E_c = 0$ 的情况下才发生，此时需满足 $\ln\left(\frac{2r_c}{r_0}\right) = 1$ 即 $r_c = 1.36 r_0$，根据公式(5-9)可算得位错均匀形核的临界剪切应力为

$$\tau = \frac{Gb}{2\pi r_c} \approx \frac{G}{10} \tag{5-11}$$

可见，通过估算获得的位错均匀形核的临界剪切应力与晶体的理论剪切强度相近。对于常规晶体材料来说，屈服强度约为 $G/1000$，取 $r_0 = 2b$，可以估算 $r_c \approx 500b$，对应的位错环形核能量为 $E_c \approx 650Gb^3$，这个能量对于一般的金属约为 3 keV。在原子尺度下，这是一个非常高的能量。通常情况下热激活的能量正比于 $\exp(-E_c/kT)$，其中 $kT = 0.025$ eV，因此热激活能量很小，也就是说晶体材料在屈服应力下位错均匀形核是不可能的。即使在晶体变形时，其内部由于应力集中使得材料局部应力增大，可能会激发位错的均匀形核，但晶体材料的塑性变形主要还是通过预存位错的滑移和增殖来实现的。

5.9　应力集中诱导位错形核

材料中非均匀组织引起的局部应力集中也是诱发位错形核的一种重要方式。图 5-19 展示了应力集中诱发氯化银中位错发射的例子。氯化银中有一个玻璃球，样品在加热到固溶温度保温一段时间后，氯化银中的位错都发生了回复，随后样品慢慢冷却至室温。氯化银和玻璃球的热膨胀系数的差异，导致在玻璃球与基体界面处产生了应力集中，随后玻璃球挤压导致从玻璃球与基体界面处发射出一串柱面位错环。可见，材料中由于组织不均匀产生的应力集中也是诱发位错形核的一种重要方式。材料中发生应力集中的地方包括表面缺口、裂纹前沿、位错塞积点、第二相或夹杂物处等，这些位置常常成为位错优先形核的点位。

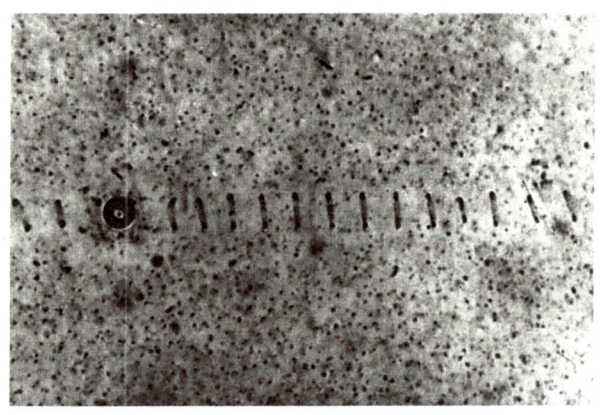

图 5-19　氯化银中玻璃球应力集中诱发位错发射

5.10　弗兰克-里德位错源

材料发生大塑性变形需要大量的位错参与，由于位错的均匀形核非常难，非均匀形核点位相对较少，初始预存位错数量也有限，这就需要有一个能够源源不断产生位错，使位错发生自发增殖的机制。大量研究发现位错的增殖依赖两个方面，一个是弗兰克-里德位错源(Frank - Read dislocation source，即 F - R 源)，另一个是位错多交滑移机制。

1950 年，弗兰克和里德一起提出了位错增殖的位错源模型。如图 5 - 20 所示，在一个柱状晶体中刃位错 BC 位于滑移面内，位错线 AB 位于竖起来的某个面内，两者相交于 B 点，位错线 BC 可看作可动位错，位错线 AB 是一段不可动位错，如图 5 - 20(a)所示。当施加一定的切应力后，由于 B 点被固定，位错线 BC 只能绕着位错线 AB 在滑移面内转动，并且 BC 位错线持续滑动使得柱状样品在表面形成了阴影部分的滑移台阶，如图 5 - 20(b)所示。位错线 BC 每滑动一圈，晶体的上半部分相对于下半部分产生一个伯格斯矢量的位移，这个过程一直可以重复进行，也就是说位错线 BC 滑动 n 圈，就产生 nb 的位移，从而在样品表面形成很大的滑移台阶。随着位错线 BC 绕着位错线 AB 进行滑动，位错线 BC 段的长度增加了。以上描述的位错滑动过程就是典型的单臂位错源机制。

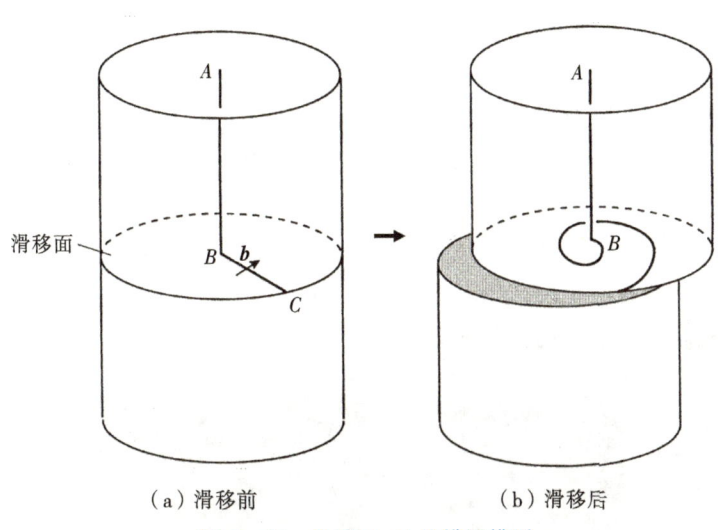

（a）滑移前　　　　　　　　（b）滑移后

图 5 - 20　单臂 F - R 位错源模型

上述单臂位错源机制中可动位错只有一端被锁住，若两端都被钉扎，在切应力下重复产生位错的机制就是柱面的 F - R 位错源机制，如图 5 - 21 所示。图中位错线 AB 位于滑移面内，其伯格斯矢量也位于滑移面内，它的两端被缺陷钉扎。在滑移面内单位位错线上施加切应力 τb，在切应力的驱动下，位错线 AB 逐步弓出，如图 5 - 21(a)所示。位错线 AB 弓出的曲率半径由施加切应力的大小决定，二者满足：

$$\tau_{\max} = \frac{Gb}{L} \qquad (5-12)$$

　　随着 τ 逐步增加，位错线 AB 从一条直线逐步弓出，形成弧形，并最终形成图 5-21(b_1)中的半圆临界形状。此时，半圆的半径刚好是位错线初始长度的一半。随着切应力的驱动，半圆位错线 AB 的半径进一步增加。但根据公式(5-12)，随着切应力增加，其半径应当减小，于是半圆位错线 AB 变得不稳定。后续位错的滑动过程如图 5-21(b_2)～(b_4)所示，位错线 AB 演化为一个肾形的位错环，位错线的 m 点和 n 点相遇并连接在一起，这样便形成了一个外周大位错环并继续向外滑动，内部位错线则回复到初始的 AB 位错线段。这个过程可以重复进行，从而源源不断地产生位错，这就是著名的 F-R 位错源机制。

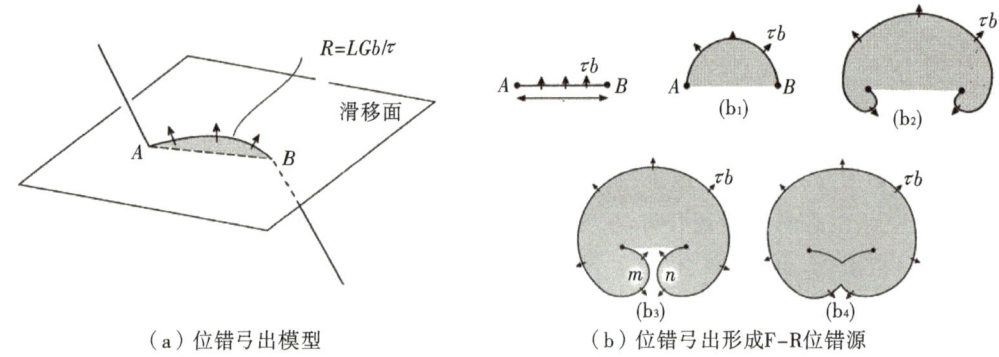

（a）位错弓出模型　　　　　　　（b）位错弓出形成F-R位错源

图 5-21　F-R 位错源机制示意图

（注：图中 R 为位错源半径，L 为位错线的长度。）

　　上面的讨论忽略了晶体的各向异性，实际晶体中位错环通常沿平行于伯格斯矢量的方向比较长。图 5-22 展示了一个在硅中拍摄到的 F-R 位错源帮助位错增殖的实验证据。在硅晶体中，由于晶体存在各向异性，位错环呈多边形，主要的位错线都沿〈110〉方向，这是因为硅中位错线沿〈110〉方向能量最小。图 5-22 为晶体材料中位错的 F-R 位错源机制提供了关键实验证据。

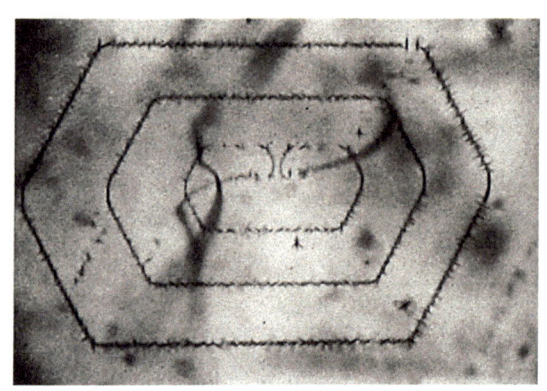

图 5-22　实验中在硅晶体中观察到的 F-R 位错源机制

公式(5-12)事实上给出了启动不同尺寸 F-R 位错源的临界切应力。当位错线 AB 的长度为 $L \cong 10^4 b$ 时，形成 F-R 位错源需要的临界切应力约为 $10^{-4}G$，刚好与金属材料的屈服强度相近，表明材料中 F-R 位错源的启动对应于塑性屈服阶段。F-R 位错源机制为位错的高效增值提供了可能，但这种机制只能解释位错在单个滑移面上的增殖过程，并不能解释实验中观察到的滑移带宽化等现象，这还需要另外一种机制的配合，那就是螺位错的交滑移过程。

5.11　多交滑移位错增殖

图 5-23 展示了氟化锂晶体中两种形态的滑移带，一种是由单个位错在一个滑移面内运动和增殖形成的较窄的滑移带；另一种是部分位错在初始滑移带两侧发生交滑移使得初始窄滑移带发生宽化所形成的较宽的滑移带。滑移带的宽化对实现均匀塑性变形非常重要，因此螺位错的交滑移对于实现良好的塑性变形有重要的意义。

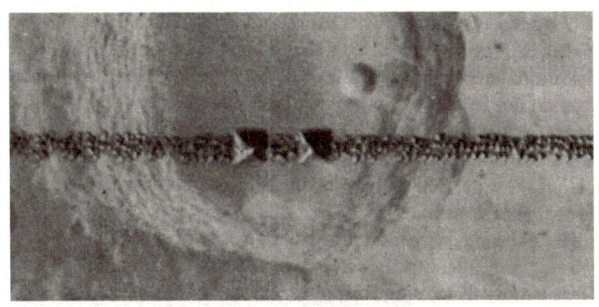

（a）变形初期的窄滑移带

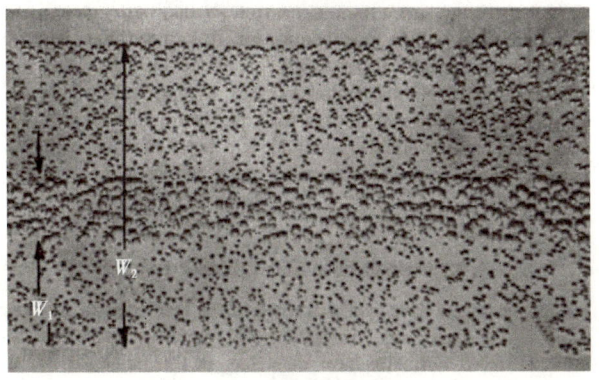

（b）滑移带的宽化

图 5-23　氟化锂晶体中的滑移带

滑移带的宽化可以通过图 5-24 中的螺位错多交滑移(multiple cross slip)实现。图中 AB 处的螺位错可以交滑移至与之相平行的滑移面 CD 处。AC 和 BD 段为不可动位错段，可以将 AB 和 CD 位错线钉扎住。如果施加的切应力足够大，位错线 AB 和位错线 CD 会持续弓出，形成各自滑移面内的 F-R 位错源，从而实现滑移带从一个滑移面扩展到两个滑移面。采用类似的机制，位错滑移可以从一个滑移面扩展到多个滑移面。只有高效的 F-R 位错源和螺位错的多交滑移密切配合才能实现晶体材料的良好塑性变形。

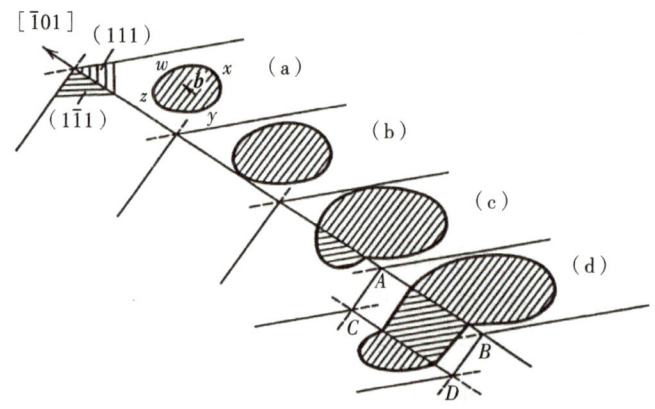

图 5-24　面心立方晶体中螺位错多交滑移示意图

此外，在高温下，位错在攀移过程中也会帮助位错增殖。目前发现两种位错攀移增殖的机制：柱面位错扩展和螺位错螺旋攀移。柱面位错在点缺陷帮助下持续扩展会显著增加位错的长度。螺位错螺旋攀移形成的弹簧位错发生柱面滑移也是位错增殖的一种方式。

5.12　晶界位错源

在多晶材料塑性变形中，晶界区域也是非常重要的位错形核的位置。大量的实验和计算表明晶界可以发射位错，位错在晶体内通过进一步交互作用和增殖帮助材料发生塑性变形。晶界发射位错的机制多种多样。在小角晶界中，晶界失配位错可以作为 F-R 位错源发射位错。晶界上的台阶也是常见的位错发射位置。当位错在晶界处发生塞积时，由于应力集中，晶界的另一侧通常会形核和发射位错。当晶体内位错源效率比较低时，通过晶界或界面引入位错就是一种非常重要的实现晶体材料塑性变形的方式。图 5-25(a)展示了分子动力学模拟的纳米晶铝晶界发射不全位错的过程，多个肖克莱不全位错连续发射可以形成塔状的变形孪晶。图 5-25(b)展示了纯锆在变形时其内部孪晶界发射 $\langle c+a \rangle$ 位错的证据，表明密排六方晶体中的孪晶界也是有效的位错源。

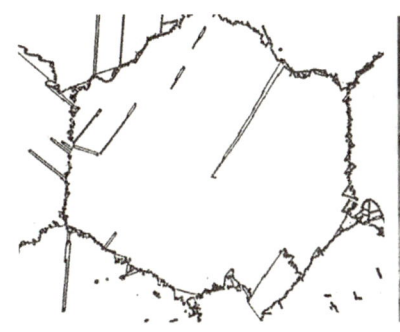
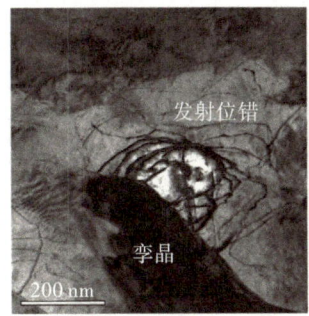
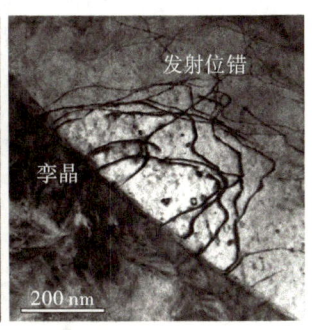

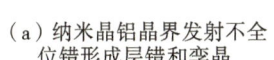

（a）纳米晶铝晶界发射不全　　　　　（b）锆中孪晶界发射<$c+a$>位错
　　位错形成层错和孪晶

图 5 - 25　晶界位错源

5.13　位错源效率和韧脆转变

材料的表面缺陷和裂纹尖端由于应力集中效应，往往成为位错形核的优先位置。事实上，裂纹前沿位错的形核、发射和增殖能力直接决定了材料的断裂行为——是发生韧性断裂还是脆性断裂。对于高塑性金属材料，裂纹尖端区域会发生显著屈服，大量位错的产生使裂纹尖端钝化，导致裂纹扩展需要消耗大量塑性功；而对于多数脆性材料，常温下裂纹尖端难以形成足够位错，使得裂纹极易扩展。随着温度升高，脆性材料的裂纹尖端位错增殖能力增强，从而实现韧脆转变。值得注意的是，纯金属的韧脆转变通常发生在极窄的温度区间内，表现出突变特征；而合金化后这一转变过程会明显放缓，有时可跨越 50℃ 的宽温区。最新研究表明，金属材料的韧脆转变行为与位错源效率密切相关，尤其是螺位错与刃位错相对运动速度所决定的位错增殖能力，这种转变本质上反映了位错增殖能力的突然下降。下文将针对金属材料的韧脆转变机制展开详细讨论。

自 1861 年金属材料韧脆转变现象首次被发现以来，这一科学难题便持续吸引着研究者的关注。1861 年，柯卡尔迪（Kirkaldy）首次指出熟铁的脆性断裂与其表面缺口存在密切相关性；1906 年，法国科学家梅斯纳格尔（Mesnager）进一步提出，金属加工过程中形成的表面微刻痕所产生的局部三轴应力状态是诱发脆性开裂的关键因素。随着位错理论和断裂力学的蓬勃发展，研究重点逐渐聚焦到位错与裂纹的交互行为上。1934 年位错概念的提出和 1956 年透射电镜原位实验对位错的直接观测，使科学家们认识到位错作为材料塑性变形的主要载体，其行为与金属韧脆转变存在本质关联，这一突破性认识重新激发了该领域的研究热潮。目前，针对韧脆转变机制的解释主要形成了两大理论体系：位错形核机制与位错运动机制。

1. 位错形核控制韧脆转变机制

1974 年，赖斯（Rice）和汤普森研究了体心立方晶体钝化裂纹尖端的过程，并提出了钝化裂纹尖端的模型（见图 5 - 26）。该模型表明材料在变形过程中形成的微裂纹会导致应力集中，快速扩展的裂纹会造成材料发生脆性断裂；如果裂纹可以被钝化，材料则会表现出较好的塑韧性。钝化裂纹尖端的过程需要位错不断地形核来完成，若材料可以有效地发射位错，则会表现出较高的韧性；而对于位错发射需要克服很大能量壁垒的材料，则表现出较高的脆性。

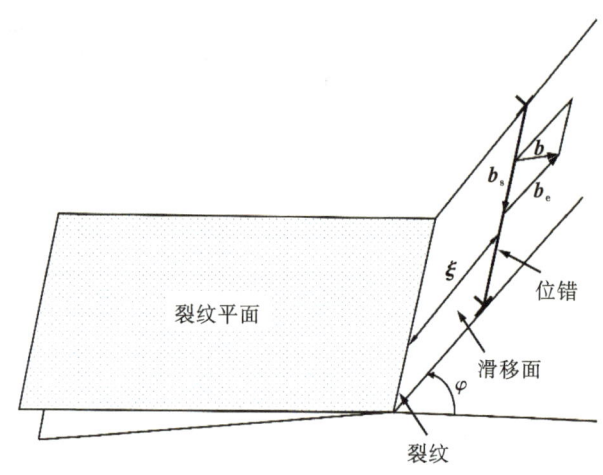

图 5 - 26　位错钝化裂纹示意图

（注：φ 为滑移面与裂纹平面的夹角。）

1986 年，龟田（Kameda）指出位错形核速率与应变速率成正比，通过位错形核可以有效释放金属材料微裂纹尖端的集中应力，进而控制韧脆转变。1988 年，赫希建立了一个动态裂纹尖端钝化模型以描述材料在恒定应变速率中的韧脆转变行为，并提出位错来源于裂纹尖端或附近区域的离散型发射，发生韧脆转变时，被发射的位错以足够快的速度运动到裂纹尖端并钝化裂纹。研究人员计算了发射每个位错需要的强度因子：

$$K_N = \alpha \mu b \left(\frac{2\pi}{x_c}\right)^{1/2} \tag{5-13}$$

式中，K_N 为发射第 N 个位错所需的强度因子；α 为线拉伸应力系数；μ 为剪切模量；b 为伯氏矢量大小；x_c 为形核位错在相应应力状态下运动到最远的临界距离。研究发现脆性断裂的临界强度因子 K_{Ic} 刚好与第一个位错发射所需的强度因子相同，据此认为是位错形核控制了韧脆转变的过程。

2. 位错运动控制韧脆转变机制

1991 年，赫希和罗伯茨（Roberts）以硅为模型材料，提出了位错运动控制韧脆转变的理论。该研究认为，只有当材料中的位错（预存位错和形核位错）能够及时地运动到裂纹尖端时，才可以有效地钝化裂纹，即位错的运动速度及分布决定了硅的韧脆转变过程。1998 年，冈布赫（Gumbsch）等人系统研究了单晶钨的韧脆转变行为，并指出在低温时由于缺少活跃的位错源，位错形核在变形过程中起到重要的作用；而高温在材料内部形成了充足的位错源，此时的位错运动能力决定了位错源形核的速率，位错运动得越快，就可以形核越多的位错。该研究虽然强调了位错形核在变形中的重要性，但是依然认为韧脆转变本质是由位错运动所控制的。2007 年，詹纳塔西奥（Giannattasio）分析了加载速率对钨韧脆转变的影响，测出了韧脆转变的激活能：

$$\dot{\varepsilon} = A \cdot \exp\left(\frac{Q_{\text{DBT}}}{k_{\text{B}} T_{\text{DBT}}}\right) \tag{5-14}$$

式中，$\dot{\varepsilon}$ 为加载速率；A 为系数；Q_{DBT} 为发生韧脆转变的激活能；k_{B} 为玻尔兹曼常数；T_{DBT} 为韧脆转变温度。螺位错扭折对的有效形成焓可表达为

$$H_{\text{kp}} = 2H_{\text{k}} - 2\sqrt{\sigma^*}\left(\frac{a^3 b \gamma_0}{2}\right)^{1/2} \tag{5-15}$$

式中，H_{kp} 为扭折对有效形成焓；H_{k} 为应力状态为 0 时扭折对的形成焓；σ^* 为临界切应力；a 为扭折对中相邻波谷之间的距离；b 为伯格斯矢量大小；γ_0 为与位错线张力有关的因子。对于金属钨，韧脆转变所激活能量为 1.05 eV，刚好与扭折对有效形成焓相同，据此研究人员认为韧脆转变是由螺位错运动主导的。

3. 螺/刃位错相对运动速度控制韧脆转变机制

针对韧脆转变是位错形核还是位错运动主导的争议，研究人员认为位错形核和位错运动是相辅相成的，并不矛盾，于是提出了螺/刃位错相对运动速度-位错源效率控制韧脆转变的新机制。

如图 5-27(a)所示，当螺位错和刃位错运动速度相等时，刃位错向前弓出形成半径为 r 的半圆，一旦超过半圆这个临界形状，螺位错扫过的面积将大于刃位错扫过的面积，即马上转变为高效的 F-R 位错源。然而，由于体心立方晶体特殊的螺位错三维核心结构，它的运动是一个热激活的过程，运动速度往往显著小于刃位错速度。现假设螺位错运动速度为零，刃位错具有良好的可动性，这时位错的弓出形貌如图 5-27(b)所示，当刃位错弓成半圆时，不能形成高效位错源，需继续向前运动一定距离 x，形成一个半椭圆，浅粉色部分为刃位错扫过的面积。即使在这种情况下，半椭圆位错环仍然不能形成 F-R 位错源，需继续向前滑动。也就是说，这种情况下刃位错弓出过程只相当于一次性位错源。实际情况下，螺位错具有一定的可动性，也会向侧面运动距离 y，则形成如图 5-27(c)所示的较宽的半椭圆，螺位错扫过的面积为浅绿色部分。只有当螺位错扫过的面积大于刃位错扫过的面积时，该位错才可以转变为 F-R 位错源。此时，螺/刃位错的相对运动速度决定了临界半椭圆的形状。

根据几何关系，螺/刃位错的相对运动速度比值为

$$\alpha = \frac{v_s}{v_e} = \frac{y}{x} = \frac{r}{x+r} \tag{5-16}$$

式中，α 为螺/刃位错相对运动速度比值；v_s 为螺位错运动速度；v_e 为刃位错运动速度；y 为螺位错运动的距离；x 为刃位错运动的距离；r 为初始位错源半径。该物理模型建立了通过位错弓出形貌判断螺/刃位错相对运动速度比值 α 的方法。螺/刃位错相对速度比值 α 决定了 F-R 位错源的有效性，α 值越小，位错源效率越低，α 值越大，位错源效率越高。通过统计 Fe、Al、Cr 和 W 在不同温度下的位错几何形貌，可以获

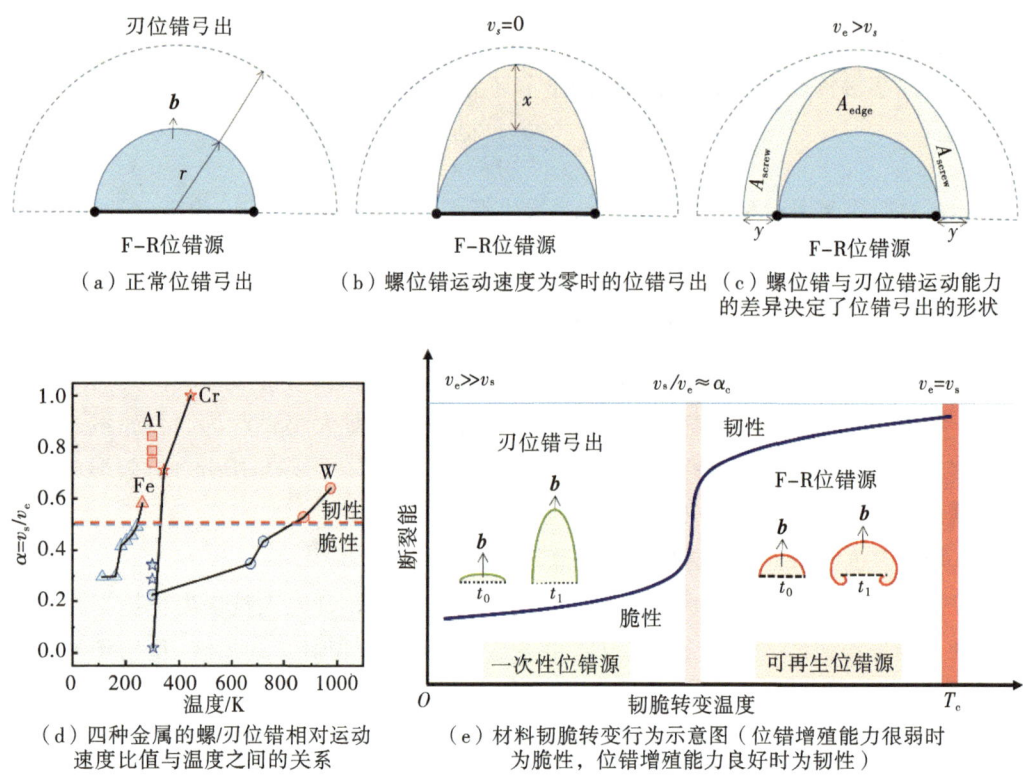

图 5-27　螺/刃位错相对运动速度控制韧脆转变的物理机制

得它们的 α 值与韧脆转变行为之间的关系，如图 5-27(d)所示。研究发现金属材料若要呈现韧性，至少需要满足 $\alpha > 0.5$ 才可以（在转化成位错源前刃位错的最大位移要于小于位错源的半径 r）。也就是说，宏观观察到的体心立方金属的韧脆转变温度对应于一个特殊的位错源效率，只有满足这一特殊的临界位错源效率（特定螺/刃相对运动速度），金属材料才能实现良好韧性变形，如图 5-27(e)所示。例如，金属铬在高温纳米压痕实验中，α 值需要达到 0.7 才能发生韧脆转变。事实上，位错源效率随温度增加而提高是造成金属材料韧脆转变的根本原因。以上基于位错源效率的韧脆转变模型也可以拓展到对密排六方晶体塑性变形能力的理解中。例如，密排六方晶体中锥面 $\langle c+a \rangle$ 位错的螺位错较易滑移，而刃位错较难滑移，也造成了 $\langle c+a \rangle$ 位错的增殖困局和整体滑移困难，从而引起密排六方晶体在低温下变形能力弱的缺点。

　　测试材料韧脆转变的方法包括夏比冲击试验、三/四点弯曲试验、紧凑拉伸试验、冲杆试验、纳米压痕等。如图 5-28 所示，夏比冲击试验通过落锤对 U/V 形缺口的标样进行冲击，使试样沿缺口被冲断，用折断时摆锤重新升起的高度差计算试样的吸收功，吸收功（单位位为焦耳）越大，表明材料韧性越好。在不同温度下进行冲击试验后，绘制冲击吸收功随温度的变化曲线，即可确定材料的韧脆转变行为。夏比冲击试样加工简便、测试时间短，但对试样内部的微观缺陷和组织结构十分敏感，并且所需标样的尺寸较大。弯曲试验和紧凑拉伸试验也是测试金属材料韧脆转变的常用方法。这两种方法使用的是带有缺口的块体试样，并且在缺口尖端预制了一条疲劳裂纹。脆性材料和韧性材料对裂纹扩展的抵抗能力差异很大，因此通过断裂韧性随温度的变化可以判断材料的韧脆转变特性。

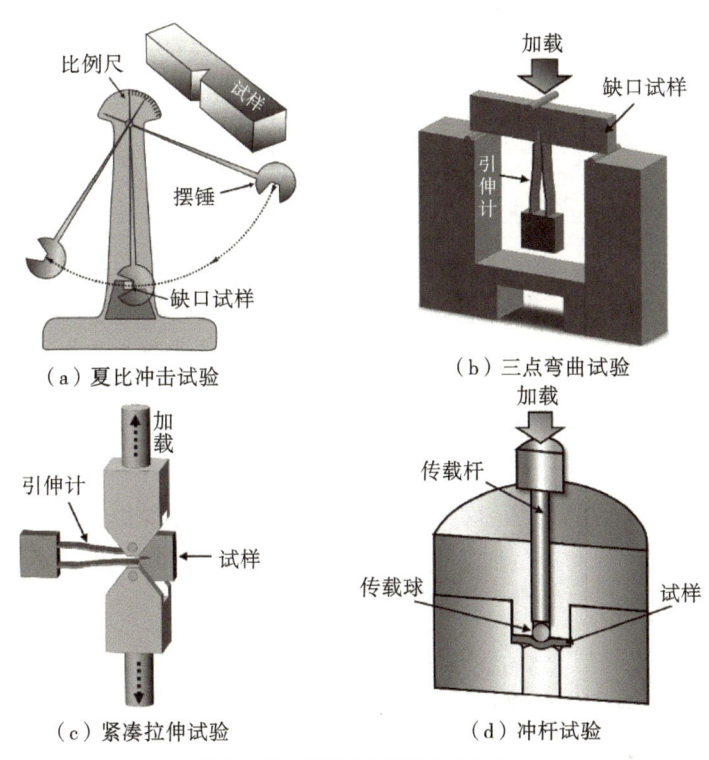

（a）夏比冲击试验　　　（b）三点弯曲试验

（c）紧凑拉伸试验　　　（d）冲杆试验

图 5 - 28　韧脆转变的测试方法

　　冲杆试验也常被用于评估材料的韧脆转变行为。如图 5 - 28(d)所示，冲杆试验中将小尺寸的薄试样置于传载球下方，通过加载后得到的载荷-位移曲线可计算出冲杆断裂能，断裂能随温度的转变即可反映材料韧脆转变的过程。该方法所需试样尺寸较小，适用于不方便加工的脆性材料，以及核反应堆中服役材料的性能评估。除了上述方法之外，不同温度压痕试验得到的硬度随温度阶段性的变化也可以评估金属材料的韧脆转变行为。该方法对试样损伤小，可以无损地检测材料的力学性能，但是该方法对试样表面形貌敏感，因此对试样表面质量要求较高。

　　通过不同方法测试得到的体心立方晶体材料断裂能随温度变化的曲线如图 5 - 29 所示。可以发现，铁碳合金和钨铼合金的低温断裂能较低，表现出明显的低温脆性；随着温度逐渐升高，合金的断裂能增加到较高的能量平台，使得合金具备了优异的韧性。这种断裂能由低到高的转变过程对应了材料的韧脆转变行为。此外，纯金属及合金元素含量较低的金属在较窄温度区间内断裂能会突然增加，发生韧脆转变。然而，随着合金元素含量的增加，不仅韧脆转变的过程变得更加缓慢，合金的高温韧性也明显变差，如图 5 - 29(b)中右侧能量平台区变形能降低。

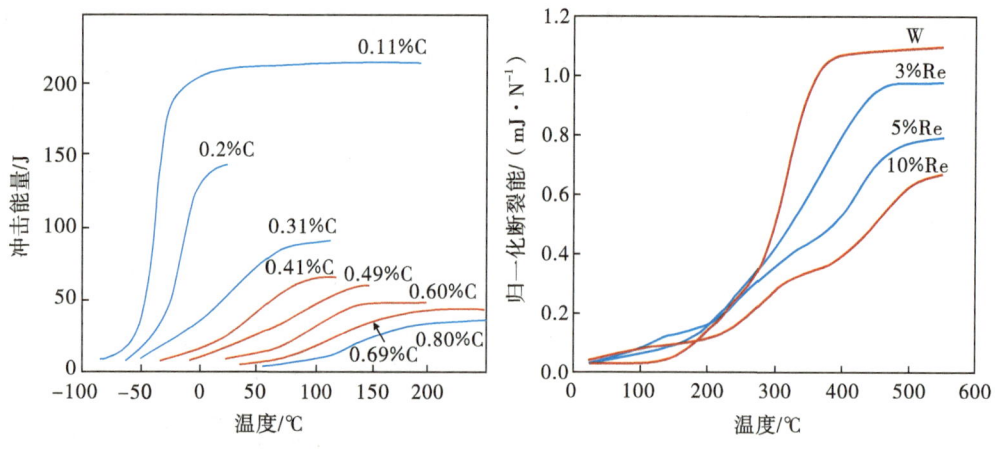

（a）夏比冲击试验测试铁碳合金的韧脆转变　　　（b）小冲杆试验测试钨铼合金的韧脆转变

图 5 - 29　金属材料的韧脆转变行为

思考题

1. 若螺、刃位错的滑移能力存在巨大差异，F - R 位错源机制是否还有效？例如体心立方晶体中的螺位错和刃位错在低温下滑移能力差异很大。这会对材料的变形造成什么后果呢？

2. 晶界为什么可以作为有效的位错源？

3. 位错交滑移有利于晶体材料的塑性变形，若位错交滑移过于频繁会对晶体材料的变形产生哪些影响？

4. 位错源的效率如何测量？有没有什么简便的方法？

5. 举例说明位错非均匀形核的几种方式。

6. 位错均匀形核与晶体材料的理想强度之间有什么关系？

7. 晶界附近由点缺陷聚集形成的位错环密度为什么会非常低？

8. 螺旋位错是如何形成的？请举例说明什么样的变形条件下容易形成螺旋位错。

9. 位错割阶和位错扭折有什么区别？

10. 螺位错和刃位错的运动能力有什么差异？

参考文献

[1] HULL D, BACON D J. Introduction to dislocations [M]. New York: Elsevier, 2011.

[2] GILMAN J J, JOHNSTON W G. Observations of dislocation glide and climb in lithium fluoride crystals[J]. Journal of Applied Physics, 1956, 27(9): 1018 - 1022.

[3] PASSMORE E M. Correlation of temperature and grain size effects in the ductile-brittle transition of molybdenum[J]. Philosophical Magazine, 1965, 11(111): 441 - 450.

[4] PSZONKA A. On the ductile-brittle transition of polycrystalline zinc[J]. Scripta

Metallurgica，1974，8(2)：81 – 84.

[5] CHRISTIAN J W. Some surprising features of the plastic deformation of body-centered cubic metals and alloys[J]. Metallurgical transactions A，1983，14：1237 – 1256.

[6] SAMUELS J，ROBERTS S G，HIRSCH P B. The brittle-to-ductile transition in silicon[J]. Materials Science and Engineering：A，1988，105：39 – 46.

[7] FINNIE I，MAYVILLE R A. Historical aspects in our understanding of the ductile-brittle transition in steels [J]. Journal of Engineering Materials and Technology，1990，112：56 – 60.

[8] SERBENA F C，ROBERTS S G. The brittle-to-ductile transition in germanium [J]. Acta metallurgica et materialia，1994，42(7)：2505 – 2510.

[9] BOOTH A S，ROBERTS S G. The brittle-ductile transition in γ – TiAl single crystals[J]. Acta materialia，1997，45(3)：1045 – 1053.

[10] EBRAHIMI F，HOYLE T G. Brittle-to-ductile transition in polycrystalline NiAl [J]. Acta materialia，1997，45(10)：4193 – 4204.

[11] FRANCO A，ROBERTS S G，WARREN P D. Fracture toughness, surface flaw sizes and flaw densities in Al_2O_3[J]. Acta Materialia，1997，45(3)：1009 – 1015.

[12] GUMBSCH P，RIEDLE J，HARTMAIER A，et al. Controlling factors for the brittle-to-ductile transition in tungsten single crystals[J]. Science，1998，282 (5392)：1293 – 1295.

[13] YAMAKOV V，WOLF D，PHILLPOT S R，et al. Dislocation processes in the deformation of nanocrystalline aluminium by molecular-dynamics simulation[J]. Nature materials，2002，1(1)：45 – 49.

[14] ORTNER S R. The ductile-to-brittle transition in steels controlled by particle cracking[J]. Fatigue & Fracture of Engineering Materials & Structures，2006，29 (9 – 10)：752 – 769.

[15] ZHANG J，HAN W Z. Oxygen solutes induced anomalous hardening, toughening and embrittlement in body-centered cubic vanadium[J]. Acta Materialia，2020，196：122 – 132.

[16] LU Y，ZHANG Y H，MA E，et al. Relative mobility of screw versus edge dislocations controls the ductile-to-brittle transition in metals[J]. Proceedings of the National Academy of Sciences，2021，118(37)：e2110596118.

[17] ZHANG Y H，HAN W Z. Mechanism of brittle-to-ductile transition in tungsten under small-punch testing[J]. Acta Materialia，2021，220：117332.

[18] LIN X H，HAN W Z. Achieving strength-ductility synergy in zirconium via ultra-dense twin-twin networks[J]. Acta Materialia，2024，269：119825.

第6章 位错阵列和界面位错

第5章介绍了位错的运动和增殖行为，即晶粒内部位错的动态行为或单个位错在运动中的形态演化。当材料中位错数量增加，大量位错会逐步演化形成具有特殊排列特征的位错结构，称之为位错阵列。另外，材料中晶界和相界上也存在独特的界面位错，以协调两个晶粒或两相之间的晶格错配。为了全面认识材料的性质，必须充分了解位错群的演化行为、位错阵列的特点和界面位错。本章将重点介绍回复和再结晶过程中位错结构的演化、晶界位错、界面位错、位错塞积形成的位错阵列等。

6.1 塑性变形、回复和再结晶

塑性变形会使晶体材料内部形成三维位错结构和位错分布。变形形成的三维位错结构的形态受晶体结构、变形温度、应变量和应变速率的影响。晶体材料中的晶界、第二相和滑移面的层错能都会对最终形成的三维位错结构产生影响。图6-1展示了纯铁在室温和−135 ℃变形时形成的典型位错结构。纯铁在室温下变形后形成了典型的位错墙或位错胞状结构，胞壁位错密度很高，胞内位错密度很低，如图6-1(a)所示。在变形初期，位错胞快速形成，并具有特征尺寸，通常为几微米，随着变形量的增加，位错胞的尺寸变化很小。位错胞结构也具有一定的晶体学取向特征，这与启动的滑移系和位错之间的交互作用密切相关。在−135 ℃变形时，纯铁中形成了非常均匀的

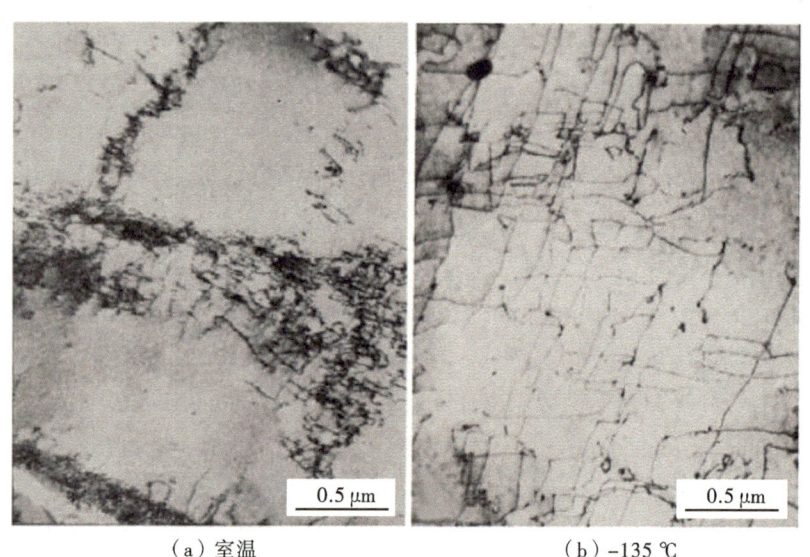

（a）室温   （b）−135 ℃

图6-1 纯铁在室温和−135 ℃变形时形成的位错结构

位错网状结构，其中包括大量长直的位错线，如图 6-1(b)所示。这些长直位错通常是螺位错。在低温下，螺位错的运动能力有限，而刃位错可动性较好。经过一定的塑性变形，运动缓慢的螺位错更多地保留下来形成网状结构，而刃位错则滑移到晶界或表面而湮灭。

晶体材料的加工硬化通常起源于塑性变形过程中位错数量的急剧增加和位错之间的交互作用。塑性变形对材料做的功大部分转化成了热从而使材料的温度升高，但其中一小部分会储存在材料内部，被称为变形储能(stored energy)。事实上，这一部分能量以位错的形式存储在材料内部，位错密度越高，变形储能越大。除了以位错形式储能外，形成高浓度点缺陷也可以存储一部分能量。位错和点缺陷储能只有在较低温度下才能实现，比如 $T \leqslant 0.3T_m$，此时材料内部的原子基本不发生扩散。所以在 $T \leqslant 0.3T_m$ 时进行塑性变形的过程也被称为冷变形(cold deformation)。塑性变形储能可以通过位错的重新排列形成低能组态而进行释放。位错结构重新排列通常会形成小角晶界，因此，小角晶界也可以被看作是由若干位错构成的有序排列结构。杂乱的位错结构重新排列成有序的小角晶界会释放塑性变形储能，降低系统能量。这一过程伴随着位错的攀移和滑移，只有在足够高的热激活驱动下，点缺陷的扩散才能实现，例如 $T \geqslant 0.3T_m$。这一位错重新排列的过程会使加工硬化的晶体发生软化，所以这一过程被称为回复。当一个被加工硬化的晶体被加热到中等温度时回复就会发生。在回复过程中位错结构由杂乱的形态转变为小角晶界形态的过程也被叫作多边形化(polygonisation)过程。

当一种经过严重塑性变形的金属被加热到特定温度之上时，金属内部在发生回复的过程中逐步产生了新的位错量很少的晶粒，这一过程被称为再结晶(recrystallization)。晶体的再结晶过程会形成大角晶界。图 6-2 展示了 Fe-3.25Si 合金在冷变形和后续热处理过程中的微观结构演化，充分地展示了回复和再结晶两个过程的微观结构特征。回复过程主要是位错结构的演化，主要指位错的重新排列和互相湮灭过程。再结晶主要指有新的晶粒形成的过程。回复只需要较低的温度和较长的时间，再结晶则需要较高的温度。再结晶刚完成时的晶粒比较小，随着热处理时间的增加，晶粒会进一步长大。晶粒尺寸越大，晶界面积越小，材料内部的储能越少。

图 6-3 展示了随机存储位错经过滑移和攀移过程逐步演化为一个小角晶界的过程。现考虑一种片状晶体材料，在弯曲变形后形成了随机分布的位错结构，这些位错分布在不同的滑移面上，具有刃位错特征，如图 6-3(a)所示。这些位错在重新排列成由若干竖直刃位错组成的小角晶界后，总能量会显著降低，如图 6-3(b)所示。位错的重新排列需要位错发生滑移和攀移，因此，必须在热激活的驱动下有充足的点缺陷的扩散，这就是典型的晶体位错回复过程。

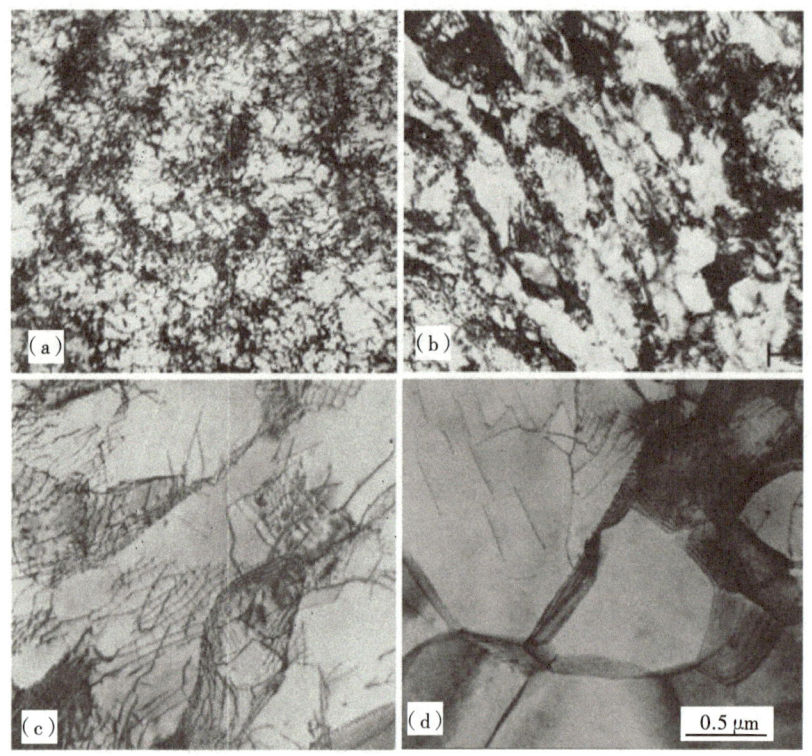

图 6-2　Fe-3.25Si 合金经过大塑性变形后加热过程中的微观结构演化

(a)轧制 20% 变形量后的高密度位错结构；(b)在 500 ℃热处理 15 min 后形成的亚晶结构；(c)在 600 ℃
热处理 15 min 后形成的再结晶组织；(d)在 600 ℃热处理 30 min 后形成的再结晶组织。

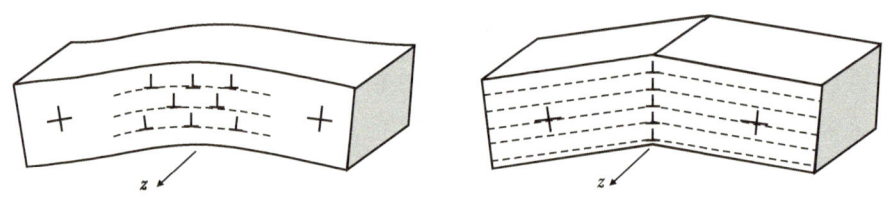

（a）晶体中随机分布的位错　　　　　　　（b）位错有序排列形成小角晶界

图 6-3　随机存储位错经过滑移和攀移过程逐步演化为一个小角晶界

6.2　简单位错晶界

　　晶体中最简单的晶界是对称倾斜晶界（symmetrical tilt boundary），如图 6-4 所示。从原子尺度来看，对称倾斜晶界上由完全共格的"好区域"和不共格的"坏区域"组成。"坏区域"对应的其实是晶界位错，同时晶界两侧的晶粒具有相同的倾转角。在对称倾斜晶界上，刃位错具有相同的间距，它们的半原子面都在晶界的上方，或靠右，或靠左，交替排列，如图 6-4(b)所示。若对称倾斜晶界上的位错间距为 D，则晶界取向差 θ 和位错间距满足

$$\frac{b}{2D} = \sin \frac{\theta}{2} \tag{6-1}$$

当取向差 θ 非常小时，满足

$$\frac{b}{D} \sim \theta \tag{6-2}$$

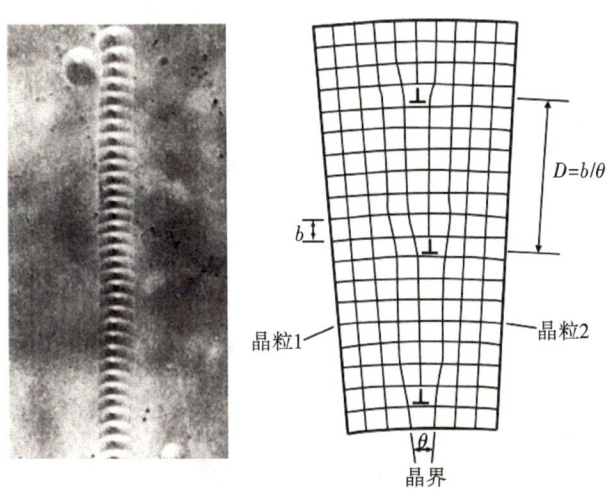

(a) 对称倾斜晶界的实验观察　　　(b) 对称倾斜晶界示意图

图 6-4　晶体中的对称倾斜晶界

(注：晶界面上有一系列具有相同伯格斯矢量的刃位错。)

　　若晶界取向差为 1°，位错的伯格斯矢量大小 $b = 0.25$ nm，则对称倾斜晶界上刃位错的间距约为 14 nm。当晶界上的位错间距小于 5 个晶格间距时，位错与位错之间的晶格畸变发生重叠，不能完全区分单个位错的特性，此时对应的晶界取向差到达 10°。因此通常把取向差为 10°以上的晶界叫作大角晶界。图 6-4(a)展示的就是锗晶体中的一个对称倾斜晶界。这类晶界已经通过透射电镜或点蚀修饰的方法在实验中进行了大量的观察。图 6-5 展示了一般的倾斜晶界(tilt boundary)，此时晶界两侧的晶粒不对称。为了形成倾斜晶界，晶界面上需要有两类等距离分布且具有互相垂直伯格斯矢量的刃位错来协调两侧晶粒的取向差。

　　另外一类简单的晶界叫作倾转晶界(twist boundary)，如图 6-6 所示。倾转晶界是把两相同取向的晶体片叠在一起，上下分别转到不同的角度后形成的。倾转晶界的晶界面上有一系列纯螺位错。上下两晶体片的相对转动角度则为取向差 θ，取向差和螺位错间距 D 满足：

$$D = \frac{b}{\theta} \tag{6-3}$$

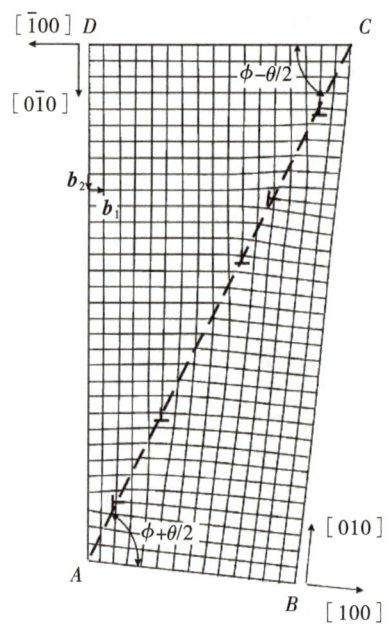

图 6-5　一般的倾斜晶界

（注：晶界两侧晶粒不对称，ϕ 指晶界两侧晶粒取向的对称中心角。）

　　倾转晶界上的单个螺位错具有长程应力场，是不稳定的，但晶界面上有多组螺位错，它们的应力场可互相抵消。两组等距离分布的螺位错可协调上下两晶体片之间的取向差。

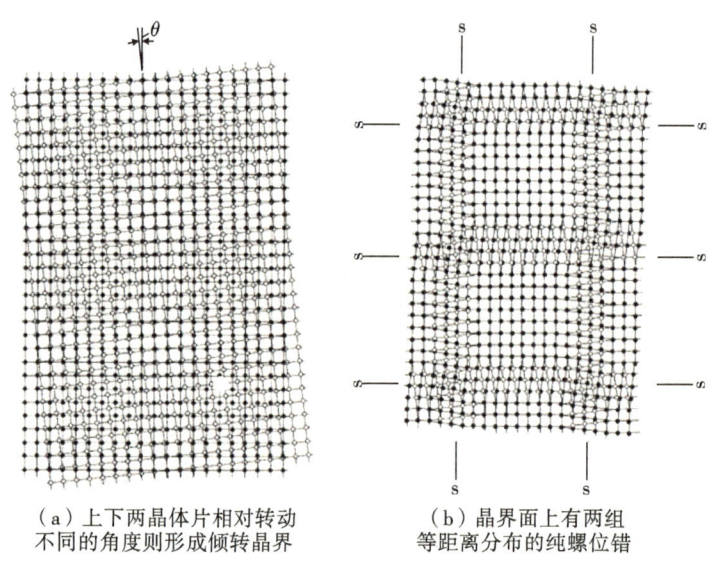

（a）上下两晶体片相对转动　　　　（b）晶界面上有两组
不同的角度则形成倾转晶界　　　　等距离分布的纯螺位错

图 6-6　倾转晶界

（注：图（b）中上、下、左、右的符号指螺位错。）

　　图 6-7 展示了体心立方铁中晶界位错的透射电镜照片。可见 3 处晶界上形成了近

六边形网络状的位错结构。图中的晶界面刚好与透射样品接近平行，这为观察晶界的位错结构提供了便利。

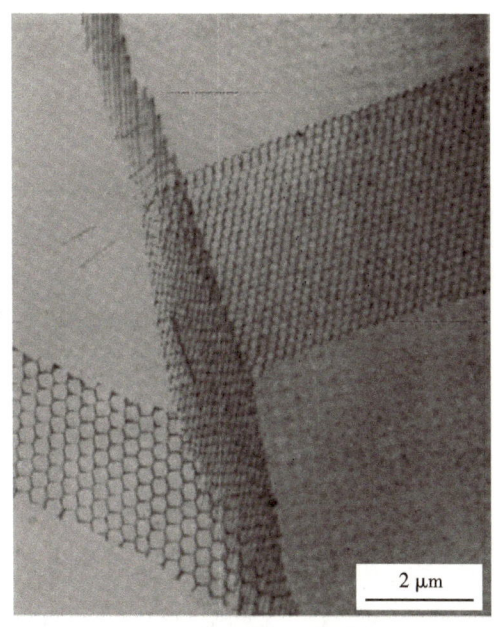

图 6 - 7　体心立方铁样品中的晶界位错网络透射电镜照片

6.3　晶界位错阵列能量

小角度晶界的晶界能量与晶界位错数量密切相关。1953 年里德和肖克莱提出：小角晶界的能量等于单位面积晶界位错的能量之和。根据公式(6-3)，晶界位错的数量为 $D^{-1} = \dfrac{\theta}{b}$，因此可以建立晶界能量与晶界取向差之间的关系：

$$E = E_0 \theta (A - \ln\theta) \tag{6-4}$$

式中，E_0 是与材料弹性性质相关的常数；A 是与单个位错核心能量相关的常数。图 6-8 展示了铜中实验测量的晶界能量与公式(6-4)预测的晶界能量的比较。可以发现，在取向差小于 10°时，理论预测与实验测量吻合得较好；当取向差超过 10°时，晶界上的位错核心互相重叠，已经不具备独立位错的特征，因此不能满足公式(6-4)关于位错线弹性的假设。有些研究者提出可以通过调整 E_0 和 A 的取值，使得公式(6-4)的预测在更大范围内与实验测量相吻合，当然这不具有普遍性。

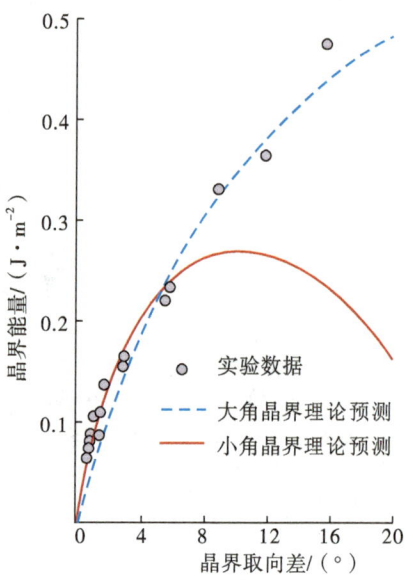

图 6 - 8　铜中［001］倾斜晶界的能量与晶界取向差之间关系

6.4　界面位错

当把两晶体结构不同的晶体片拼接在一起形成双晶时，为了协调两种晶体的晶格差异，在其界面上需形成一系列界面位错来协调晶格畸变。如图 6 - 9 所示，上下两个晶体片分别为 λ 和 μ，它们的晶格在水平方向互相平行，但二者的晶格常数不同，分别是 a_λ 和 a_μ。假如二者的晶格常数满足 $8a_\lambda = 7a_\mu$，如图 6 - 9(a)所示，二者沿［001］方向晶格间距的不同导致上下两晶体片的原子晶格不能一一对应，存在错配。若通过施加沿［001］方向的应变使上下两晶体片竖直方向的原子柱硬拼在一起，形成如图 6 - 9(b)所示的完全共格的界面，则每个竖直晶格的位置都需承受额外的应变，如图中位错符号所示。上下两晶体片拼在一起形成的总的位移差如图 6 - 9(b)所示，通过螺旋准则可以确定，该位移差为图中 $\overrightarrow{FS}$ 部分，总伯格斯矢量为 $\boldsymbol{b} = \overrightarrow{FS} = ［\bar{1}00］_\lambda$。如图 6 - 9(c)所示，该界面位错均匀分布在每个竖直晶格的位置，其中每个部分界面位错的伯格斯矢量为 $\boldsymbol{b}_{\min} = \dfrac{1}{7}［\bar{1}00］_\lambda$。为了降低系统的总能量，在界面上将形成如图 6 - 9(d)所示的一系列主要位错，被称为界面错配位错(interface misfit dislocations)。这样整个界面将由完全共格的部分和界面位错共同组成。类似的界面位错在实验中已经得到了观察。图 6 - 10(a)为硅基底上生长砷化镓薄膜形成界面上的界面位错的高分辨原子像。从高分辨照片的侧面观察更容易发现界面位错的位置，如图 6 - 10(b)所示。

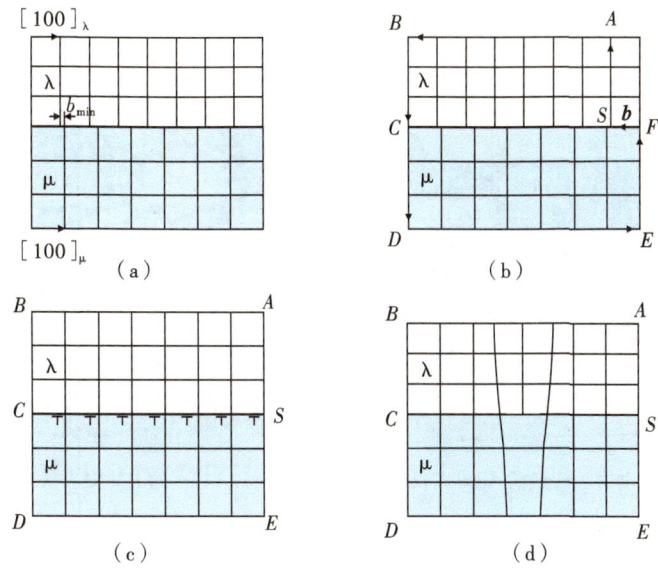

图 6 - 9　外延界面上界面位错的形成过程

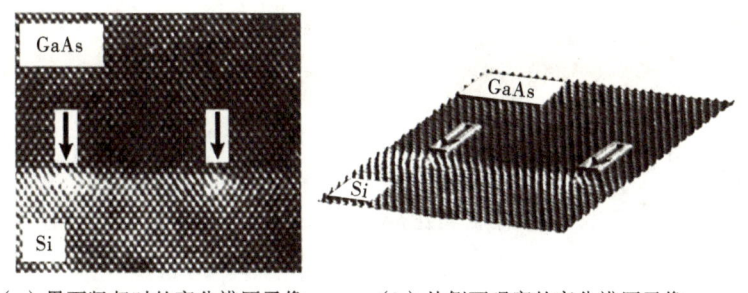

（a）界面竖起时的高分辨原子像　　　（b）从侧面观察的高分辨原子像

图 6 - 10　硅基底上外延生长砷化镓薄膜形成界面上的界面位错的高分辨原子像

　　界面位错可以简单分为两种，即伯格斯矢量位于界面内的界面位错和伯格斯矢量朝向界面外的界面位错。如图 6 - 11(a)所示，把铜和铌两种晶体的{112}面拼在一起形成一个界面，由于两者之间晶格常数和晶体结构存在差异，形成的界面上必须形成一系列界面位错来协调二者的错配。通过分子动力学模拟研究发现，铜-铌{112}界面上有两类界面位错，第一类如图 6 - 11(c)所示，从铜的⟨110⟩方向或铌的⟨111⟩方向看去，在界面上能看到伯格斯矢量分别为 b_2 和 b_3 的两种界面位错，它们的伯格斯矢量平行于界面。由于铜和铌沿界面法向的错配比较大，最终形核的界面并非原子级平整，而形成了锯齿状的刻面，如图 6 - 11(b)所示。第二类如图 6 - 11(c)所示，从界面的法向看下去，也就是在铜晶体和铌晶体的{112}面叠加在一起的投影中，也可以发现一系列界面位错，伯格斯矢量标为 b_1，其伯格斯矢量伸出了界面。从图中可以看出，在铜-铌{112}界面上，包含完全共格的区域和不共格的区域，不共格的区域即为面内界面位错。以上界面位错已经得到了实验观察的证实。以此类推，通过以上方法也可以获得多种晶体两两互相拼接而形成的界面上的界面位错。

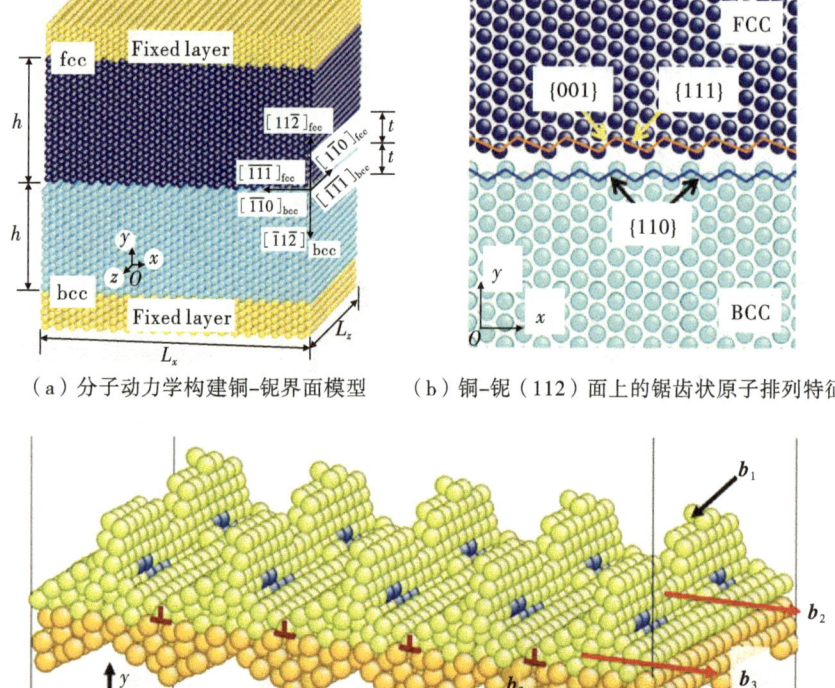

（a）分子动力学构建铜-铌界面模型　　（b）铜-铌（112）面上的锯齿状原子排列特征

（c）铜-铌{112}界面上形成了三种界面位错

图 6 - 11　铜-铌{112}界面上的界面位错

（注：图中 Fixed layer 指分子动力学计算中的约束层。）

6.5　重位点阵晶界

　　重位点阵晶界是指晶界两侧的晶粒满足重位点阵特征（coincidence site lattice, CSL）的界面。通常具有重位点阵特征的晶粒构成的晶界结构会简单一些。重位点阵又称为相符点阵，如图 6 - 12 所示。图中假定在面心立方晶体中两相邻的平行晶面绕 [111] 轴相对转动 21.8°，点阵 A 和点阵 B 在（111）面上的原子排列分别以红色圆圈和蓝色圆圈表示，相对旋转后的重合点位以黄色六边形表示。可以看到，这些重合点位也构成了一个类似于点阵 A 或点阵 B 的六角形网，但原子间距变大了。通过直接查看发现重合点位的数量是点阵 A 或点阵 B 的 $\frac{1}{7}$，该值被称为重合点位密度，其倒数称为倒易密度，用希腊字母 Σ 表示，则该晶界被称为 $\Sigma 7$ 重位点阵晶界。

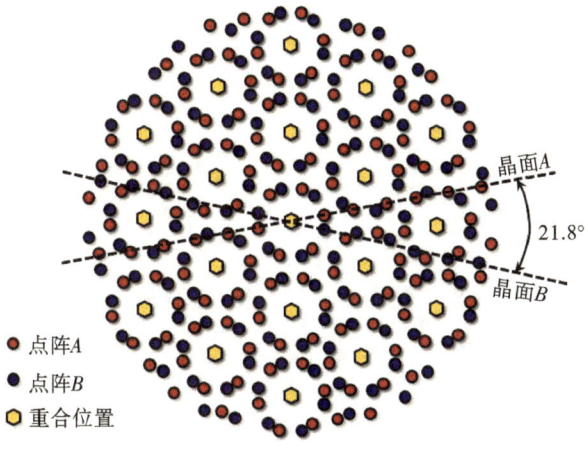

点阵A

点阵B

重合位置

图 6－12　面心立方晶体中的 21.8°[111]Σ7 重位点阵晶界

重位点阵可以用 4 个基本参数来描述，即旋转轴[hkl]、绕轴的旋转角 θ、重位网上的一个重合点在(hkl)面上的坐标(x，y)、倒易密度 Σ（最小奇数）。Σ 越小，表示重合点位的原子越多，晶界结构越简单。这 4 个参数并不是完全独立的，存在下列的关系：

$$\Sigma = x^2 + Ny^2 \tag{6-5}$$

$$N = h^2 + k^2 + l^2 \tag{6-6}$$

$$\theta = 2\arctan\left(\frac{y}{x}\sqrt{N}\right) \tag{6-7}$$

现举例说明上述关系式的应用。考虑一个简单立方点阵绕[100]轴旋转的情况，如图 6－13(a)所示。图中为(100)平面，x 和 y 轴方向分别为[010]和[001]，轴单位是简单立方晶胞的边长。点阵绕[100]轴旋转一角度后，x、y 轴分别占据 x'、y' 轴位置。因为旋转轴是[100]，得 $N=1$。若取 $x=2$、$y=1$，就可以得到 $\theta = 2\arctan(1/2) = 53.1°$，$\Sigma = 2^2 + 1 = 5$ 的一个重位点阵。在图 6－13(a)中，x、y 坐标轴下的原子是蓝色实心圆，x'、y' 坐标轴对应的原子是红色实心圆，重位是黄色大六边形。由此看出重位点阵的晶胞在(100)面上的边长为 $\sqrt{5}a$，a 是原点阵的点阵常数。

如果取 $x=3$、$y=1$，旋转轴仍是[100]，就会得到另一个重位点阵，如图 6－13(b)所示。此时 $\theta = 2\arctan(1/3) = 36.9°$，$\Sigma = 3^2 + 1 = 10$。在立方点阵中 Σ 只能取奇数，因此 Σ 的正确值是 $10 \div 2 = 5$。这一点阵与 $x=2$、$y=1$ 的重位点阵是相同的。由此可看出，同一点阵可以通过旋转 53.1°或 36.9°得到，两角之和为 90°。这一结果与立方晶系[100]轴的四次对称有关。

图 6－14 展示了纳米孪晶铜中最主要的两种特殊的 Σ3 晶界：共格孪晶界（coherent twin boundary，CTB）和对称非共格孪晶界（incoherent twin boundary，ITB）。这两类晶界均是 Σ3 晶界，即将晶界两侧的晶粒重合在一起，它们的重位点阵密度为 $\frac{1}{3}$，倒易密度为 3，晶界取向差都是 60°。虽然两个晶界的倒易密度和晶界取向差完全相同，但它们形成的晶界结构完全不同。具有 Σ3 倒易密度的两个晶粒沿(111)面形成的晶界为

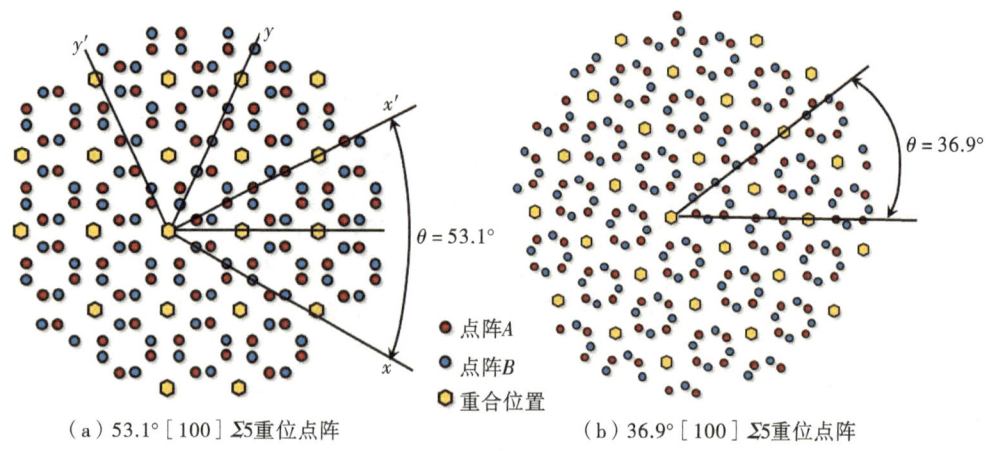

（a）53.1°[100]Σ5重位点阵　　　　　　（b）36.9°[100]Σ5重位点阵

图 6 - 13　简单立方晶体重位点阵晶界

共格孪晶界，该晶界完全共格，如图 6 - 14(a)所示，界面上没有任何的晶界位错。若二者沿(112)面形成晶界，则是对称非共格孪晶界，如图 6 - 14(b)所示。对称非共格孪晶界上形成了 3 类不全位错，它们交替排列以协调两侧晶粒的错配，因此被称为对称非共格孪晶界。以此类推，从共格孪晶界出发，使晶界两侧晶粒沿共同的[110]旋转轴向相反的方向旋转相同的角度，将形成一系列的 Σ3 晶界，如图 6 - 15 所示。当两侧的晶粒都旋转 90°时，则形成了对称非共格孪晶界，如图 6 - 15 所示。在这一系列 Σ3 晶界中，共格孪晶界的能量最低，对称非共格孪晶界的能量最高。随着图 6 - 15 中旋转角度的增加，Σ3 晶界的能量从共格孪晶界逐步增加到对称非共格孪晶界的能量。在这一转动过程中，晶界位错也逐步演化，从共格孪晶界的无界面位错到中间 Σ3 晶界的晶界位错，再最终到对称非共格孪晶界的 3 种不全位错周期性排列结构。共格孪晶界对位错有强烈的阻碍作用，有利于提高材料的强度，同时位错也可以沿着共格孪晶界滑移，有利于提高材料的塑性。对称非共格孪晶界上的 3 类不全位错可以协同运动使界面发生迁移，从而引起退孪晶的发生，可以在一定程度上造成材料的软化。

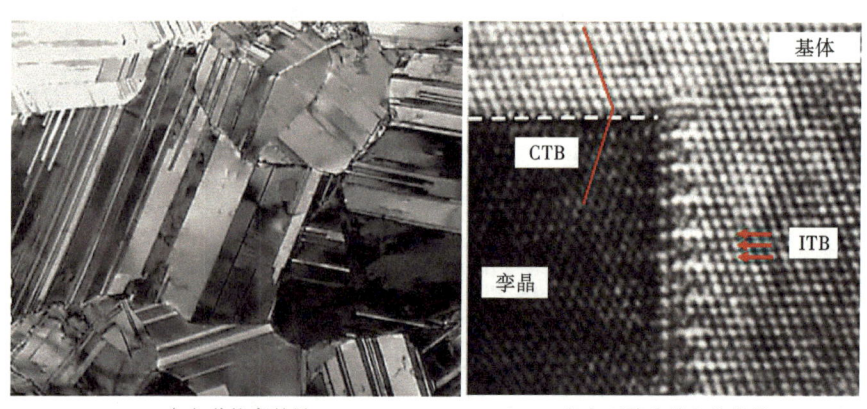

（a）共格孪晶界　　　　　　　　　（b）对称非共格孪晶界

图 6 - 14　纳米孪晶铜中的两种特殊 Σ3 晶界

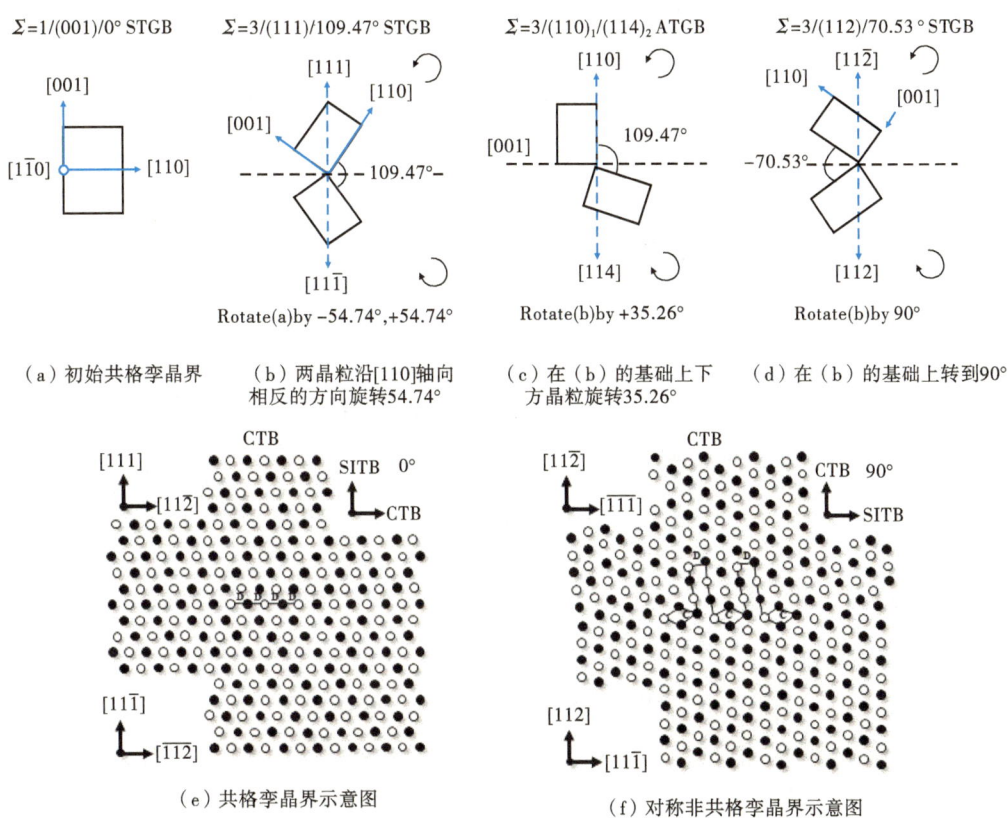

图 6-15　Σ3 晶界的形成过程

（注：STGb，symmetric tilt grain boundary，对称倾斜晶界；ATGB，asymmetric tilt grain boundary，非对称倾斜晶界。）

6.6　位错塞积阵列

除了晶界和相界面上的界面位错外，位错在晶界或相界处塞积也会形成特殊的位错阵列。考虑如图 6-16 中一个位错源在同一个滑移面上持续不断发射位错，最终这些位错被远处的晶界阻挡，形成位错塞积阵列。这些在晶界处塞积的位错位于同一个滑移面上，具有完全相同的伯格斯矢量大小，它们之间互斥而不能发生湮灭。这些位错之间只发生弹性交互作用，它们之间的间距依赖于施加的切应力 τ 的大小。通常越靠近位错塞积点，位错之间的间距越小。

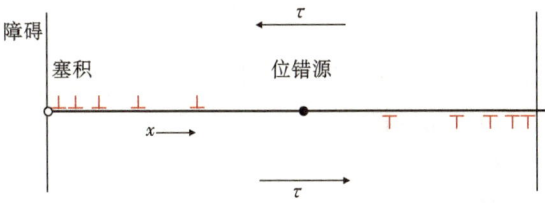

图 6-16　位错源发射位错形成的位错塞积阵列

位错塞积阵列具有放大应力的功能，会形成局部应力集中。图6-16中最靠近塞积点的位错称为前导位错(leading dislocation)，它所承受的切应力为施加切应力的n倍，n为塞积位错的数量。现使前导位错向前移动一小段距离δx，前导位错后面的$(n-1)$个位错也均向前移动δx，施加的切应力在单位长度位错上做的功为$nb\tau\delta x$。同时由于晶界的阻挡，前导位错在晶界塞积处受到的阻力或背应力为τ_0，对于位错移动δx距离产生的功为$b\tau_0\delta x$。在塞积处前导位错正向做功和反向做功应当相等，则

$$\tau_1 = \tau_0 = n\tau \tag{6-8}$$

式中，τ_1为前导位错承受的切应力，也就是经过位错塞积后放大的应力。所以位错塞积会使施加的切应力放大n倍，造成严重的应力集中。1951年埃谢尔比(Eshelby)等计算了位错塞积时位错阵列的空间分布特征。在单侧位错塞积的情况下，位错塞积范围为$0 \leqslant x \leqslant L$，位错塞积的数量为

$$n = \frac{L\tau}{A} \tag{6-9}$$

式中，对于螺位错A为$\dfrac{Gb}{\pi}$，对于刃位错A为$\dfrac{Gb}{\pi(1-\nu)}$；L为位错塞积群的长度。位错塞积阵列也可以看作是一个具有nb伯格斯矢量的巨型位错作用在晶界上。位错塞积产生了长程应力，作用于晶界，将引起塑性跨晶界传递或晶界裂纹。位错塞积也可以促使位错交滑移的发生。位错塞积阵列引起的应力集中和位错的梯度分布特征已经得到大量实验证实。图6-17所示为不锈钢中位错在晶界处形成的塞积阵列形貌。大部分位错塞积阵列是由刃位错形成的，而螺位错易发生交滑移，很难形成明显的塞积阵列。

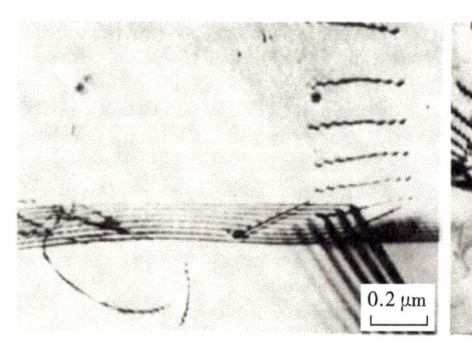
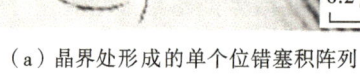
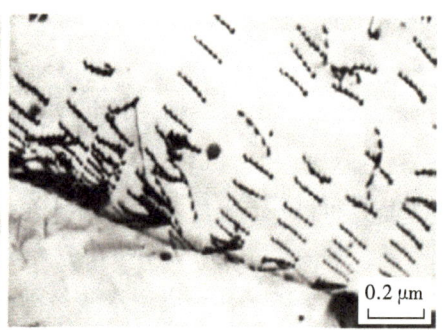

（a）晶界处形成的单个位错塞积阵列　　　　（b）晶界处形成的多个位错塞积阵列

图6-17　不锈钢中位错的塞积阵列

思考题

1. 金属材料回复和再结晶的主要区别是什么？
2. 什么是位错的多边形化过程？
3. 晶界的取向差如何定义？
4. 大角晶界和小角晶界的主要区别是什么？

5. 晶界的能量和取向差有什么关系？二者之间有必然联系吗？

6. 什么是界面位错？界面位错对晶体的塑性变形有什么影响？

7. 对称非共格孪晶界的结构是什么样的？

8. 什么是重位点阵晶界？请举例说明。

9. 什么样的位错会发生塞积？位错塞积对晶体材料是好事还是坏事？

10. 倾斜晶界和旋转晶界的晶界位错有什么区别？

11. $\Sigma 3$ 晶界有几种？请举例介绍几种 $\Sigma 3$ 晶界。

12. 共格孪晶界和对称非共格孪晶界的取向差分别是多少？它们之间有什么关系？

参考文献

[1] READ W T. Dislocations in crystals[M]. New York：McGraw-Hill，1953.

[2] MCLEAN D. Grain boundaries in metals[M]. London：Oxford University Press，1957.

[3] HULL D，BACON D J. Introduction to dislocations[M]. New York：Elsevier，2011.

[4] ESHELBY J D. Edge dislocations in anisotropic materials[J]. The London, Edinburgh, and Dublin Philosophical Magazine and Journal of Science，1949，40 (308)：903 - 912.

[5] GJOSTEIN N A，RHINES F N. Absolute interfacial energies of [001] tilt and twist grain boundaries in copper[J]. Acta Metallurgica，1959，7(5)：319 - 330.

[6] NUTTING J，SWANN P R. The influence of stacking-fault energy on the modes of deformation of polycrystalline copper alloys[J]. The Journal of the Institute of Metals，1961，90：133 - 138.

[7] TSCHOPP M A，MCDOWELL D L. Structures and energies of $\Sigma 3$ asymmetric tilt grain boundaries in copper and aluminium[J]. Philosophical Magazine，2007，87 (22)：3147 - 3173.

[8] WANG J，LI N，ANDEROGLU O，et al. Detwinning mechanisms for growth twins in face-centered cubic metals[J]. Acta Materialia，2010，58(6)：2262 - 2270.

[9] ZHANG R F，WANG J，BEYERLEIN I J，et al. Dislocation nucleation mechanisms from fcc/bcc incoherent interfaces[J]. Scripta Materialia，2011，65(11)：1022 - 1025.

[10] ZHANG R F，WANG J，BEYERLEIN I J，et al. Atomic-scale study of nucleation of dislocations from fcc-bcc interfaces[J]. Acta Materialia，2012，60(6 - 7)：2855 - 2865.

第7章　金属材料强化理论

金属材料的理论剪切强度比实验测得的屈服强度高好几个数量级，位错和位错理论的发展可以完美地解释这一现象，因此位错是理解和认识金属材料变形的关键。第2章至第6章介绍了位错的基本知识，这为本章讨论金属材料的强化机制提供了充分的理论依据。事实上，金属材料强化机制的物理本质就是位错与多种缺陷交互作用引起的位错滑移阻力的增加，使金属材料的强度和硬度发生变化。金属材料的强韧化与塑性载体位错行为密不可分，涉及位错的形核、运动、增殖，以及其与点缺陷、林位错、第二相、界面的交互作用过程。本章将介绍常见金属材料的拉伸行为、绝热和热激活变形、位错扭折变形、位错与点缺陷交互作用、位错与第二相交互作用、合金的析出强化、加工硬化机制、多晶体的变形及金属断裂行为。

7.1　金属材料拉伸行为

在常温常压下，金属材料的塑性变形主要由位错运动主导，因此其开始发生塑性变形的临界分切应力实际上对应于位错开始滑移所需的切应力。通过单轴匀速拉伸实验，可以准确测定金属材料从弹性变形到塑性变形的转变特征，进而确定其弹性极限和屈服所需的临界应力。

图 7-1 展示了几类典型金属材料的拉伸应力-应变曲线特征。图 7-1(a)所示为韧性金属(如铜、铝、镍等)的典型拉伸曲线，这类材料在弹性屈服后表现出显著的均匀塑性变形能力，直至最终断裂。相比之下，图 7-1(b)所示的脆性金属(如铬、钼、钨等)在屈服后仅能产生有限的均匀塑性变形，随后迅速断裂，这主要由于其内部位错密度较低且位错运动困难，难以协调塑性变形。值得注意的是，两类材料在弹性变形阶段均遵循胡克定律，应力与应变呈线性关系，斜率即为材料的弹性模量。在拉伸过程中，当应力达到 E 点时材料开始屈服，随后进入塑性流变阶段。在此阶段，加工硬化效应使得流变应力持续升高直至达到峰值应力，最终导致颈缩和断裂。需要特别说明的是，金属材料的弹塑性转变是一个渐进过程而非突变现象。最新原位变形研究表明，即使在宏观屈服点之前的弹性阶段，局部应力集中已促使部分位错开始滑移。只有当大量位错协同运动时，材料才会表现出宏观屈服行为。为此，工程上通常将产生 0.2% 残余塑性应变所对应的应力定义为材料的条件屈服强度，以此作为材料弹性极限的实用判据。

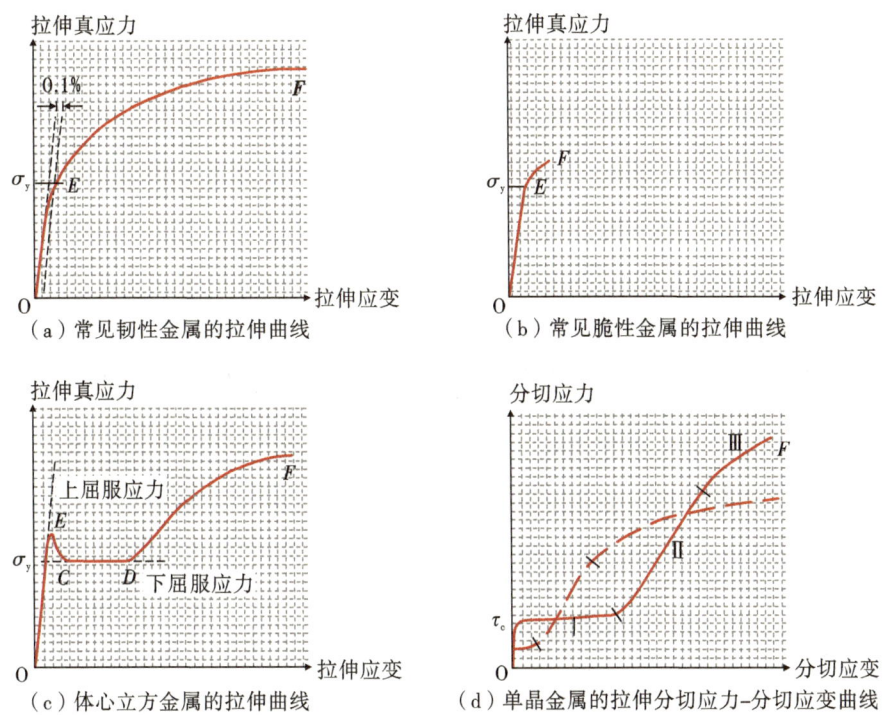

图 7 - 1　典型金属材料的拉伸应力-应变曲线

（注：0.1% 为条件屈服强度的塑性应变偏移量；σ_y 为屈服应力；τ_c 为临界分应力。）

图 7-1(c) 代表典型体心立方金属的拉伸曲线，比如铁等。这类金属材料具有非均匀屈服过程，它们的拉伸曲线可以分作四部分：OE 为弹性变形和屈服前微塑性变形段，EC 为屈服下降段，CD 为屈服扩展段，DF 为均匀塑性流变段。在 E 和 D 之间，金属材料事实上发生了不均匀的变形过程，塑性变形逐步从拉伸试样的一端扩展到另一端。此时若仔细观察试样的表面就会看到吕德斯带（Lüders band）。当对金属单晶体进行拉伸试验时，会形成图 7-1(d) 中分切应力-分切应变拉伸曲线，比如铜单晶体等。单晶材料的屈服强度通常较低，弹性变形段也较短。不同取向的铜单晶体展现出差别很大的拉伸行为，这与拉伸变形时启动的滑移系统的多少密切相关。不过大部分单晶体会展现出三阶段加工硬化特征：阶段一对应于单滑移系统的启动；阶段二对应于双滑移或多滑移系统启动；阶段三对应于塑性变形后期的位错动态回复。当铜多晶体拉伸变形时，一般观察不到加工硬化的第一阶段，而是直接进入加工硬化的第二阶段。

图 7-1 展示的金属材料的典型拉伸变形行为都强烈地依赖于变形的温度和变形的应变速率。金属材料的晶体结构、合金成分、初始位错形态、晶粒尺寸等也会影响其拉伸屈服和塑性流变行为。正因为如此，材料研究者才有可能通过调控金属材料的微观结构来设计金属材料的宏观性能。位错理论的建立和发展成功地解释了金属晶体等材料的关键力学变形行为，这也是本章的研究主题。

7.2　变形温度和应变速率的影响

金属材料变形主要由位错滑移进行协调，而温度和应变速率对金属材料变形的影响则通过影响位错的行为而体现。在变形过程中，驱动位错滑移需要提供一定的能量使其克服滑移的阻力，而所需驱动能量的大小受变形温度和应变速率的影响。若位错滑移的阻力与原子振动产生的热能($\sim kT$)在一个量级，则晶格原子振动热能在一定程度上会帮助位错跨过能垒实现向前滑移，所以在一定温度下位错滑移需克服的能垒会小于在绝对零度时的能垒。正因如此，金属材料在变形时若提高变形温度或者降低应变速率都会使塑性流变应力降低。

温度和应变速率对金属材料变形的影响可以通过下面的分析进行有理化。现考虑一位错沿 x 方向向前滑移，外界施加的切应力为 τ^*，对单位长度位错产生的力为 $\tau^* b$。假设位错滑移受到的阻力为 K，如图 7-2 所示。位错障碍的长度若为 l，则位错向前滑移对障碍施加的力为 $\tau^* bl$。在 0 K 时，若 $\tau^* bl$ 小于 $K_{\max}$，则位错停止在 x_1 处。要越过障碍，位错必须滑移到 x_2。此时，位错滑移需克服的等温能垒就是 K 随 x 变化曲线下围成的面积：

$$\Delta F^* = \int_{x_1}^{x_2} K \mathrm{d}x \qquad (7-1)$$

位错滑移能垒部分可由外界施加的应力来克服，即机械功部分，为 $\tau^* bl(x_2 - x_1)$，如图 7-2(a)所示。由外界应力施加的机械功可以重写为 $\tau^* V^*$，其中 V^* 就是变形时的激活体积(activation volume)，即位错滑移需要影响的体积大小。剩余的能量差距在图 7-2(a)中为热激活能(thermal activation energy)，需要热激活来辅助完成。位错滑移所需的热激活能的大小为

$$\Delta G^* = \Delta F^* - \tau^* V^* \qquad (7-2)$$

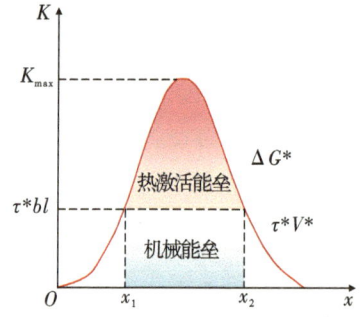
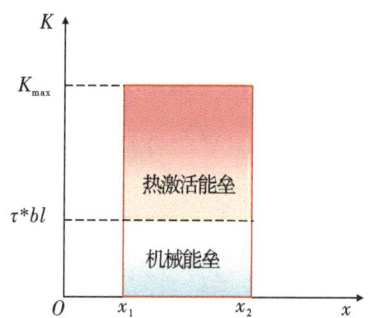

（a）常规的能垒随位错滑移距离变化示意图　　（b）简化后的位错滑移能垒随滑移距离变化示意图

图 7-2　位错向前滑移需克服能垒的示意图

（注：需克服的能垒包括机械能垒和热激活能垒两部分。）

热激活能的产生依赖于晶体热振动频率，所以若位错的振动频率为 v(≤原子振动

频率），则单位时间跨过障碍的频率为（$-v\exp(\Delta G^*/kT)$，所以位错的平均滑移速度为

$$\bar{v}=dv\exp(-\Delta G^*/kT) \tag{7-3}$$

式中，d 为位错克服障碍滑移的距离。根据奥罗万公式和式(7-3)，材料的宏观变形应变速率为

$$\dot{\varepsilon}=\rho_{\mathrm{m}}A\exp(-\Delta G^*/kT) \tag{7-4}$$

式中，ρ_{m} 为可滑移位错密度；$A=bdv$。所以应变速率对应力的影响是通过应变速率影响热激活能来实现的。

假设位错滑移障碍排成有序的一排，每一个障碍都具有相同的阻力，如图 7-2(b)所示。则

$$\Delta G^*=\Delta F\left[1-\frac{\tau^*(T)}{\tau^*(0)}\right] \tag{7-5}$$

式中，ΔF 是图 7-2(b)中 K 随 x 变化曲线下的总面积，即在绝对零度时位错滑移过障碍需克服的能垒；$\tau^*(0)$ 是在 0 K 时的流变应力，即位错跨过障碍在没有任何热激活情况下的切应力；$\tau^*(T)$ 是位错在温度 T 时跨越障碍需要的切应力。联列方程(7-4)和方程(7-5)可得

$$\frac{\tau^*(T)}{\tau^*(0)}=\frac{kT}{\Delta F}\ln\left(\frac{\dot{\varepsilon}}{\rho_{\mathrm{m}}A}\right)+1 \tag{7-6}$$

在高于绝对零度发生变形时，比如在 T_{c}，热激活的能量就足以让位错跨过能垒，此时 $\tau^*(T_{\mathrm{c}})=0$，所以该临界温度为

$$T_{\mathrm{c}}=\frac{-\Delta F}{k\ln(\dot{\varepsilon}/\rho_{\mathrm{m}}A)} \tag{7-7}$$

将公式(7-7)代入公式(7-6)中可得

$$\frac{\tau^*(T)}{\tau^*(0)}=\left(1-\frac{T}{T_{\mathrm{c}}}\right) \tag{7-8}$$

所以，如图 7-3 所示，随着温度从 0 K 增加到 T_{c}，位错滑移需要外界施加的切应力由 $\tau^*(0)$ 逐渐减小为 0。

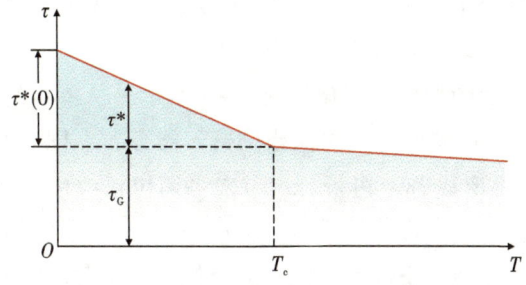

图 7-3　位错跨过障碍所需流变切应力随温度的变化

基于上述的分析可以发现，位错滑移需克服的局部阻力可以在热激活和位错长程交互作用力的辅助下克服。由于位错与位错交互作用产生的长程能比热激活能大

得多。所以驱动位错滑移的流变应力包含两个部分：一个是热激活部分 τ^*，另一个是绝热（非热激活）部分 τ_G。第二项与温度几乎无关，只通过剪切模量对温度产生弱的依赖。因此

$$\tau = \tau^* + \tau_G \tag{7-9}$$

图 7-3 展示了流变切应力随温度的变化趋势，在 T_c 以上变形时，只需克服绝热切应力即可；若在小于 T_c 的温度下变形，则需要补足热激活不足的部分切应力。实际上，位错滑移能垒的分布并不均匀，也不像图 7-2 中描述的那么理想，因此位错滑移流变切应力随温度的变化并不是两段直线，而是一条曲线。位错滑移能垒通常在 $0.05Gb^3$ 至 $2Gb^3$ 之间，这个能垒范围包括了固溶原子、派-纳力和析出相对位错的阻碍。以上的讨论仅限于位错在低于中等温度以下的塑性变形。随着温度的进一步升高，或者应变速率的进一步降低，热激活的频率将增加，此时的流变应力将会减小。

7.3　位错派-纳力与晶格摩擦

金属材料在变形时驱动位错滑移需要克服的第一个阻力就是晶格摩擦力，即派-纳力，它是由晶体的周期性特征和原子间的作用力引起的。在第 4 章中详细介绍了位错派-纳力的影响因素和估算方式，本章只针对金属晶体材料的强化进行必要讨论。依据派-纳位错模型，位错滑移只能在最密排面并沿最密排方向发生，因为密排面面间距最大，密排方向伯格斯矢量最小，此时的派-纳力最小。位错派-纳力与晶体结构和原子之间的键合方式密切相关。面心立方晶体位错和密排六方晶体中柱面或基面位错的派-纳力通常很小，一般为 $\tau_p \leqslant 10^{-6}G$，此时位错会在滑移面内发生分解；共价键晶体位错的派-纳力较大，一般为 $\tau_p \sim 10^{-2}G$，它们的位错线通常沿着 ⟨110⟩ 方向或者与伯格斯矢量方向成 60° 夹角。体心立方晶体的螺位错具有三维核心结构，位错宽度较小，派-纳力较大，反之其刃位错具有平面核心结构，派-纳力很小。密排六方晶体的锥面 ⟨c+a⟩ 刃位错易分解到柱面和基面形成局部钉扎，派-纳力较大，滑移困难；而 ⟨c+a⟩ 螺位错的派-纳力相对较小，较刃位错容易滑动。以上基于派-纳位错模型的推论已经得到了实验的证实，例如在低温下，体心立方晶体变形后内部残余了大量长直的螺位错，而密排六方晶体则会残留较多的长直锥面 ⟨c+a⟩ 刃位错。

位错的能量在滑移面随位置的变化如图 7-4 所示。位错线的主要部分沿 z 轴方向分布，z 轴为位错核心能量较低的方向。若位错不能分布在同一个能量低谷（即能量最低处），则在位错线上需形成若干扭折（kink）来协调位错线的分布，如图 7-4 中的标注。位错线上形成扭折的宽度（m）依赖于位错位于波峰与波谷的能量差 E_p，同时受两个因素的影响：①位错倾向于全部位于同一能量低谷的位置，则形成如图 7-5 中 A 类扭折的形态；②位错倾向于长度越短越好，此时位错线的能量最低，受该因素影响位错会形成如图 7-5 中 B 所示的形状。在平衡两方面的限制后，位错通常形成图 7-5 中 C 所示的形态。当 E_p 较高时，扭折的宽度（m）较小，反之亦然。

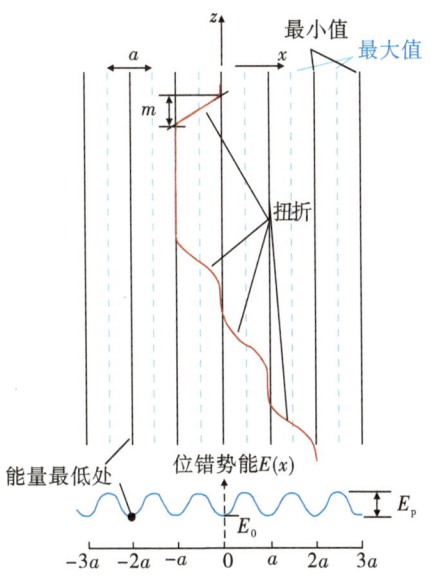

图 7-4　滑移面内位错能量随位置的变化

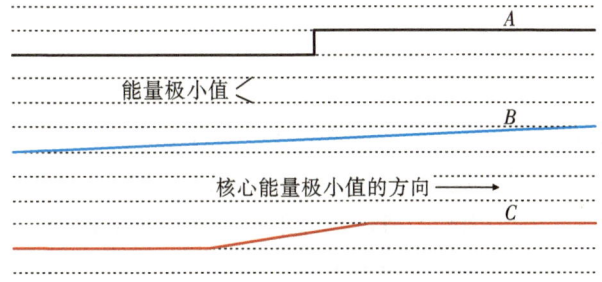

图 7-5　位错线上三种可能的扭折形态

（注：实际情况下位错形成图中 C 类的扭折。）

　　在切应力作用下，位错线上的扭折沿着位错线方向运动，最终使位错全部位于能量低谷的位置。驱动扭折运动的切应力要远小于驱动位错从一个能量低谷运动到下一个能量低谷所需的切应力 τ_p。所以在低应力的情况下，位错线上的扭折会沿位错线方向运动，直至位错线两端。仅有扭折运动时产生的切应变通常很小，它的主要作用是把整个位错移动到能量低谷的位置。在 0 K 时，至少需要施加切应力 τ_p 才能驱动位错运动。当温度升高后，热激活驱动下的晶格原子振动会使得位错线的一部分越过能量波峰形成如图 7-6 所示的双扭折结构，此时只需要很小的切应力来驱动双扭折向位错线两端运动，即可推动位错跨越一个能量波峰。这一个过程就是位错双扭折的运动机制，形成双扭折的过程称之为双扭折形核（double-kink nucleation）。图 7-6 中的双扭折 X 和 Y 符号相反，具有相同的伯格斯矢量，所以 X 和 Y 扭折倾向于相向运动且最终发生湮灭。所以若双扭折的间距很小，则不稳定，只有两个扭折之间的间距足够大时，才能形成稳定的双扭折。例如双扭折的间距大于 $20b$ 并远大于扭折的宽度（m）时才比较稳定。双扭折的形成具有一定的激活能，它的大小受 E_p 的影响。通过双扭折机制，就可以较好地理解前述热激活对于位错滑移的影响。热激活主要驱动位错线上局部双扭折的形成，从而协助位错的滑移，降低变形的阻力。随着温度的增加，位错线上双扭折形核频率大幅增加，位错滑移阻力降低，对应于流变应力的减小。

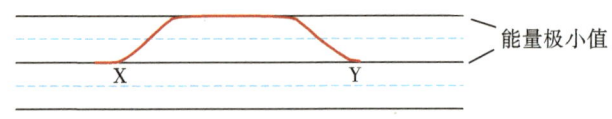

图 7 - 6　位错线上的双扭折示意图

7.4　点缺陷强化

点缺陷，如空位、自间隙原子、置换原子和异质间隙原子，都会与位错产生交互作用。点缺陷与周围晶格原子之间存在尺寸差异，造成周边晶格畸变。点缺陷产生的晶格畸变会与位错的应力场产生交互作用，从而增加或降低晶体的弹性应变能。点缺陷与位错交互作用造成的晶体应变能改变即为交互作用能（interaction energy）E_I。若点缺陷占据一个位置后，E_I 很大而且是负的（二者相吸），则要把点缺陷从该位置移开，需要施加 $|E_I|$ 的能量，就如位错从一些点缺陷的位置滑过时需要更高的切应力。此时，晶体由于点缺陷的存在强度提高了，位错滑移的阻力增加了。下面将简要介绍 E_I 的推导过程，即科特雷尔-比尔比（Cottrell - Bilby）公式。

点缺陷可以简化为一个弹性的球体，其半径为 $r_a(1+\delta)$，体积为 V_s。把它塞入一个晶格的球形空位，其半径为 r_a，体积为 V_h，如图 7 - 7 所示。假设该晶体各向同性，各点具有相同的剪切模量和泊松比。点缺陷与球形空位的体积差（misfit volume）为

$$V_{min} = V_s - V_h \cong 4\pi r_a^3 \delta (\delta \ll 1) \tag{7-10}$$

上式中初始错配度（δ）对于过大的自间隙原子为正值，对于偏小的自间隙原子为负值。把自间隙原子塞入球形空位后形成的复合体最终达到平衡，平衡后的点缺陷半径为 $r_a(1+\varepsilon)$，此时自间隙原子和空位系统的体积改变为

$$\Delta V_h = \frac{4}{3}\pi r_a^3 (1+\varepsilon)^3 - \frac{4}{3}\pi r_a^3 \cong 4\pi r_a^3 \varepsilon (\varepsilon \ll 1) \tag{7-11}$$

平衡错配度 ε 取决于最终平衡状态，即点缺陷和空位界面上内外压力相等。此时满足

$$\Delta V_h = \frac{(1+\nu)}{3(1-\nu)} V_{min} \tag{7-12}$$

$$\varepsilon = \frac{(1+\nu)}{3(1-\nu)} \delta \tag{7-13}$$

所以，点缺陷造成的最终体积改变为

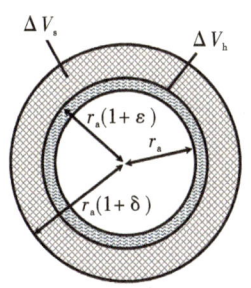
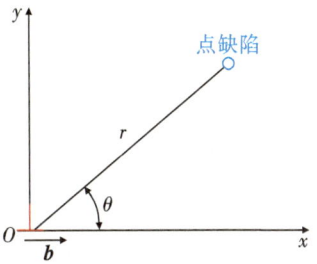

（a）点缺陷球形模型　　　　（b）点缺陷与位错应力场的交互作用

图 7-7　点缺陷球形弹性模型及与位错应力场的交互作用

$$\Delta V = V_{min} = \frac{3(1-\nu)}{(1+\nu)} \Delta V_h \qquad (7-14)$$

若点缺陷所处晶格位置的压力为 $p = -\frac{1}{3}(\sigma_{xx} + \sigma_{yy} + \sigma_{zz})$，则点缺陷引起的体积改变造成的应变能为

$$E_I = p \Delta V \qquad (7-15)$$

以上就是缺陷交互作用能的表达式，即点缺陷造成的体积改变和位错应力场交互作用产生的应变能差异。在位错周围不同的位置，位错应力场大小不同，所以与点缺陷的交互作用能随着位置的改变而发生变化。

基于以上分析，我们来讨论一个刃位错与周围点缺陷的交互作用能。对于过大的点缺陷($\delta > 0$)，当位于刃位错半原子面一侧($0 < \theta < \pi$)时交互作用能为正，位于半原子面下方一侧时交互作用能($\pi < \theta < 2\pi$)为负。这是因为刃位错半原子面一侧为压应力场，而半原子面下方为拉应力场。当换成一个偏小的点缺陷时($\delta < 0$)，其与位错的交互作用能情况正好相反。对于空位来说，造成的初始错配度(δ)范围为 $-0.1 \sim 0$；对于置换原子来说，造成的初始错配度(δ)范围为 $-0.15 \sim 0.15$；而对于自间隙原子来说，造成的初始错配度(δ)范围为 $0.1 \sim 1$。点缺陷与刃位错最强的结合能通常位于半原子面上下的位置$\left(\theta = \frac{\pi}{2} 或 \frac{3\pi}{2}\right)$，取决于初始错配度的正负。最强的结合能位于位错核心 $r \approx b$ 的位置，此时的交互作用能约为 $G\Omega|\delta|$。对于密排金属来说，交互作用能约为 $3|\delta|$ eV；对于硅和锗等共价键材料，交互作用能约为 $20|\delta|$ eV。以上的估算均为交互作用能可能的最大值，不过通过以上数据可以直观感受到原子尺度点缺陷与位错的交互作用能。上述讨论的各向同性球形的点缺陷情形属于理想状态，对于大部分晶体材料来说，点缺陷性能是各向异性的，因此一个点缺陷在不同方向的交互作用能可能存在差异。以体心立方晶体铁为例，如图 7-8 所示，碳原子倾向于占据八面体间隙，在这个位置碳原子在垂直方向和水平方向产生的晶格基体是不同的，如 $\delta_{xx} = \delta_{yy} = -0.05$，$\delta_{zz} = +0.43$。

当全位错发生分解时，形成两个不全位错和中间的层错结构。层错带的晶体结构和基体晶体结构不同，如面心立方晶体中层错处具有密排六方堆垛形式，而密排六方

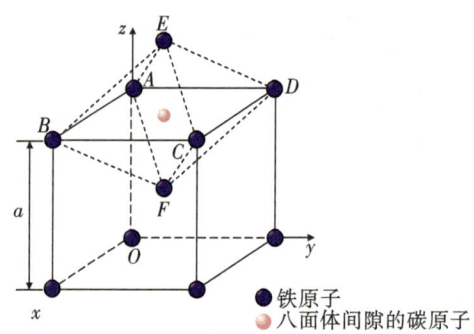

图 7-8　体心立方晶体铁中的八面体间隙与碳间隙交互作用

晶体中层错处具有面心立方晶体的堆垛形式。所以固溶原子在层错处（缺陷）可能会发生偏聚，从而钉扎层错。固溶原子在位错或层错处偏聚的现象称为化学效应或铃木效应（Suzuki effect），这是一种典型的短程交互作用。这种偏聚会造成位错运动困难，从而提高金属抗蠕变的能力。在镍基高温合金中，采用球差校正电镜可在层错上观察到多种固溶原子的偏聚，这从一定程度上解释了镍基高温合金具有良好的抗高温蠕变性能。

7.5　固溶气团和屈服现象

若晶体中包括大量的点缺陷，点缺陷和晶体位错的应力场交互作用，产生交互作用能 E_I。由于点缺陷和位错的交互作用，点缺陷在位错周围的浓度将呈梯度分布，从远场的 c_0 逐渐变为位错附近 (x, y) 处的 c。这一点缺陷浓度的变化满足：

$$c(x, y) = c_0 \exp[-E_I(x, y)/kT] \tag{7-16}$$

上式假设点缺陷浓度 c 比较小，少于一半的位错核心被点缺陷占据，点缺陷之间也不发生交互作用。当交互作用能 E_I 比较大而且是负的时，点缺陷倾向于向位错核心富集，也就是说即使固溶原子的平均浓度 c_0 非常小，在位错附近也会富集较高浓度的固溶原子。位错周围形成固溶原子富集的现象被称为柯垂尔气团（Cottrell atmosphere）。位错周围形成柯垂尔气团只有在一定的条件下才能发生：在中等温度下，固溶原子能够扩散，富集在位错周围；但温度不能太高，若接近固溶温度，富集的固溶原子将重新溶解并均匀分布在晶体中。根据公式（7-16）的估算，即使在固溶量非常小的二元合金体系中，如 $c_0 = 0.001$，在熔点温度一半时，固溶原子会向位错附近富集，其富集浓度可以高达 $c \geqslant 0.5$。此时，固溶原子和位错的交互作用能为 $0.2 \sim 0.5$ eV，这是金属中最常见的自间隙原子和位错的交互作用能。

固溶原子点缺陷向位错核心扩散的动力学过程由点缺陷与位错的交互作用能分布特征和固溶原子的扩散共同决定。点缺陷的扩散路径由交互作用能的分布场决定。例如，一个球形点缺陷和长直刃位错的交互作用能分布场为

$$E_I = A \frac{x}{(x^2 + y^2)} = A \frac{\sin\theta}{r} \tag{7-17}$$

依据上式，具有相同交互作用能的点连成的圆正好位于 y 轴上，如图 7-9 所示。一个点缺陷向刃位错核心扩散时，将选择一条路径，其上的每一小段都垂直于交互作用能等量环，也就是图 7-9 中虚线画出的路径。这些点缺陷扩散路径虚线环还刚好都位于 x 轴上。点缺陷向位错核心扩散的快慢取决于公式(7-17)中 r 的大小，即点缺陷距位错核心的距离，而不是点缺陷扩散路径虚线环的形状。根据固溶原子扩散方程可以发现点缺陷的扩散与时间对于一阶交互作用($E_I \propto r^{-1}$)满足 $t^{2/3}$ 关系，对于二阶交互作用($E_I \propto r^{-2}$)满足 $t^{1/2}$ 关系。铁中的碳原子扩散满足一阶交互作用，铝中的铜原子扩散则满足二阶交互作用。

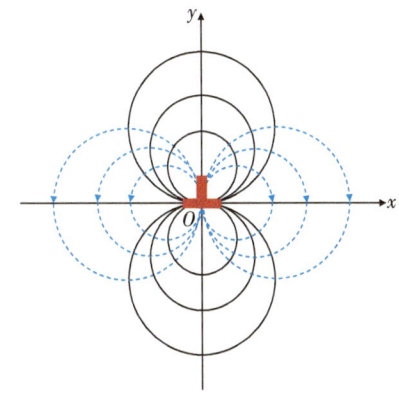

图 7-9　点缺陷与刃位错交互作用能分布图(实线)及点缺陷扩散路径(虚线)

点缺陷向位错核心扩散会造成多种效应。空位和自间隙原子扩散到位错核心，会使位错发生攀移，或者造成非均匀的位错环形核。大量固溶原子扩散到位错核心也会促进第二相的形成，如图 7-10 所示，碳原子扩散富集在位错线形成了碳化物析出相。固溶原子也可以富集在位错核心周围且仍然保持固溶状态，形成固溶原子气团。固溶原子富集在位错核心后将屏蔽掉位错的长程应力场。此后，因没有位错应力场的影响，固溶原子向位错线的扩散将停止。

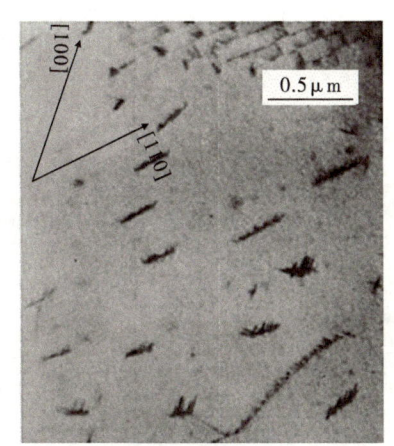

图 7-10　碳原子向位错线扩散后沿位错线形成了碳化物析出相

固溶原子在位错核心周围富集后首先使得位错滑移的阻力增加。这种情况被称为位错被固溶原子锁住了(即位错钉扎，dislocation locking)。直到施加足够高的应力使位错挣脱固溶原子气团，位错的滑移才不受其影响。然而，后续的热处理或者高温服役环境会使得固溶原子重新向位错核心周围富集，形成固溶原子气团，位错再次被锁住。这一过程被称为应变时效（strain ageing）。在足够高的温度下以比较低的应变速率变形，点缺陷具有充分的扩散能力和时间反复锁住位错，位错又反复挣脱，从而在应力-应变曲线上形成了锯齿状的变形特征，这一过程被称为动态应变时效（dynamic strain ageing）或者 PLC 效应（Portevin-Le Chatelier effect，波特文-勒夏特利埃效应）。

现考虑图 7-11(a)中一个刃位错，在其下方有一列固溶原子，可以看作是一列碳原子或非常小的共格析出相。这一列固溶原子距位错核心为 $r_\circ$，位于最大交互作用力的位置。假设刃位错下每一个晶格位置都布满了固溶原子。现施加切应力使刃位错滑移至 x 位置，我们来估算刃位错挣脱固溶原子气团需要的切应力。根据公式（7-17），位错滑移至 x 位置需要克服的交互作用能为

$$E_I(x) = \frac{A(r_\circ)}{(x^2 + r^2)} \tag{7-18}$$

则沿 x 方向位错线上的力为

$$K(x) = -\frac{dE_I(x)}{dx} = -\frac{2Ar_\circ x}{(x^2 + r_\circ^2)^2} \tag{7-19}$$

则沿 x 方向施加的临界分切应力为

$$\tau = -\frac{1}{b^2}K(x) = \frac{A(-r_\circ)}{b^2(x^2 + r^2)} \tag{7-20}$$

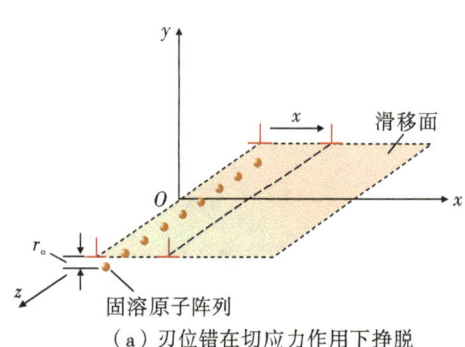

（a）刃位错在切应力作用下挣脱
固溶原子钉扎滑移了x距离
（注：刃位错下方在最强交互作用能位置处有一列
固溶原子，在切应力作用下位错线挣脱固溶原子
钉扎滑移了x距离。）

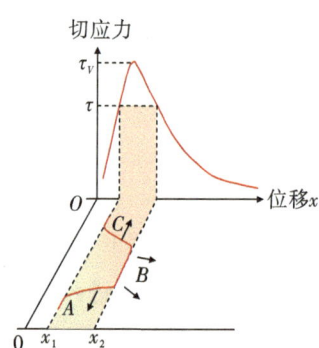

（b）刃位错在切应力及热激活
作用下的滑移和弓出
（注：刃位错初始位置在$x=0$处，在切应力作用下滑
移至x_1的位置。在热激活的帮助下，部分位错
线段弓出至x_2的位置。）

图 7-11　位错与溶质原子交互作用

依据公式（7-20），最大切应力 $\tau_\circ$ 位于 $x = \frac{r_\circ}{\sqrt{3}}$ 处，所以有

$$\tau_\circ = \frac{3\sqrt{3}A}{8b^2 r_\circ^2} \tag{7-21}$$

图 7-11(b)展示了切应力随 x 的变化。若 $r_\circ = b$，则 $\tau_\circ \cong 0.2G|\delta|$。由于上述讨论中在位错核心也使用了弹性力学假设，故这一估值是偏大的。尽管如此，可见位错核

心周围的固溶原子气团可以使位错的滑移阻力大幅增加，造成材料的强化。以上的讨论假设在绝对零度进行，没有考虑热激活的影响。如图 7 – 11(b)所示，一段直位错线 AC 在切应力 $\tau(<\tau_v)$ 作用下稳定在 x_1 位置，在热激活的影响下，位错线 B 段向前滑出至 x_2 位置，这一过程就像位错线的双扭折形成过程。B 位错段滑出的距离 (x_2-x_1) 不仅受派-纳力的影响，而且受固溶原子的拖拽。所以固溶原子对位错造成的阻力随着温度的增加而急剧下降。在实际材料中，位错线也很难全部挣脱固溶原子的拖拽，很可能其上的一些部分在应力集中影响下发生滑移，从而引起材料屈服强度的增加。

7.6　随机分布障碍强化

通过合金化的方式使金属材料强度增加是材料科学与技术发展过程中的一项重大成就。例如，基于合金强化的方法，通过选择恰当的合金元素，可以使铝、铜和镍的强度增加 100 倍甚至更多。显然，合金化会增加位错滑移的阻力，但合金元素对位错滑移阻力的影响依赖于合金元素的存在形式和分布特征。本节我们将讨论和评估在 0 K 时固溶原子对位错滑移的阻碍大小。固溶强化的过程可能很复杂，下面的简要分析将重点关注固溶强化的几个关键特征。障碍可以分为强障碍和弱障碍，在与位错交互作用时，可使位错线形成大的或小的弯曲角度。通常形成大的位错线弯曲角度对应于弱障碍，形成很小的位错线弯曲角度对应于强障碍。位错与障碍交互作用也可分为局部阻碍和分散阻碍，取决于位错的受力情况是局部的还是分散在比较长的位错线上。下面我们分别进行讨论。

1. 弥散交互作用力强化

障碍随机分布，每一个障碍会产生 τ_i 的剪切内应力，内应力的大小与障碍造成的晶格畸变 δ 正相关。此时，障碍对单位长度位错线的阻碍力为 $\tau_i b$。假设 τ_i 在两个障碍之间的区域也保持恒定，障碍的间距为 Λ，如图 7 – 12 所示。位错与障碍交互作用时会弯曲成半径为 R 的弧形，则

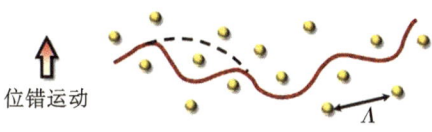

（a）位错与强障碍的交互作用

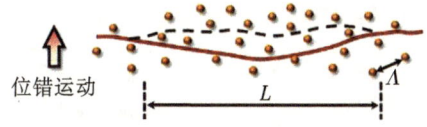

（b）位错与弱障碍的交互作用

$$R=\alpha Gb/\tau_i\cong Gb/2\tau_i \qquad (7-22)$$

式中，$\alpha\approx0.5$。对于强障碍，$R\leqslant\Lambda$，对于弱障碍，$R\gg\Lambda$。位错与强障碍作用时，强作用力会使位错尽可能在两个障碍之间弯曲，形

图 7 – 12　位错与弥散分布的障碍的交互作用

成与每个障碍的交互作用，此时产生最小的交互作用能。弥散分布的强障碍对位错产生的平均内应力为

$$\tau_{\text{diff}}(强)\cong\frac{2}{\pi}\tau_i \qquad (7-23)$$

位错与弱障碍交互作用时，位错线的一个部分 $L(L \gg \Lambda)$ 从一个能量最低位置滑移至下一个能量最低位置。在位错线长度 L 范围内，有 $n \cong L/\Lambda$ 个随机分布的障碍，其中有约 $\sqrt{n}$ 个障碍共同作用于位错线 L。此时，位错线向前滑移需要的外加切应力与障碍产生的阻力相等：

$$\tau bL \cong \sqrt{n}\,\frac{2}{\pi}\tau_i b\Lambda \tag{7-24}$$

所以，

$$\tau \cong \frac{2\tau_i}{\pi}\left(\frac{\Lambda}{L}\right)^{1/2} \tag{7-25}$$

上式中的位错滑出距离很难准确估算。在此，假设弓出的位错线长度 L 的曲率半径为 $R(R \gg L)$，而 $R = \dfrac{Gb}{2\tau}$，在切应力作用下位错线向前移动 Λ 距离，因此

$$\tau_{\text{diff}}(弱) \cong \frac{2}{\pi^{\frac{4}{3}}}\tau_i\left(\frac{\tau_i\Lambda}{Gb}\right)^{1/3} \tag{7-26}$$

上述讨论中的假设若改变，强障碍和弱障碍的阻力表达式随之改变。

2. 局部交互作用力强化

当位错滑过随机分布的障碍区域时，在障碍之间位错不受任何阻力，阻力仅源于每个障碍与位错的单独相互作用。假定每个障碍对位错线上一点产生的阻力为 K。在切应力作用下，位错会在两个障碍之间弓出，形成曲率半径为 R 的弧形，其中 $R = \dfrac{Gb}{2\tau}$，如图 7-13 所示。当位错线张力 T 与障碍阻力达到平衡时，满足相应的平衡条件：

$$K = 2T\cos\phi \cong Gb^2\cos\phi \tag{7-27}$$

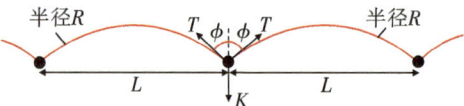

（a）位错与障碍局部交互作用使位错在两障碍
之间弓出形成半径为R的弧形

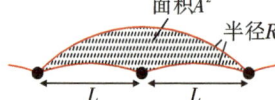

（b）位错弓出的几何形状与扫过弱障碍的面积

图 7-13　位错与障碍的局部交互作用

若障碍的间距为 L，如图 7-13（a）所示，每一个障碍承受的位错产生的阻力为 τbL。当位错施加的力大于等于障碍所能承受的最大阻力 $K_{\max}$ 时，位错可以滑过障碍。此时，对于接近正方形分布的障碍，其局部交互作用时的阻力为

$$\tau_{\text{loc}} = \frac{K_{\max}}{bL} = \frac{2T}{bL}\cos\phi_c \cong \frac{Gb}{L}\cos\phi_c \tag{7-28}$$

式中，位错与障碍交互作用时形成的交角 $\phi_c = \arccos(K_{\max}/2T)$ 可以在一定程度上反映

障碍的强弱。也就是说在位错与障碍交互作用时，位错线弯曲成 ϕ_c 角度时达到临界应力，可以滑过障碍。

对于随机分布的弱障碍，当 $\phi_c \cong \dfrac{\pi}{2}$ 时，位错就可以向前滑出一段距离，如图 7-13(b)所示。位错在滑过弱障碍时基本保持直线形状，不需要弓出太多。位错在滑过弱障碍向前运动时扫过的面积为 A^2。根据图 7-13(b)，位错扫过的面积就是大扇形的面积减去两个小扇形的面积，则

$$A^2 \cong \frac{2L^3}{3R} - \frac{L^3}{6R} \cong \frac{L^3 \tau}{Gb} \tag{7-29}$$

根据公式(7-28)，障碍的间距为 $L = \dfrac{A}{(\cos\phi_c)^{1/2}}$，所以局部交互作用下弱障碍的阻力为

$$\tau_{\text{loc}}(弱) \cong \frac{Gb}{A}(\cos\phi_c)^{3/2} \tag{7-30}$$

对于随机分布的强障碍（$\phi_c \cong 0$），局部交互作用下的阻力为

$$\tau_{\text{loc}}(强) \cong 0.84\frac{Gb}{A}(\cos\phi_c)^{3/2} \tag{7-31}$$

以上讨论就是关于随机分布的障碍对位错滑移造成阻力的一般情况，下面就具体材料体系进行介绍。

7.7　合金的强化

上一节介绍了材料中一般的随机分布障碍强化理论，下面将以上知识运用到具体的材料体系中，从而获得一些直观的认识。

1. 金属固溶、析出和时效

通常一种金属 A 在另外一种金属 B 中的固溶量是有限的，金属 A 在金属 B 中的最大固溶量称为固溶极限（solubility limit）。当然也存在两种金属在连续的成分范围内完全固溶的情况。当金属 A 在金属 B 中的含量小于固溶极限时，由于金属 A 的原子在金属 B 中完全随机分布，由金属 A 原子引起的局部畸变会对位错的运动产生影响，这种强化方式就是固溶强化（solution hardening）。固溶强化的例子包括，黄铜中 Zn 原子固溶在铜基体中形成的强化，Al-Mg 合金中的镁原子固溶强化，Ti-6Al-4V 中固溶的 Al 原子和 V 原子形成的固溶强化。

一旦金属 A 在金属 B 中的含量超过固溶极限时，多余的金属 A 原子就会在金属 B 基体中析出，以单相 A 金属存在或者形成金属 A 原子和金属 B 原子之间的化合物。当然，金属 A 在金属 B 中的固溶极限也不是一个固定的值，而是随着温度的增加而增加。正因如此，在一个较高的温度下，金属 A 在金属 B 中的含量可能小于其固溶极限，但随着温度的降低，金属 A 的含量就会超过固溶极限，从而发生析出沉淀。Al-Cu 合金

就是一个很好的例子，如图 7-14 为 Al-Cu 合金的平衡相图。固溶 Cu 原子以替代间隙的方式存在于 Al 基体中。在 550 ℃时，Cu 在 Al 中的固溶度为 6%（质量百分数）；但当温度降低到室温时，Cu 在 Al 中的固溶度只有不到 0.1%（质量百分数）。所以当 Cu 含量为 4%（质量百分数）的 Al-Cu 合金（俗称硬铝合金）被加热到 550 ℃时会形成一个完全均匀的固溶体，这一温度也被称为固溶温度（solution temperature）。当把 Al-4Cu 合金从这一温度慢慢冷却到图中标 x 处的温度时，第二相在铝基体中慢慢形成。当温度慢慢降到室温时，合金基体中会形成大量的 $CuAl_2$ 析出相（θ 相）。若把合金从固溶温度通过水淬，快速冷却到室温，由于冷却速率太快，

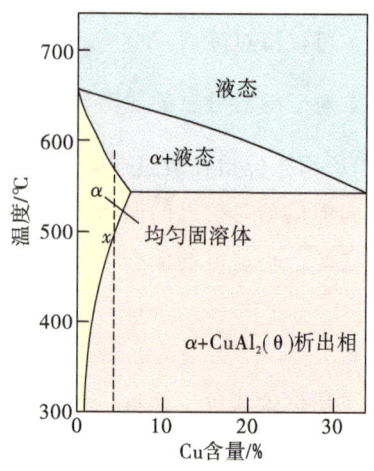

图 7-14　Al-Cu 合金平衡相图

固溶原子没有足够的时间通过扩散形成第二相，此时的合金状态被称为过饱和固溶体（super-saturated solid solution）。过饱和固溶体中不仅有弥散分布的 Cu 固溶原子，而且包含大量的空位，这为后续人工时效创造了条件。当把 Al-4Cu 合金过饱和固溶体再加热到 150 ℃时，在热激活的驱动下，固溶原子 Cu 发生扩散，逐步聚集形核第二相。一开始，具有单层 Cu 原子弥散分布的析出相形成，随着时效时间的增加，较粗大的第二相逐步析出。在时效过程中，析出相的数量逐步增多，当达到峰时效时，析出相尺寸开始增大，数量逐步减少，第二相的间距也逐渐增大。经过长时间的保温，最终形成平衡的第二相组织。

在许多合金体系中，比如 Al-Cu 合金，在时效过程中会形成多个形态的亚稳第二相。析出第二相与基体的界面形态控制着第二相的形成和长大过程，甚至决定着后期第二相对合金力学性能的影响。在时效初期形成的析出相一般比较小，而且与基体保持共格关系。以 Al-Cu 合金为例，时效初期优先形成仅有一层铜原子厚，长度为几个纳米的 G-P 区，G-P 区沿铝基体的 {001} 面生长，与基体保持接近共格的关系。由于 Cu 原子小于 Al 原子，所以在 G-P 区两侧形成了塌缩式畸变，如图 7-15(a) 所示。在其他的合金体系中，若析出相的原子偏大，则会使周围晶格形成挤压式畸变。随着时效时间的增加，第二相的厚度和长度都会增加，比如形成 θ′ 相，此时第二相与基体的界面错配度增大，逐步由共格界面转变为半共格界面。这类第二相的部分面与基体共格，其他面与基体不共格，所以被称为半共格（semi coherent）析出相。随着时效时间的进一步增加，第二相与基体之间的共格关系完全丧失，形成了完全不共格的平衡第二相（$CuAl_2$）。所以，对 Al-Cu 合金进行固溶和时效处理会逐步形成以下几个状态的合金：①完全的过饱和固溶体；②细小的弥散分布的共格析出相；③粗大的完全不共格的析出相；④有序分布的半共格析出相。这几种不同的微观组织会对位错形成不同的阻碍作用。因此，对于 Al-Cu 合金来说，随着时效时间的变化，其拉伸屈服强度会

表现出如图 7-16(a)所示的变化趋势。加入合金元素，可以显著提高纯金属的强度，通过进一步时效形核不同形态的共格、半共格和不共格第二相，合金的强度会先增加后降低。当形成共格或半格析出相时通常对应着最大的强化效应。因此，时效过程也可以分为固溶处理、欠时效(under aging)、峰时效(peak aging)和过时效(over aging)几个部分。在欠时效到峰时效的过程中，合金的屈服强度逐步增加，从峰时效到过时效的过程中屈服强度逐步下降。大部分铝合金都具有良好的时效强化能力，比如 Al-Cu 合金(2000 系列)、Al-Mg-Si 合金(6000 系列)、Al-Zn 合金(7000 系列)等。时效形成的固溶体，共格、半共格和不共格析出相与位错的交互作用存在显著差异，从而造成了不同的强化效果，我们将在下节逐一介绍。

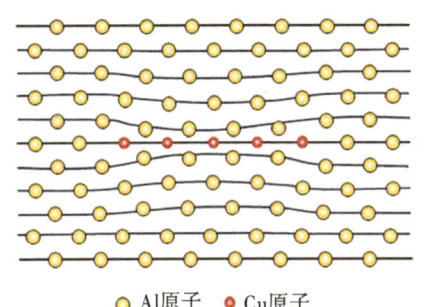
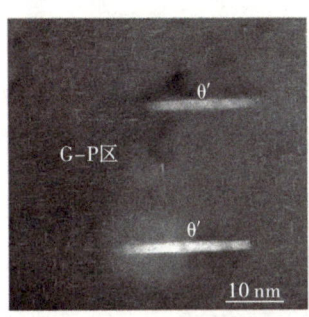
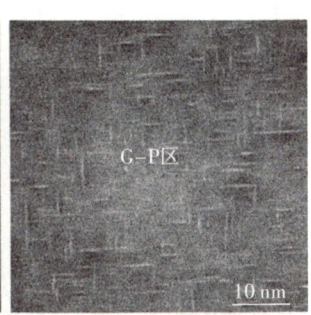

（a）Al-Cu合金中形成的单层Cu原子第二相G-P区示意图　　（b）Al-Cu合金中较大的沿（001）面生长的 θ′ 相　　（c）利用高分辨透射电镜看到的G-P区中的单层Cu原子沿{001}面的分布

图 7-15　Al-Cu 合金中的析出相

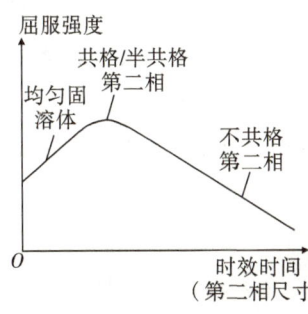
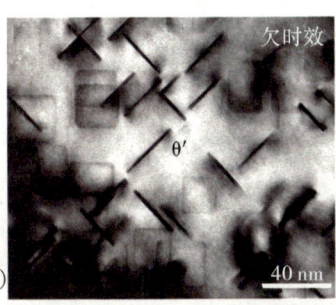

(a)Al-Cu合金时效过程中屈服强度随时效时间的变化趋势　　(b)时效过程中合金从过饱和固溶体逐步形成了共格、半共格和不共格的第二相

图 7-16　Al-Cu 合金析出相强化效应

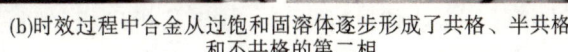

2. 固溶强化

依据分散作用力强化模型，一个固溶体中固溶原子的含量为 c，晶格原子的间距为 b，则单位体积内的固溶原子障碍数为 $\dfrac{c}{b^3}$，固溶原子均匀弥散分布情况下的平均间距为

$$\Lambda = \frac{b}{c^{1/3}} \tag{7-32}$$

此时固溶原子在 $\frac{\Lambda}{2}$ 范围内造成的平均最大的内应力为

$$\tau_i \cong G|\delta|c\ln(1/c) \tag{7-33}$$

依据局部交互作用力模型，只有在滑移面内的固溶原子才对位错的运动产生阻碍作用，单位面积内的平均固溶原子数为 $\frac{2c}{b^2}$，则滑移面内固溶原子的平均间距为

$$\Lambda = \frac{b}{(2c)^{1/2}} \tag{7-34}$$

此时每个固溶原子产生的对位错最大的阻力为

$$K_{\max} \cong \frac{1}{5}Gb^2|\delta| \tag{7-35}$$

因此，一个固溶体的流变应力可以表示为

$$\tau_{\text{loc}}(\text{强}) \cong \sqrt{2}\,c^{1/2}(\cos\phi_c)^{3/2} \tag{7-36}$$

式中，$\cos\phi_c \cong K_{\max}/Gb^2$ 依据式（7-35）得来，固溶体流变应力与固溶原子含量的二次方根成线性关系。

对于畸变较大的置换式固溶原子，若 $|\delta| \cong 0.15$，则 $\cos\phi_c \cong 0.03$，对于固溶含量 $c=0.1$ 来说，固溶强化增量约为 $G/400$，这一估算与实验结果基本吻合。为了得到固溶强化的公式（7-36），分析中对合金的一些方面进行了简化。例如，固溶原子与位错的交互作用是短程的，而且随二者的间距发生变化，这一点在模型中没有考虑。若考虑以上因素，部分模型得出固溶强化与固溶含量的 $c^{2/3}$ 成比例关系，而不是式（7-36）中的 $c^{1/2}$。对于其他的合金体系，有可能存在更加复杂的固溶强化与固溶原子含量之间的关系。固溶体中往往不只存在一种固溶元素。若对于一种固溶原子的流变应力增量为 τ_1，第二种固溶原子的流变应力增量为 τ_2，则两种固溶原子造成的固溶强化可以表示为

$$\tau = (\tau_1^2 + \tau_2^2)^{1/2} \tag{7-37}$$

对于后面即将讨论到的析出强化，从与固溶强化整体来看，综合强化效果也通常可以用上式进行评估。

3. 析出强化

当第二相形核和长大时，它们与滑移面成不同的位向关系。当一个滑移的位错遇到析出相时，必须切过析出相，或者从析出相之间弓出从而绕过析出相，才能继续向前滑移。在这一个过程中，位错往往会选择最容易（能量最低）的方式通过。这一局部的位错-析出交互作用方式，必须与完全共格析出相形成均匀内应力（internal stress）的情况进行比较。此时，合金的流变应力由以上两种阻力来源中较大的一种决定。

首先考虑分散作用力情况下的流变应力，此时内应力 τ_i 起决定性作用。对于球形析出相来说，其单位体积的固溶原子含量为 c，内应力由式（7-33）进行估算。假如每个析出相包含 N 个固溶原子，则析出相均匀分布情况下的平均间距为

$$\Lambda = b(N/c)^{1/3} \tag{7-38}$$

在合金时效早期，析出相的间距和尺寸均很小，适用于式（7-30）中的弱作用力模

式，此时的析出强化流变应力为

$$\tau_{diff}(弱) \cong 0.4 N^{1/9} G |\delta|^{4/3} c^{11/9} [\ln(1/c)]^{4/3} \qquad (7-39)$$

在合金时效的中期，析出相间距和尺寸均增加，此时位错可以从两个析出相之间弓出去，即 $R \cong \Lambda$。析出强化的流变应力为

$$\tau_{diff}(强) \cong \frac{2}{\pi} G |\delta| \ln\left(\frac{1}{c}\right) \qquad (7-40)$$

在合金过时效时，析出相与基体的共格性完全丧失，基体的内应力降为零，对合金的流变应力没有贡献。

在局部交互作用力模式下，析出相会对位错形成两种完全不同的阻力。在合金时效早期，由于第二相尺寸较小，位错可以切过第二相，需克服的阻力为 K_{max}。阻力 K_{max} 的大小受多方面因素的影响。位错切过第二相时会造成第二相发生错配，从而引入一个反相畴界，阻力增加；位错滑过基体和切过第二相需克服的派-纳力大小不同，阻力增加；位错切出第二相形成一定高度的台阶，提高体系的能量，阻力增加。前两种因素使得 K_{max} 与第二相的尺寸 $bN^{1/3}$ 成比例关系。此时析出相强化流变应力为

$$\tau_{loc}(弱) \cong \frac{1}{1000} N^{1/6} G c^{1/2} \qquad (7-41)$$

随着时效的进行，单个第二相包含的原子数和尺寸进一步增加，位错切过第二相变得越来越困难，而从两个第二相之间弓出变得越来越容易，如图 7-17 所示。

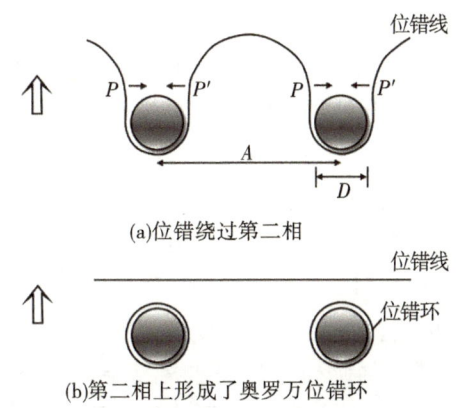

(a)位错绕过第二相

(b)第二相上形成了奥罗万位错环

图 7-17　位错与第二相交互作用的奥罗万模型

当位错切过第二相变得非常难时，位错便会从两个第二相中间弓出，形成绕过机制。绕过后在析出相上留下奥罗万位错环。此时析出强化流变应力也称为奥罗万应力，为

$$\tau_{loc}(奥罗万) \cong \frac{0.84Gb}{A} = 0.84 N^{-1/3} G c^{1/2} \qquad (7-42)$$

当合金处于过时效状态时，第二相更加粗大，位错不可能切出第二相，只能通过奥罗万机制绕过第二相，因此上式依然成立。

基于以上知识可以更好地理解图 7-16 中合金的屈服强度随着时效的变化趋势。在

欠时效时，位错可以切过第二相，合金的流变应力随第二相包含原子的数量增加而增加。随着时效的进行，第二相的尺寸更加粗大，每个第二相包含的原子数 $N \gg 10^5$，式(7-40)给出的流变应力将超过奥罗万应力，在第二相共格性没有丧失的情况下，析出强化由式(7-40)决定。在这种情况下，位错首先需要克服内应力才能与第二相交互作用。随着时效时间增加，第二相与基体的共格性完全丧失后，位错选择采用奥罗万机制从两个第二相之间弓出。此时的析出强化流变应力随着 N 的增加而减小，因为第二相的间距逐渐增大了。第二相强化应力比热激活应力大得多，所以析出相流变应力受热激活影响较小。

从图7-17可以看出，当第二相的间距与第二相的尺寸相比差别不大时，在估算奥罗万应力时必须考虑第二相的尺寸，即第二相的间距 Λ 由 $(\Lambda - D)$ 代替。当位错绕过第二相后，位错在第二相上形成了位错环，这种位错环叫作奥罗万位错环（Orowan loop）。奥罗万位错环的形成会对后续位错的滑移产生影响：奥罗万位错环的形成使得第二相的间距进一步缩小，并产生一定的背应力，使后续位错的滑移变得困难，从而产生加工硬化效应；奥罗万位错环的形成也会促使后续位错在第二相处发生交滑移。奥罗万机制也适用于弥散强化的情况，比如金属中弥散分布的完全不共格的氧化物颗粒的强化，此时的强化应力也由式(7-42)估算。

7.8　金属加工硬化

上节介绍的晶格摩擦力(派-纳力)、固溶强化、析出强化等均只影响位错刚刚启动时需克服的应力，也就是说以上机制主要决定金属材料的屈服强度。当金属材料发生屈服时，位错会进一步滑移，从单滑移系统转移到多滑移系统，产生强烈交互作用。在位错滑移的过程中，可能也伴随着相变、孪生、新第二相的形成。以上机制均会影响金属的流变应力（屈服之后的应力）。流变应力可能随着塑性应变的增加而增加，这一个过程被称为加工硬化(work hardening)。加工硬化过程能提高金属材料抵御局部变形的能力，从而避免材料的突然失效。在工程设计中，没有加工硬化能力的金属材料通常是不会被使用的。金属的加工硬化过程非常复杂，至今仍有许多问题不够明确。著名的金属物理学家科特雷尔曾评论说：金属的加工硬化是位错理论尝试解决的第一个问题，但有可能是最后一个被解决的问题。

本节将以金属单晶为例简要介绍金属的加工硬化过程。早在1934年，泰勒就根据位错理论指出金属的加工硬化是由位错的交互作用引起的。金属单晶在变形时，位错首先在单个滑移系统上启动，此时位错滑移的临界分切应力通常保持恒定，金属单晶的流变应力也基本保持恒定，该过程通常被称为加工硬化的第一阶段，如图7-18所示。当位错从单滑移系统逐渐转化为多滑移系统时，来自不同滑移系统上的位错开始交互作用，导致位错滑移的临界分切应力急剧增加，此时金属单晶的流变应力也急剧增加，这对应于加工硬化的第二阶段，如图7-18所示。随着位错的频繁交互作用和位错数量的逐步增加，异号位错开始发生湮灭，位错数量不能进一步增加，甚至可能下降，此时的单晶流变应力达到峰值，并展现出下降的趋势，这种现象对应于由位错动态回复造成的加工硬化第三阶段，如图 7-18 所示。由于单晶取向的影响，部分单晶在变形时直接进入加工硬化第二阶段，并不会显示出加工硬化第一阶段。有些研究人员认为除了以上加工硬化三阶段外，还有加工硬化第四和第五阶段，实际上这两个阶段已经伴随着金属的局部变形和损伤累积而消失，通常只考虑前三个阶段就可以了。加工硬化可以提高金属在塑性加工后的强度，是金属材料强化的一种重要形式。

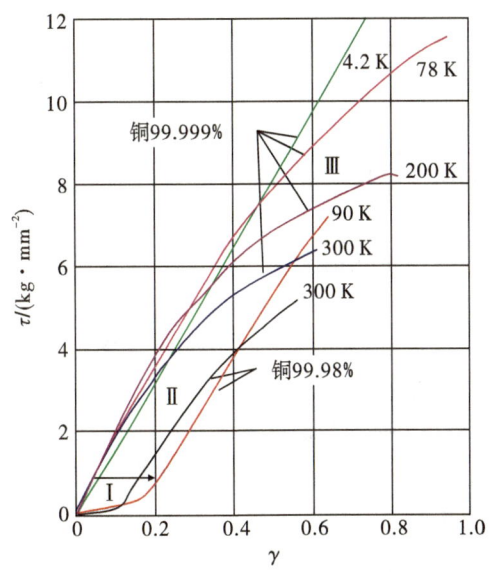

图 7-18　不同取向 Cu 单晶在不同温度下的拉伸应力-应变曲线

（注：从以上拉伸曲线可以清晰地看出 Cu 单晶屈服后表现出的加工硬化三阶段特征。）

关于加工硬化的定量估算，一开始研究人员认为流变应力是在两个平行滑移面上相距 l 的两个刃位错的交互作用力，因此

$$\tau = \alpha Gb/l \qquad\qquad (7-43)$$

式中，α 是一个材料常数，代表晶格摩擦的强弱，通常取 0.1～0.5。间距为 l 的位错结构的位错密度为 $\rho \cong l^{-2}$。假如每个位错的平均自由程为 x，依据泰勒公式可以得出

$$\tau = \alpha Gb \sqrt{\rho} = \alpha G \left(\frac{b}{x}\right)^{1/2} \varepsilon^{n} \qquad\qquad (7-44)$$

式中，$n=0.5$。泰勒公式可以描述很多金属多晶体的应力与应变之间的关系。若能评估位错密度随应变的变化，则可以依据泰勒公式估算金属材料随应变增加的流变应力变化，即金属的拉伸曲线。当然金属的硬化过程受位错许多方面的影响，准确预测金属材料的加工硬化曲线不是一件容易的事情。事实上加工硬化理论的最重要功能就是预测金属的流变应力随着塑性应变的变化。

金属的加工硬化率 $\left(\theta = \dfrac{d\tau}{d\gamma}\right)$ 可以由其拉伸曲线的斜率得出。通常金属加工硬化第一阶段的硬化率非常低，仅有 $\theta_{\text{I}} \cong 10^{-4} G$，$G$ 是金属的剪切模量。这一阶段位错滑移阻力很小，也通常被称为易滑移阶段（easy glide stage）。加工硬化第一阶段结束后进入加工

硬化第二阶段，其加工硬化率显著提升，通常为 $\theta_{II} \cong (3-10)\theta_I$。常见的面心立方晶体在第二阶段的加工硬化率通常为 100 MPa～1 GPa；体心立方晶体和密排六方晶体的第二阶段加工硬化率可以到达几兆帕。进入加工硬化第三阶段后，位错动态回复发生，加工硬化率逐渐降低。位错的动态回复与变形温度密切相关，通常在高温下金属加工硬化的第三阶段会提前发生。

　　大量的金属变形表面形貌和内部位错结构研究表明金属加工硬化的三个阶段对应于不同的位错行为。金属加工硬化的第一阶段，对应于位错在单滑移系统上的滑动，此时位错仅需克服晶格摩擦力和位错源的弓出应力即可。在单滑移系统上，位错可以畅通无阻地滑移，滑移距离可以达到 100 μm 或者贯穿整个晶粒或单晶。几十个位错沿单滑移系统滑移就可以在金属表面形成清晰可见的滑移带。透射电镜观察发现在仅发生第一阶段加工硬化的金属中主要残留的是互相平行的处于同一滑移系统的刃位错段，螺位错段易进行交滑移且已发生了湮灭。当然在低层错能金属中，螺位错交滑移会被抑制，也会部分残留。在析出强化的金属中则会形成奥罗万位错环，位错环与螺位错交互作用会形成螺旋位错。

　　在主滑移系统之外的其他滑移系统上，很少会观察到位错，表明加工硬化第一阶段仅启动了一个主要的滑移系统。加工硬化第二阶段则不同，随着变形的进行，单晶的取向也发生了转动，变形从一个主要滑移系过渡到两个或多个滑移系统，多个滑移系统的同时启动，使得来自不同滑移系统的位错发生强烈的交互作用，从而使加工硬化率大幅提升。加工硬化第二阶段，主滑移系统和次滑移系统上的位错密度差不多，次滑移系统的启动会使主滑移系统上位错的滑移变得困难，自由程缩短，在金属表面形成的滑移带长度变短。由于主滑移系统和次滑移系统上位错的交互作用，它们在内部互为障碍，最终残留的位错密度相似。当位错开始交滑移或者攀移时，位错也开始动态回复，加工硬化由第二阶段转变到第三阶段。异号螺位错通过交滑移发生湮灭，使得总的位错密度下降，部分位错发生重新排列，逐步形成小角晶界，这些都会导致位错密度下降，使得加工硬化率降低。由于加工硬化的复杂性，直到现在也没有建立起一个成熟的加工硬化理论，正如科特雷尔评价的一样，加工硬化将可能是位错理论最后一个被解决的问题。不过，对于相对简单的面心立方晶体，一个初步的加工硬化模型还是存在的，下面我们将做一些简单的介绍。

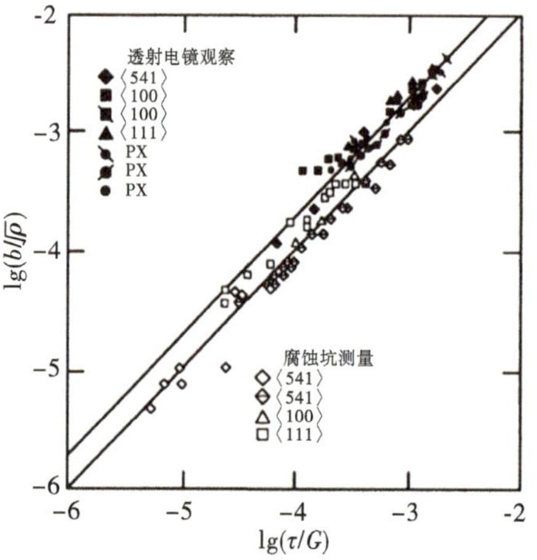

　　根据泰勒理论，面心立方晶体的流变应力仅与位错密度相关，而与位错的类型、分布关系较小。这一判断事实上是由实验数据的积累得出的，如图 7-19 所示，图中不同金属的流变应力和其中位错密度的二次方根成线性关系。依据以上结果，就可以得出著名的泰勒公式：

$$\tau = \alpha Gb\sqrt{\rho} \qquad (7-45)$$

图 7-19　金属材料中位错密度的二次方根与流变应力之间成线性关系

式中，G 为剪切模量；b 为位错的伯格斯矢量大小；α 为常数，与晶格摩擦强弱相关。泰勒公式最重要的物理意义就是金属材料的强度与位错密度相关，而与位错的分布状态几乎不相关。加工硬化过程事实上也是一个热激活的过程，为了简化分析，下面的分析中我们忽略温度的影响。依据泰勒公式（7-45），随着应变量的增加，式中 α、G、b 均保持不变，只有位错密度一项会发生变化。若能准确描述位错密度随应变的变化，则可以建立应力和应变之间的定量关系。依据前述的加工硬化机制分析，随着应变的增加，位错会逐步积聚，数量增加，位错密度提高，则位错密度对塑性应变 γ 的导数为

$$\frac{\mathrm{d}\rho}{\mathrm{d}\gamma}=\frac{\mathrm{d}L}{b\,\mathrm{d}a}=\frac{1}{b\Lambda} \tag{7-46}$$

式中，$\mathrm{d}L$ 为位错线的长度；$\mathrm{d}a$ 为位错滑过的面积；Λ 为位错滑过的平均距离，称之为平均自由程（mean free path）。对泰勒公式（7-45）两边求导可以得到

$$\tau\frac{\mathrm{d}\tau}{\mathrm{d}\gamma}=\frac{(\alpha Gb)^2}{2}\frac{\mathrm{d}\rho}{\mathrm{d}\gamma} \tag{7-47}$$

根据加工硬化率的定义，上式也可以写为

$$\tau\theta=\frac{(\alpha G)^2}{2}\frac{b}{\Lambda} \tag{7-48}$$

根据上式可以画出图 7-20 中的几种加工硬化情况。若平均自由程 Λ 为常数，即在一个多晶材料中位错滑过整个晶粒并存储在晶界处，而没有存储在晶粒内部，此时的平均自由程相当于晶粒，则 $\tau\theta$ 项为常数，表示加工硬化率逐渐降低，如图中水平虚线所示；若平均自由程随着位错数量的增加逐渐减小并成比例关系，此时的 $\tau\theta$ 项随应力的增加逐渐增加，加工硬化率为常数，如图中斜虚线所示；在实际材料中，既可能包括恒定的平均自由程，也包含动态演化的自由程部分，

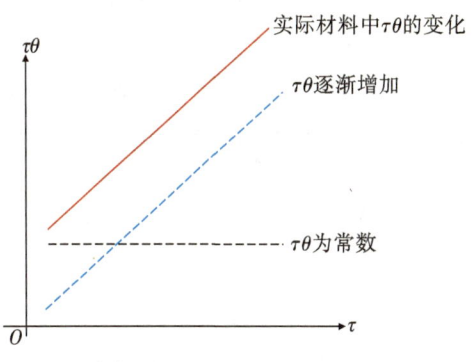

图 7-20　应力与加工硬化率乘积随应力的三种变化趋势

最终的 $\tau\theta$ 项变形曲线如图中斜实线所示。

金属材料在经历了加工硬化第一阶段和第二阶段的位错密度增加后，逐步进入加工硬化第三阶段，位错发生了动态回复。因此，在描述位错密度演化时应当新加入一项，所以有

$$\mathrm{d}\rho=\frac{\mathrm{d}\gamma}{\mathrm{d}\Lambda}-\mathrm{d}\rho_\tau \tag{7-49}$$

式中，等式右边第二项就代表加工硬化第三阶段位错动态回复引起的位错密度的下降。依据式（7-49），金属材料的加工硬化率也可以写为

$$\theta=\theta_0-\theta_\tau(T,\dot{\gamma}) \tag{7-50}$$

式中，等式右边第一项为位错数量增加引起的加工硬化率上升部分；第二项为位错动态回复造成的加工硬化率下降部分。上式中的等式右边对应于加工硬化的第一和第二阶段，不受温度的影响，表示绝热过程；第二项与位错的动态回复密切相关，强烈依赖于变形温度和变形应变速率，表示热激活过程。依据以上理论就可以对面心立方晶体铜、铝等的加工硬化过程进行定量估算，从而预测合金的拉伸应力-应变曲线。以上理论已经成功应用于部分金属塑性变形模拟软件系统。

7.9　金属多晶变形

金属多晶体的变形与金属单晶体的变形之间存在显著的区别。金属多晶体每个晶粒具有不同的取向，每个晶粒里面滑移系统上的分切应力存在差异，所以在进行力学加载时，总是一小部分晶粒优先屈服，然后逐步推进，直至全部晶粒开始变形。金属多晶体晶粒之间由晶界分割，晶界对位错滑移可以产生强烈的阻碍。正因如此，金属多晶体变形时很难观察到加工硬化的第一阶段，除非平均晶粒尺寸非常大。金属多晶体的应力-应变响应不是所有单个晶粒应力-应变响应的简单平均，而是与多晶体的晶粒尺寸、织构等因素都有关系。此外，由于位错在晶界处的塞积，应力被放大若干倍，造成应力集中，可能激发相邻晶粒内位错源的启动，进而实现塑性的跨晶粒传递，所以金属多晶体的屈服应力与晶粒尺寸密切相关。最后，金属多晶体中的晶粒并不能像单晶体一样自由变形，它们必须与周围的晶粒保持良好的结合并协调变形。

金属多晶体在变形过程中必须保持体积不变，否则内部会产生损伤（如产生空洞或裂纹）。为满足这一要求，根据弹性变形原理，至少需要 5 个独立的弹性应变分量。将这一原理拓展到塑性变形中，则要求材料具备至少 5 个独立的滑移系统来协调变形，这一条件被称为冯·米塞斯准则（von Mises condition）。独立滑移系统是指其产生的形状改变无法通过其他滑移系统的组合来实现。面心立方晶体（如铜、铝）具有 12 个独立的滑移系统（$(111)\langle110\rangle$），能轻松满足 5 个独立滑移系统的要求，因此塑性变形能力优异。体心立方晶体（如铁、钨）同样拥有至少 12 个独立滑移系统，变形协调性良好。而对于密排六方晶体（如镁、锌），在常温下仅有基面或柱面上的 3 个 $\langle a\rangle$ 滑移系统，其中仅 2 个是独立的，无法提供沿 $\langle c\rangle$ 轴方向的变形机制，故低温下塑性较差；高温时非基面滑移系统（如锥面滑移系统）被激活，才可能满足 5 个独立滑移系统的要求。这一准则揭示了晶体对称性与塑性变形能力的本质关联：滑移系统越少，低温变形协调性越差。

单晶体变形时，其屈服应力与启动滑移系统上的临界分切应力满足施密特定律（Schmid law），即

$$\sigma_y = \tau_c / \cos\phi\cos\rho\lambda \tag{7-51}$$

式中，σ_y 为屈服强度；τ_c 为滑移系统的临界分切应力；ϕ 和 λ 分别为加载轴与滑移面法向和滑移方向之间的夹角。对于具有随机取向的金属多晶体来说，屈服强度与单个晶

粒内滑移系统上的临界分切应力可以用下式来关联：

$$\sigma_y = M\tau_c \tag{7-52}$$

式中，M 为泰勒因子(Taylor factor)。泰勒因子的物理意义是建立具有随机取向晶粒多晶体的屈服应力与单个晶粒最易启动滑移系统上的临界分切应力之间的关系。通过大量的统计研究发现：对于面心立方晶体和体心立方晶体来说，$M \cong 3$。这就为从基于单个晶粒的力学行为来评估多晶体的宏观力学性能建立起了桥梁。对于有织构的金属多晶体，泰勒因子可能偏离 3，因此其与样品的织构密切相关。

金属多晶体的晶粒尺寸对其屈服强度有重要影响，研究人员经过研究发现了霍尔-佩奇关系(Hall-Petch relationship)，即

$$\sigma_y = \sigma_0 + k_y d^{-n} \tag{7-53}$$

式中，n 约为 0.5；k_y 为材料常数；σ_0 也为材料常数，可能与晶格摩擦强弱相关；d 表示金属多晶体的平均晶粒直径。

思考题

1. 为什么体心立方晶体的拉伸曲线会有上屈服点和下屈服点？
2. 金属材料加工硬化的三阶段对应的位错机制分别是什么？
3. 什么是热激活？请以位错的滑移过程举例说明。
4. 什么是激活体积？位错滑移的激活体积是多少？孪生变形的呢？相变的呢？
5. 请简要说明扭折与位错滑移之间的关系。
6. 位错挣脱气团需要多大的切应力？
7. 人工时效的原理是什么？
8. 金属材料的加工硬化率一般是多大？
9. 什么是动态回复？什么是动态再结晶？
10. 什么是泰勒因子？面心立方晶体的泰勒因子是多少？密排六方晶体的呢？
11. 金属材料的屈服强度由哪些因素决定？
12. 如何定量计算面心立方晶体的拉伸曲线？

参考文献

[1] HULL D, BACON D J. Introduction to dislocations[M]. New York：Elsevier, 2011.

[2] HALL E O. The deformation and ageing of mild steel：III discussion of results[J]. Proceedings of the Physical Society. Section B, 1951, 64(9)：747.

[3] SEEGER A, DONTH H, PFAFF F. The mechanism of low temperature mechanical relaxation in deformed crystals[J]. Discussions of the faraday society, 1957, 23：19-30.

[4] HULL D, MOGFORD I L. Precipitation and irradiation hardening in iron[J]. Philosophical Magazine, 1961, 6(64)：535-546.

[5] PETCH N J. The cleavage strength of polycrystals[J]. Journal of the Iron and Steel Institute, 1963, 174: 25 - 28.

[6] TRINKAUS H, SINGH B N, FOREMAN A J E. Mechanisms for decoration of dislocations by small dislocation loops under cascade damage conditions[J]. Journal of nuclear materials, 1997, 249(2 - 3): 91 - 102.

[7] KOCKS U F, MECKING H. Physics and phenomenology of strain hardening: the FCC case[J]. Progress in materials science, 2003, 48(3): 171 - 273.

[8] HAN W Z, VINOGRADOV A, HUTCHINSON C R. On the reversibility of dislocation slip during cyclic deformation of Al alloys containing shear-resistant particles[J]. Acta Materialia, 2011, 59(9): 3720 - 3736.

[9] HAN W Z, CHEN Y, VINOGRADOV A, et al. Dynamic precipitation during cyclic deformation of an underaged Al - Cu alloy[J]. Materials Science and Engineering: A, 2011, 528(24): 7410 - 7416.

第8章 孪生和退孪生

　　金属材料最重要的塑性变形方式是位错滑移。除位错滑移外，孪生和退孪生也在一定程度上参与金属材料的塑性变形，是金属材料塑性变形机制的重要补充。在面心立方金属和密排六方金属中，孪生和退孪生的过程可以分解为不全位错的协调滑移，而体心立方金属孪生过程中的位错行为要更加复杂一些。孪生是金属材料中一种重要的塑性变形方式，其结果是形成孪晶组织。大量孪晶的引入会使金属材料显著强化；而对于包含大量孪晶的金属材料，若发生退孪生，则会使金属软化。一般认为，金属材料通过孪生可以产生一定量的塑性应变；同时孪生改变了晶体的局部取向，有利于启动更多的滑移系统，从而提高金属材料的塑性变形能力。最新研究发现，通过孪生引入的大量孪晶界是重要的位错形核点位。金属变形产生的孪晶界可以动态提供位错形核的点位，从而为塑性变形铺路搭桥。孪晶又分为生长孪晶、退火孪晶和变形孪晶，这三种孪晶在适当的条件下均可以发生退孪生。图8-1是一张多晶铜中的光学显微镜照片。请问图片中有几种孪晶？哪些是退火孪晶？哪些是变形孪晶？哪些是生长孪晶？本章将介绍金属材料的孪生行为，以面心立方金属为主，辅以体心立方金属和密排六方金属的案例，同时介绍退孪生的机制，以及孪生对金属材料力学性能和热稳定性的影响。希望读者在学习本章后能轻松回答以上问题。

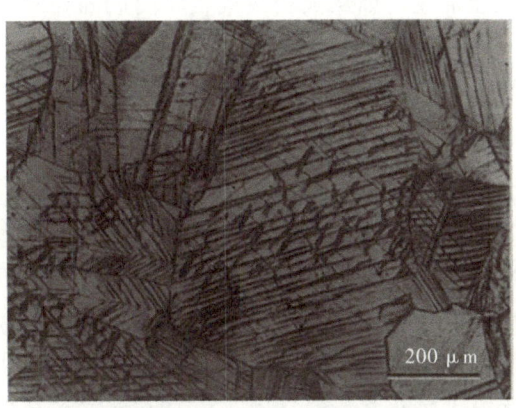

图8-1 多晶铜中的孪晶组织

（注：退火粗晶铜经过冲击变形后形成复杂的孪晶结构。）

8.1 孪生简介

　　晶体材料的孪生是一种重要的塑性变形方式，同时孪生也与马氏体相变密切相关，所以引起了研究人员的广泛重视。孪生通常发生在低对称性金属中，由于它们的滑移系统有限，很难满足 5 个独立滑移系协调变形的条件，孪生就成为一种重要的塑性变形补充机制。所以在研究这类晶体材料的塑性变形时，单独考虑滑移是远远不够的，必须引入几种孪生系统一起研究。变形孪生最早在体心立方金属、密排六方金属和一些低对称性金属和合金中被报道。近三十年来的研究发现，面心立方金属中孪生机制也广泛存在，而且通过系统研究面心立方金属的孪生过程，加深了对孪生机制的理解。

　　在温度低于原子可以自由扩散的条件下，滑移和孪生是晶体材料中最重要的两种变形方式。实验研究表明，对于面心立方金属而言，由于其具有 12 个独立的滑移系统，在小变形量时主要通过滑移来协调变形，只有当应变积累到一定程度后才会发生变形孪生。而体心立方金属的变形孪生通常发生在弹性变形阶段，甚至早于材料的宏观屈服。在拉伸过程中，局部孪生行为对材料应力-应变曲线的影响相对较小，但大范围的瞬间孪生过程则会导致应力-应变曲线出现突然的下降。孪生过程对变形温度和应变速率非常敏感：随着温度降低或应变速率提高，孪生对塑性变形的贡献会显著增加。例如在冲击变形或爆炸变形条件下，即使是层错能很高的铝和铝合金中也能观察到变形孪晶的形成。虽然已有大量实验证实金属晶体可以单独通过滑移实现变形，但关于孪生机制仍存在争议。部分研究者认为孪生不能单独发生，必须要有局部滑移作为前提条件，但目前还缺乏直接的实验证据来支持这一观点。

　　晶体材料中孪晶的定义是孪晶和基体沿某一晶体学面存在对称关系，或者沿某些轴存在 180° 旋转对称性。在高对称性金属中，有多种这样的对称面和对称轴，例如在面心立方金属中，$\{111\}$ 面就是孪晶和基体的对称面，共有 4 种。孪晶可以在金属晶体的形核和生长过程中直接形成，如从液相或气相转变成固相时生成的孪晶被称为生长孪晶（growth twin）。孪晶也可以在金属材料进行热处理时形成，如在退火过程中形成的孪晶被称为退火孪晶（annealing twin）。同样地，在金属材料变形过程中形成的孪晶被称为变形孪晶（deformation twin or mechanical twin）。一般的变形孪晶的形貌为针状或者凸透镜状，当然有些情况下也会形成规则的条状变形孪晶；退火孪晶和生长孪晶以条状为主，孪晶界上常观察到直角的台阶，这与其生长过程密切相关。当然，单纯从形貌上很难判断孪晶的类型，一定要结合材料的制备和变形历史才能判断孪晶的种类。如图 8-1 所示，退火粗晶铜经过冲击变形又形成了变形孪晶，所以组织中既包含退火孪晶又有变形孪晶。图 8-1 中，晶粒中具有一定宽度平行边界的为退火孪晶，而在其中细长的为变形孪晶。除生长孪晶、退火孪晶和变形孪晶外，还有一种孪晶被称为转变孪晶（transformation twin）。它是指在马氏体相变中形成的规则排列、厚度均匀的孪晶结构。这类孪晶的孪晶界易于滑动，可以协调运动产生塑性变形或者伪弹性变形。事实上，转变孪晶也是在变形中形成的，可以看作是一种特殊的变形孪晶。在立方晶体金属中，由于孪生切变产生的应变非常大，所以变形孪晶通常非常薄，形状也不规则。为了保持与基体的取向关系，孪晶和基体界面上通常会形成系列的错配位错。

　　变形孪晶的形成过程伴随着均匀的简单剪切过程，因此要求局部区域的基体原子进行协调运动才能实现，即孪晶区域的原子需逐层有序错动才能形成与基体的对称取向，这一过程与位错滑移中形成的局部紊乱状态不同。也有研究指出，变形孪晶变厚的过程可以看作是三个或四个层错合并的过程。若以这种机制形成，则变形孪晶内部会包含残余的层错结构。变形时位错主要通过双交滑移和 F - R 位错源机制实现增殖。类似地，孪晶的变厚过程也可以通过位错机制进行描述。

随着研究的推进，人们逐渐发现，虽然常规变形条件下在粗晶面心立方金属中孪晶不易观察到，但当它的晶粒尺寸逐渐减小到亚微米或者纳米尺度时，变形孪晶和层错会大量形成来协调变形。此时，大量的亚稳态晶界对孪晶和层错的形成发挥了重要的作用，同时较小的晶粒尺寸，可以更好地分离变形时形成的先导分位错（leading partial dislocation）和拖尾分位错（trailing partial dislocation），促进层错和孪晶的稳定。所以，即使是高对称性的面心立方金属，当晶粒尺寸减小时，变形孪生也会成为一种重要的变形方式。然而，在密排六方金属中，孪生通常易于发生在大晶粒尺寸的样品中，随着晶粒尺寸的减小，变形孪生被强烈地抑制。外在加载条件和内部微观组织对金属材料孪生行为的影响，为研究人员调控金属材料的力学性能提供了更加丰富的方式。

8.2　面心立方金属孪晶的晶体学特征

面心立方金属的孪生过程已经研究得比较透彻，我们从这方面入手进行介绍。面心立方金属的孪晶被认为是由系列不全位错沿着平行的 {111} 滑移面依次开动形成的。不全位错的逐次开动会在宏观上产生一个切应变。面心立方金属分位错的伯格斯矢量为 $b_1 = \dfrac{a}{6} \langle 112 \rangle$，大小为 $a/\sqrt{6}$。若一个圆形晶粒的上半部发生孪生变形，分位错沿 {111} 孪晶面向右逐次滑移，上半部的晶粒形状会发生变化，形成如图 8 - 2 所示的接近半椭圆的形状。发生孪生变形后，晶界右侧会形成一个晶格扭折，其夹角为 141°，刚好是面心立方金属两个 {111} 面之间的夹角。孪生后，上半部晶粒和下半部晶粒的晶格沿孪晶面成镜面对称关系。由肖克莱分位错沿相同方向运动形成孪晶时产生的剪切应变为 0.707。

面心立方金属孪生过程中滑移的分位错全部为肖克莱分位错，其滑移面为 {111}，滑移方向为 〈112〉。每一个 {111} 滑移面上有三个等效的肖克莱分位错。如图 8 - 3 所示，同一个 (111) 面上的三个等效肖克莱分位错分别为 $b_1 = \overrightarrow{B\delta} =$

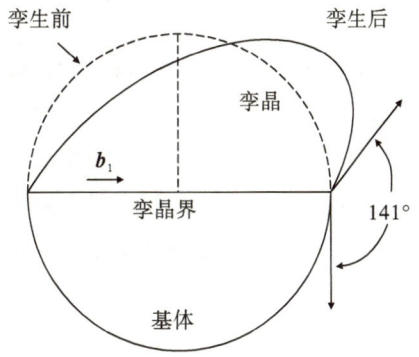

图 8 - 2　面心立方金属孪生示意图

（注：一个圆形晶粒的上半部在孪生过程中逐次发生剪切形成了接近半椭圆的形状。）

$a/6[2\bar{1}\bar{1}]$，$b_2=\overrightarrow{A\delta}=a/6[\bar{1}2\bar{1}]$和$b_3=\overrightarrow{C\delta}=a/6[\bar{1}\bar{1}2]$。同时在(111)面上也有三个符号刚好相反的肖克莱分位错，如$-b_1$、$-b_2$和$-b_3$。这些肖克莱分位错在变形时将会协调运动，产生不同宏观应变的孪晶。图8-3(b)展示了面心立方金属沿{111}密排面的堆垛模型，三种类型的肖克莱分位错及它们的伯格斯矢量也标在了图上。面心立方金属的堆垛次序为ABCABCABC，即每三层原子形成一个周期。当肖克莱分位错在{111}密排面上滑过之后会形成一个层错，在该层错处所有原子的堆垛位置发生了变化，正常的三层原子一个周期的规律被打破了，但在层错之上和层错之下的原子堆垛次序依然保持三层原子一个周期。根据图8-3中的三种肖克莱分位错的特征，它们滑移造成的原子堆垛次序发生如下变化：

分位错b_1：A→B，B→C，C→A

分位错b_2：A→B，B→C，C→A

分位错b_3：A→B，B→C，C→A

尽管三个分位错具有不同的滑移方向，它们滑移引起的堆垛次序改变是一样的，这一特征对于孪晶的形成具有重要的影响。三个具有相反符号的肖克莱分位错的滑移将引起相反的堆垛次序的变化，如B→A，C→B，A→C。

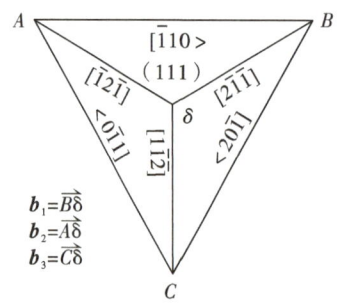 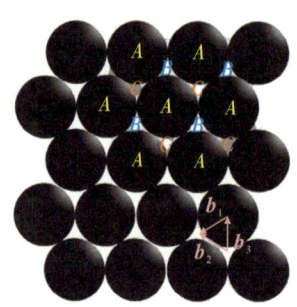

（a）面心立方金属（111）面上的晶体学方向　　（b）面心立方金属（111）面上的原子堆垛次序

图8-3　面心立方金属滑移面上的3个等效肖克莱分位错及其原子堆垛次序

肖克莱分位错沿{111}密排面逐次滑动就会形成一个变形孪晶，如图8-4展示了一个四层原子厚孪晶的形成过程。图8-4(a)为变形时主要以一种肖克莱分位错滑移形成四层原子厚孪晶的过程，其中孪晶为CABC所示的区域。如图8-4所示，第1列原子为初始面心立方晶格的正常排列顺序，即ABCABCABC。当一个肖克莱分位错b_1进行滑移后，形成了一个内禀层错C，此时的局部堆垛次序变成了CBACACBA，相当于抽出了两层B原子。沿相邻滑移面再滑移一个肖克莱分位错b_1后，局部的堆垛次序变成了BACBCACB，此时形成了一个两个原子层厚的孪晶CB，此时的两个原子层厚孪晶也相当于一个外禀层错，即在A层和B层之间插入了一个C层。两个肖克莱分位错沿相邻的{111}密排面继续滑动则形成了图中CABC的四层原子厚的孪晶。图8-4(a)中的上下两条短横线表示孪晶界，该孪晶的形成过程主要以一种肖克莱分位错的滑动为主，可以称之为单向的孪生过程。

	1	2	3	4	5
	C	A	B	C	A
	B	C	A	B	C
	A	B	C	A	B
	C	A	B	C	A
	B	C	A	B →b_1	C
	A	B	C →b_1	B	A B
	B →b_1	C	C	C	C
	A	A	A	A	A
	C	C	C	C	C
	B	B	B	B	B
	A	A	A	A	A

(a)同一类型肖克莱分位错滑移形成的孪晶

	1	2	3	4	5
	C	A	B	C	A
	B	C	A	B	C
	A	B	C	A	B
	C	A	B	C	A
	B	C	A	B →b_2	C
	A	B	C →b_3	B	A B
	B →b_1	C	C	C	C
	A	A	A	A	A
	C	C	C	C	C
	B	B	B	B	B
	A	A	A	A	A

(b)三种等效肖克莱分位错协调滑动形成的孪晶

图 8 - 4　面心立方金属中肖克莱分位错滑移形成四层原子厚孪晶的过程

图 8 - 4(b)展示了一个相同四层原子厚的孪晶，但它可由三种等效肖克莱分位错协调运动完成。也就是说面心立方金属中的孪晶可以由同一种肖克莱分位错连续滑移形成，也可以由三种肖克莱分位错协调组合运动而形成。这是因为三种肖克莱分位错的滑移也可产生相同堆垛次序的变化，如前所述。需要强调的是，以上两种孪晶形成的方式所产生的宏观应变是完全不同的。图 8 - 4(a)中的分位错都沿一个方向滑移，产生的应变最大，可以达到 0.707。然而，图 8 - 4(b)中的三种分位错尽管可以产生相同的孪晶结构，但三个肖克莱分位错的滑移方向是不同的，它们各自产生的应变可能会相互抵消，所以最终产生的宏观应变要小于 0.707，甚至为零。上述的两种孪生过程，对最终的孪晶形貌会产生影响。由同一个类型分位错持续滑移形成的孪晶在晶界处会形成明显的晶界扭折，而由三种分位错协调滑移形成的孪晶在晶界处可能不会造成任何形状改变，通常被称为零应变的孪生模式。零应变的孪生模式在纳米晶中常见，如图 8 - 5 所示。

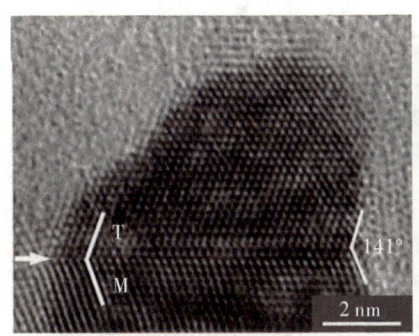
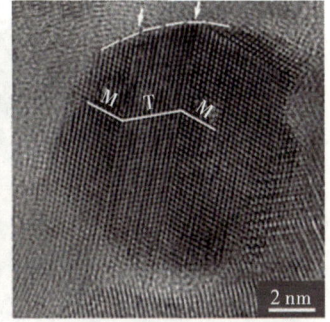

（a）由同一类型分位错滑移形成的具有　　　（b）由三种不同分位错协调滑移
　　　　大宏观应变的孪晶　　　　　　　　　　　形成的近零宏观应变的孪晶

图 8 - 5　面心立方纳米晶镍中的孪晶形貌

（注：图中 M 代表基体，T 代表孪晶。）

孪晶最显著的特征就是沿着孪晶面两侧的原子排列成镜面对称。对于面心立方金属来说，只有从[110]方向观察，才能看到以上特征，如图8-6所示。面心立方金属的共格孪晶面为{111}密排面，孪晶面与上下晶体中的{111}面均呈70.53°。图8-6(a)中的每个圆球代表一个原子柱，其中暗的原子柱偏下，亮的原子柱偏上一些，二者的高度差为四分之一的原子半径，即1/4[110]的大小。在高分辨原子像下，这两类原子柱的高度差很难区分出来，如图8-6(b)所示。在实验研究中，孪晶界处的高分辨原子像也通常被用来判定是否是真正的孪晶。常规情况下，孪晶形成后，在孪晶处进行电子衍射，可以同时获得孪晶和基体的衍射斑点。从衍射斑点中也可以分辨基体和孪晶的对称特征，如图8-7所示。此外，也可以从组织形貌对孪晶进行判断，变形孪晶具有针状或者凸透镜状特征，生长孪晶和退火孪晶相对比较规则和整齐。

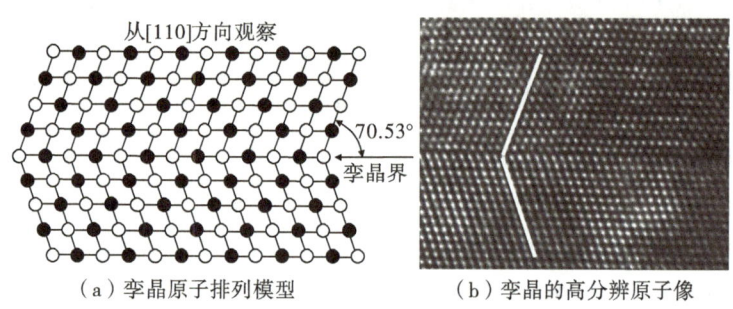

（a）孪晶原子排列模型　　　　　（b）孪晶的高分辨原子像

图8-6　面心立方金属孪晶的原子模型和高分辨原子像

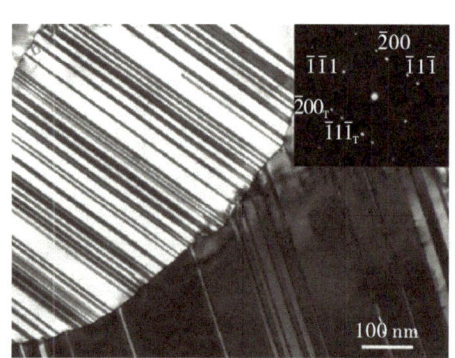

图8-7　纳米孪晶铜的形貌和对应的选区电子衍射

（注：基体衍射斑点和孪晶衍射斑点也呈对称关系，这类孪晶为生长孪晶，从形貌上看比较规则和整齐。）

8.3　体心立方金属孪晶的晶体学特征

体心立方金属的孪晶研究始于纯铁中"诺伊曼变形带"（Neumann band）的发现。当纯铁和铁合金进行冲击变形或者在低温下进行慢应变速率变形时，通常会在样品的表面看到一些明显的带状变形组织，当时被称作"诺伊曼变形带"。直到1952年，凯利（Kelly）等人才采用X射线衍射确定这些带状组织为形变孪晶。随后的研究确定了体心立方纯铁中变形孪晶的晶体学特征，即孪晶面为{112}，孪生方向为<111>，变形孪生的切应变为 0.707。后续研究发现{112}<111>孪晶在体心立方金属中广泛存在。除此以外，在体心立方金属中还观察到了{332}<113>和{5811}<513>孪晶。

体心立方金属孪晶与面心立方金属孪晶类似。当晶体的上半部发生均匀剪切变形时，剪切后的晶体与未剪切的晶体沿初始剪切面成镜面对称关系。如图 8-8(a)所示，一个变形孪晶可以用六个晶体学参量进行描述：K_1—不变孪晶面，不经过任何的旋转和扭曲，是简单剪切(simple shear)面；η_1—形成变形孪晶的剪切方向，也就是孪生方向，位于孪晶面 K_1 内；K_2—第二个无畸变但发生旋转的面，是孪晶的共轭面；η_2—共轭孪生方向，位于 K_2 面内；P—垂直于 K_1 和 K_2 的剪切面；s—孪晶的剪切应变。图 8-8(b)展示了体心立方金属{112}<111>孪晶的晶格切变特征。孪晶面为{112}面，沿孪晶面朝<111>方向逐次发生 1/6<111>的剪切变形就会形成变形孪晶。根据体心立方金属的孪晶特征，只有从<110>方向才能看到孪晶和基体的对称关系。研究发现体心立方金属的部分孪晶可以通过逐层剪切形成，但也有一些体系的孪晶需要原子协调变换晶格点位来形成。体心立方金属的孪生过程与其螺位错的核心结构密切相关，计算表明 1/2[111]螺位错核心会分解到同一轴上的三个{112}面上，形成三个 1/6[111]孪晶位错。三个孪晶位错的进一步协调运动形成了变形孪晶。孪晶的形成，在原子尺度上会形成对称的晶格特征，即孪晶和基体的晶格成镜面对称，如图 8-9(a)所示。对于体心立方金属来说，完全对称的孪晶晶格并不一定能量最低，所以有时会发生局部的调整，形成等腰孪晶界，如图 8-9(b)所示。图 8-9(c)和(d)展示了两种孪晶界发生的相对位移变化。图 8-9(e)展示了实验中观察到的纯铁纳米线中两种孪晶界面。

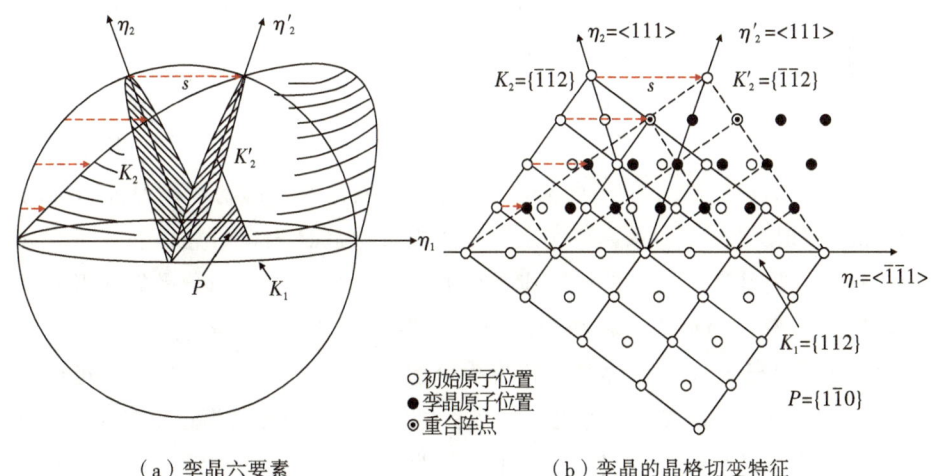

（a）孪晶六要素　　　　　　（b）孪晶的晶格切变特征

图 8-8　体心立方金属的孪晶特征

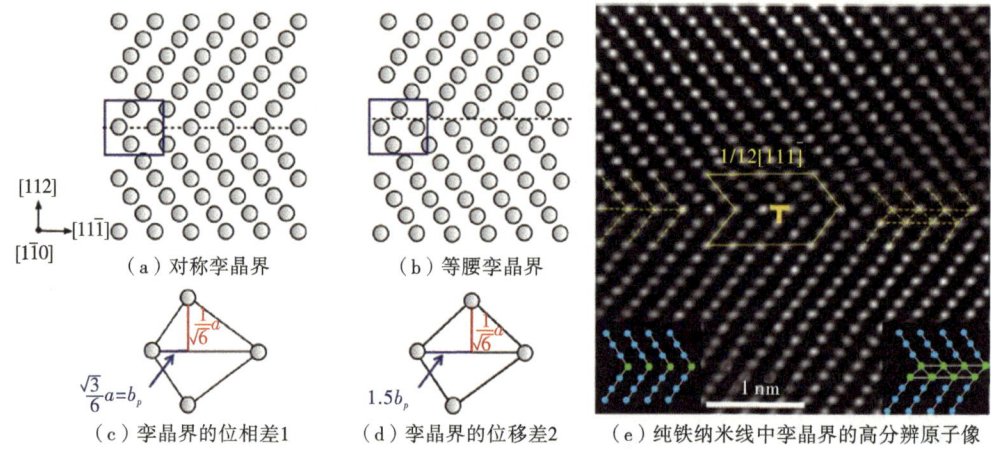

（a）对称孪晶界　　　　　（b）等腰孪晶界

（c）孪晶界的位相差1　　　（d）孪晶界的位移差2　　　（e）纯铁纳米线中孪晶界的高分辨原子像

图 8 - 9　体心立方金属的孪晶界

8.4　孪生机制

变形孪晶的形成过程通常可以拆分为不全位错的运动，基于此提出了几种典型的孪晶形成机制，在此进行简要介绍。对于面心立方金属来说，一个 1/2[111] 全位错可以分解为两个 1/6[112] 肖克莱不全位错，随着切应力的施加，两个肖克莱不全位错之间的平衡距离越来越大，直到形成一个稳定的层错。若相邻滑移面上的全位错也发生类似的分解，则又可以形成一个层错，两个或多个相邻的层错进行反应就会形成一个微孪晶，这是孪晶形成的典型过程。相似地，一个 1/2[111] 全位错也可以分解为一个 1/6[112] 肖克莱不全位错和一个 1/3[111] 弗兰克不全位错。前者可以自由运动，而后者由于伯格斯矢量垂直于滑移面而不可动。在这样一种构型下，弗兰克不全位错作为钉扎点，可动的肖克莱不全位错围绕钉扎点进行转圈式滑移和交滑移，则会使相邻滑移面上的原子逐次发生错动，从而形成一个变形孪晶，这种机制被称为极轴机制（pole mechanism），如图 8 - 10 所示。事实上，孪生极轴机制最先在研究体心立方金属的孪生过程时提出，只是其对应的位错反应与面心立方金属不同。部分晶界或者界面位错也可以辅助变形孪晶的形成，在纳米晶或纳米层状材料中，晶界持续发射不全位错，或者部分晶界发生运动，或者界面位错发生分解形成不全位错并发射，均可以产生孪晶，如图 8 - 11 所示。事实上，退火孪晶就是在高温下由部分晶界运动形成的，这一过程可以在高温金相显微镜下直接观察。由一种肖克莱分位错逐次滑移形成的孪晶会产生 0.707 的宏观应变，在晶界处形成较大扭折；若是由同一滑移面内等效的三种肖克莱分位错协调滑移，则可以形成宏观应变为零的变形孪晶，如图 8 - 5 所示。在一些特殊情况下，同一 [110] 晶带轴下相交滑移面上的肖克莱分位错依次启动，会形成三次、四次或者五次孪晶。五次孪晶已经在实验中得到了证实。五次孪晶的每两个 {111} 面之间的夹角是 70.5°，夹角一共为 352.5°，距一周 360° 还差 7.5°。通常这种差异会通过在孪晶界上形成失配位错来补偿。

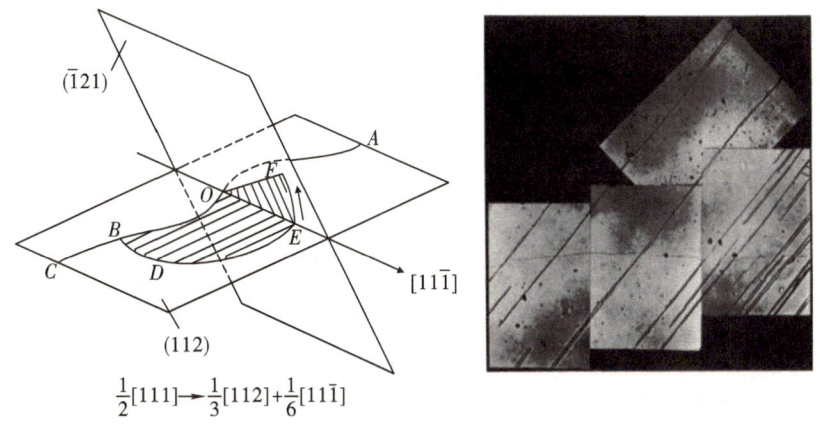

$$\frac{1}{2}[111] \longrightarrow \frac{1}{3}[112] + \frac{1}{6}[11\bar{1}]$$

（a）孪生极轴机制示意图 　　　　　　（b）纯铁中的针状孪晶

图 8 - 10　孪生极轴机制及纯铁中的针状孪晶

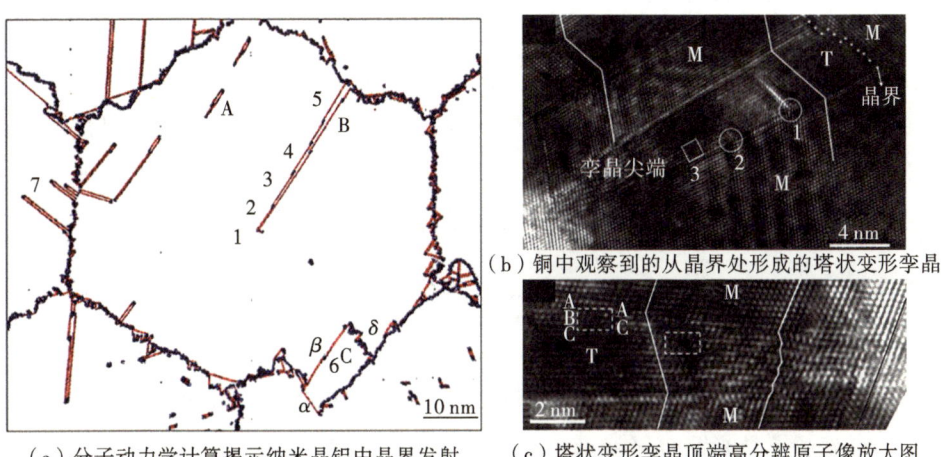

（a）分子动力学计算揭示纳米晶铝中晶界发射　　（c）塔状变形孪晶顶端高分辨原子像放大图
　　　不全位错形成塔状的孪晶

（b）铜中观察到的从晶界处形成的塔状变形孪晶

图 8 - 11　晶界发射不全位错形成变形孪晶的过程

（注：图中 1、2、3 等数字代表不全位错发射顺序，M 代表基体，T 代表孪晶区域，α、β、δ 代表晶界处的
　　　角度，A、B、C 代表不同的晶粒区域或晶界位置。）

8.5　孪生的影响因素

　　影响孪生的因素简单地可以分为两类：外因和内因。外因包括变形温度、应变速率和应变量。在低温下孪晶通常容易形成，这是由于低温时位错的晶格摩擦力增加，位错滑移变得越来越困难，此时形变孪晶就成为一种重要的塑性变形机制。这一规律已经得到了普遍的证实。变形速率对孪生的影响也非常明显，通常在高应变速率下变形孪晶也易于形成，这是由于高应变速率下全位错的运动速度不足以协调变形，变形孪生就成为一种重要的补充机制。在高应变速率下，不全位错的分解也更加容易发生，有利于孪晶形成。变形的应变量对孪生影响也很大。大部分情况下，孪生的发生需要一定量的预应变，或者晶体需要发生预硬化，从而使变形的应力满足孪生应力的要求。这种特征在易变形的金属材料中尤为明显，比如面心立方金属。

内因包括晶体结构、层错能、晶粒尺寸和合金元素等。晶体结构对称性越低，滑移系统越少，孪生越容易。层错能决定了金属形成层错的难易程度，也影响全位错的分解倾向。以面心立方金属为例，层错能越低，孪生变形越容易发生。随着层错能的升高，孪生变形变得非常困难。铝和铝合金的层错能非常高（160 mJ/m²），只有在大应变速率、大应变下，或在应力集中点（裂纹前沿）才发生孪生变形。晶粒尺寸对孪生的影响也很明显，在粗晶范围内，随着晶粒尺寸的减小，面心立方金属和密排六方金属的孪生变得愈加困难。当晶粒尺寸进一步减小到纳米尺度时，面心立方金属中的孪晶和层错大量形成，这与晶界发射不全位错密切相关。然而，当晶粒尺寸减小到亚微米尺度和纳米尺度时，密排六方金属中的孪生被完全抑制，这与其独特的孪生机制密切相关。同时，当晶粒尺寸小于 1 μm 时，诸多非基面或柱面滑移系统启动，有效协调了密排六方金属的塑性变形。此时，密排六方金属塑性变形对形变孪晶的需求下降。合金元素也是影响孪生的重要因素：合金元素可以改变金属的层错能，层错能越低孪生越容易；合金元素也可以影响密排六方金属中孪晶的形核能量，从而影响孪生变形过程；合金元素还可以影响位错的形核和运动能力，从而对孪生过程产生影响。

8.6　广义层错能与孪生

层错能的高低决定了金属形成层错和发生孪生的倾向性，通常层错能越低，孪生越容易。最新关于纳米晶金属变形的研究发现，单纯考虑稳定层错能的影响不足以解释金属的层错和孪生现象，而必须考虑广义层错能（generalized stacking fault energy）曲线，包括稳定层错能（stable stacking fault energy）、不稳定层错能（unstable stacking fault energy）和不稳定孪晶层错能（unstable twin stacking fault energy）之间的相对关系。图 8-12 展示了稳定层错能、不稳定层错能和不稳定孪晶层错能之间的关系。当面心立方金属上下两层原子在（111）面内沿着 $[11\bar{2}]$ 方向进行移动时，可以采用原子尺度计算方法计算这一移动过程中能量随着移动距离的变化。从图 8-12 可以看出，对于由分位错滑移形成层错的过程来说，表面能（图中红线）先增加到最大值（γ_{usf}）后逐步降低到一个低谷（γ_{sf}）。图中的低谷对应的就是稳定层错能，高峰对应的是不稳定层错能。稳定层错能与不稳定层错能之间的差异表明在形成层错的过程中需要克服一个能量壁垒，不稳定层错能越高，能量壁垒越高，稳定层错能决定了最终形成层错能能量的大小。不稳定层错能与稳定层错能之间的比值表明形成最终层错的稳定性。当面心立方金属上下两层原子在（111）面内沿着 $[11\bar{2}]$ 方向进行移动时，若已经形成了一个层错，此时计算获得的能量就是不稳定孪晶层错能,如图 8-12 中虚线所示,虚线的顶点对应着不稳定孪晶层错能(γ_{utf})。不稳定孪晶层错能比不稳定层错能还要高,说明在形成孪晶时需要克服一个更高的能垒,通常比不稳定层错能还要高。

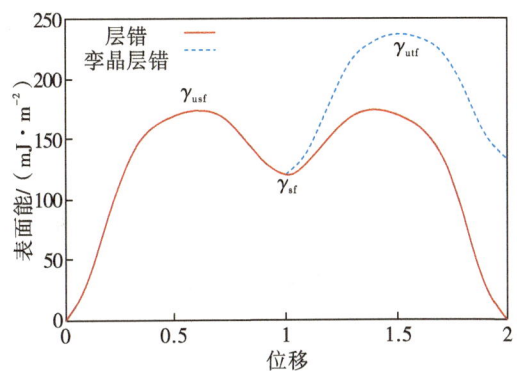

图 8-12　稳定层错能、不稳定层错能和不稳定孪晶层错能对比图

图 8-13 展示了面心立方金属镍、铝和铜中的稳定层错能、不稳定层错能和不稳定孪晶层错能之间的比较。可以发现,镍的稳定层错能最高(304.4 mJ/m^2),铝的稳定层错能次之(146 mJ/m^2),铜的稳定层错能最低(20.6 mJ/m^2)。若按稳定层错能大小判断孪生的难易程度,则铜中最容易形成孪晶,铝次之,镍由于稳定层错能太高,不可能形成孪晶。但在实验中发现,铝形成孪晶最难,铜中的孪生最容易,纳米晶镍中也可以看到大量的变形孪晶。所以单纯从稳定层错能的角度很难完整地解释实验现象。研究者提出可以通过 γ_{sf}/γ_{usf} 的比值判断形成层错的难易程度,用 $\gamma_{utf}/\gamma_{usf}$ 的比值判断形成孪晶的难易程度。依据图 8-13 中的计算,可以发现铜、镍、铝的 γ_{sf}/γ_{usf} 值分别为 0.13、0.55 和 0.97,因此,铜中形成层错最容易,镍次之,铝中形成层错最难;铜、镍、铝的 $\gamma_{utf}/\gamma_{usf}$ 值分别为 1.06、1.28 和 1.32,所以铜的孪生最容易,镍次之,铝中发生孪生变形最难。通过广义层错能曲线就能比较合理地判断金属形成层错和孪晶的难易程度,与实验观察基本吻合。

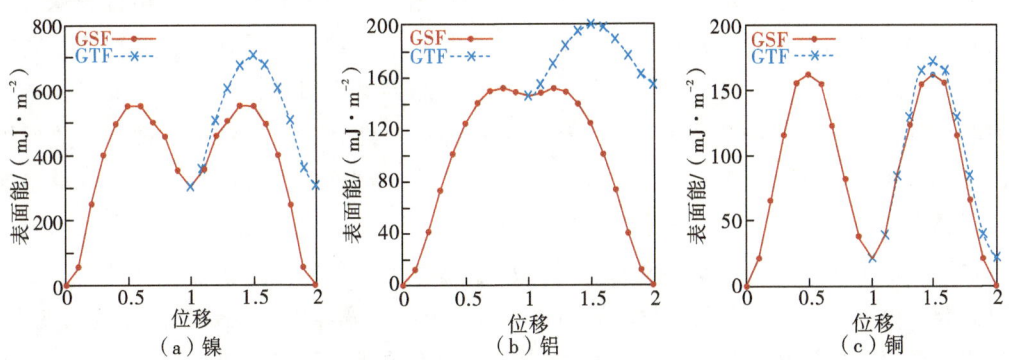

图 8-13　面心立方金属镍、铝和铜中的稳定层错能、不稳定层错能和不稳定孪晶层错能比较

(注:CSF,complex stacking fault,复杂层错能;CTF,complex twin fault,复杂孪晶层错能。)

8.7　退孪生

退孪生是孪生变形的逆过程，也是分位错协调下的一种变形机制。其在某些金属材料的变形中起重要的作用，例如纳米孪晶铜和AZ31镁合金。下面将以这两种材料为例子简要介绍退孪生变形及其与材料宏观力学行为之间的关系。

纳米孪晶铜是采用电解沉积方法制备的包含大量生长孪晶的薄膜材料。它的晶粒尺寸约为几百纳米，纳米孪晶片层的厚度为几十纳米。纳米孪晶铜包含大量的共格孪晶界和对称非共格孪晶界，如图8-14所示。对称共格孪晶界可以阻碍位错的运动，有利于提高材料的强度；同时共格孪晶界为{111}滑移面，位错也可以沿着孪晶界进行滑移，从而有利于提高材料的塑性。因此，纳米孪晶铜表现出了较好的强度和塑性匹配。这是对纳米孪晶铜变形机制的一般认知。

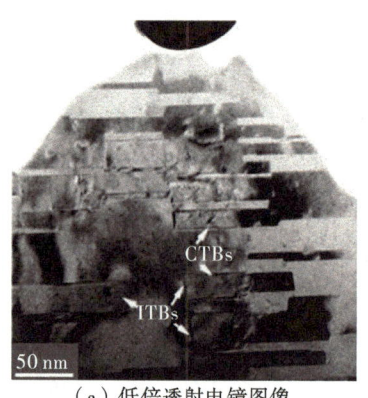
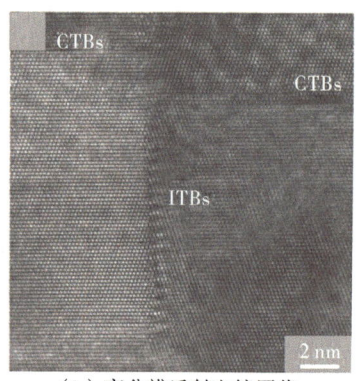

（a）低倍透射电镜图像　　　　　　（b）高分辨透射电镜图像

图 8-14　纳米孪晶铜的微观结构

（注：纳米孪晶铜包含大量的生长孪晶，生长孪晶之间由共格孪晶界(CTB)和对称非共格孪晶界(ITB)分割。）

随着研究的深入，人们发现纳米孪晶铜中的对称非共格孪晶界的迁移可以引起退孪生，从而使纳米孪晶铜软化。图8-14(b)为纳米孪晶铜的高分辨透射电镜图像，可以看出共格孪晶界是完全共格的，但其对称非共格孪晶界上有系列的晶界位错，同时这个晶界还有一定的宽度。对称非共格孪晶界的晶界面为{112}//{112}，根据分子动力学计算，对称非共格孪晶界可以看作是由三种等效肖克莱分位错交替排列组成的界面，如图8-15所示。平衡状态下，由于三个不全位错之间的交互作用，对称非共格孪晶界具有一定的分解宽度，这正好对应于图8-14(b)中的原子像。研究人员采用原位压缩法对纳米孪晶铜进行变形实验，发现部分对称非共格孪晶界在应力下发生了迁移［见图8-14(a)］。对称非共格孪晶界的移动引起了纳米孪晶铜中生长孪晶宽度的变大，相当于退孪生的过程，也就是说对称非共格孪晶界的迁移引起了退孪生的发生。原子尺度计算表明，对称非共格孪晶界上的三种交替排列的肖克莱分位错在切应力作用下协同运动，引起了对称非共格孪晶界的迁移，如图8-15(c)和(d)所示。这一发现说明了退孪生过程也是由肖克莱不全位错运动引起，是孪生过程的逆过程。对称非共格孪晶界在切应力的作用下，也可能只有一种肖克莱分位错滑出，此时晶界的宽度增加，局部形成了 9R 结构，即该区域的原子堆垛次序变为 ABCBCACAB，每九层原子为一个周期。纳米孪晶铜中的两种特殊晶界在变形中发挥着不同的作用。共格孪晶界可以拦阻位错，增加材料的强度，而对称非共格孪晶界则通过迁移诱发退孪生，引起材料的软化。

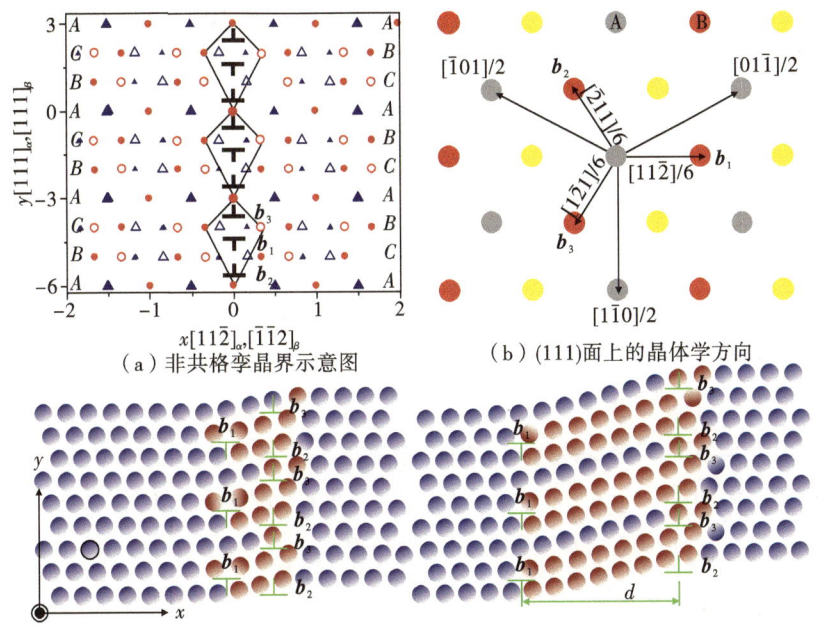

（a）非共格孪晶界示意图　　　　　　　（b）(111)面上的晶体学方向

（c）对称非共格孪晶界上的分位错发生扩展　　（d）对称非共格孪晶上的分位错发生迁移

图 8 – 15　对称非共格孪晶界的晶界结构

（注：该孪晶界可以看作由三个交替排列的肖克莱分位错构成。在切应力的作用下，三个分位错协调运动，可以引起对称非共格孪晶界的迁移。）

　　AZ31 镁合金循环变形时也发生了退孪生。如图 8 – 16 为 AZ31 镁合金循环加载形成的滞后回线和对应的微观组织。AZ31 镁合金在循环加载时展现出了明显的拉压不对称性，拉伸阶段样品具有显著的硬化特性；反向压缩变形时，却表现为明显的屈服和软化特性。研究人员通过对 AZ31 镁合金样品在循环变形过程中的微观组织进行准原位研究，发现在拉伸阶段，AZ31 镁合金内部产生了大量的变形孪晶，这是拉伸硬化的主要原因。当循环加载进入压缩阶段后，在拉伸阶段形成的变形孪晶发生了退孪生，部分孪晶的宽度逐渐减小，甚至消失，引起了压缩阶段的软化。由此可见，孪生和退孪生过程对于具有密排六方结构镁合金的力学行为具有重要的影响。由于密排六方金属的低对称性，变形孪生通常是一种重要的变形方式。密排六方金属的孪晶有四种：两种压缩孪晶和两种拉伸孪晶，具体的孪生机制在相关文献中已经有了系统的研究。

　　总之，金属材料的孪生和退孪生是除位错滑移以外的两种重要的塑性变形机制。

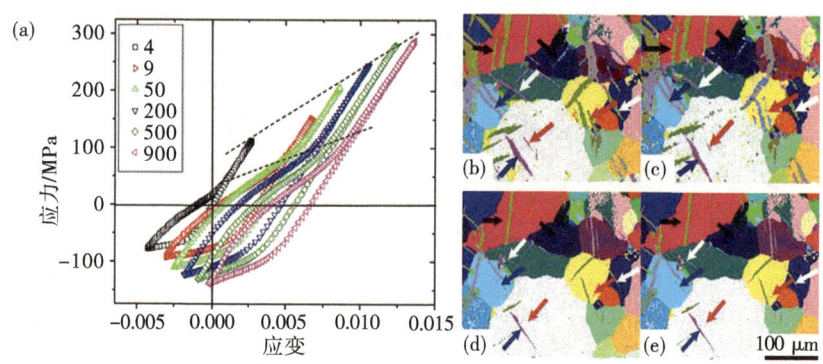

图 8 - 16　AZ31 镁合金循环加载形成的滞后回线和对应的微观组织

（注：图(a)4、9、50、200、500、900 代表循环次数。）

(a)AZ31 镁合金循环拉伸应力-应变曲线；(b)拉伸变形产生孪晶；(c)压缩使孪晶尺寸变小；

(d)小孪晶消失；(e)孪晶厚度变窄。

关于孪生在塑性变形中的作用，尽管已经有一些成熟的知识，但关于其在变形过程中的机制仍需全面揭示。例如，最新研究发现密排六方金属锆中的孪晶界可以作为高效的位错源，提供大量的锥面滑移，从而提高材料的变形能力。变形孪晶界的这一机制和常规的认识显著不同，它直接贡献的塑性应变很小，但间接产生的塑性应变非常大。期待材料表征技术的进一步发展，能够从更大的尺度范围揭示金属材料的动态变形规律，从而更加全面地认识金属材料的塑性变形机制。

思考题

　　1. 哪些金属易发生孪生变形？

　　2. 孪晶有几种？它们有哪些特征？请举例说明。

　　3. 体心立方金属可以形成层错吗？

　　4. 不全位错与孪生和退孪生分别有什么关系？

　　5. 晶粒尺寸对金属孪生行为有什么影响？

　　6. 孪晶界一定是共格的吗？

　　7. 孪晶对金属材料的力学性能有什么影响？

　　8. 在透射电镜下如何观察孪晶？

　　9. 纳米孪晶铜的强化机制是什么？

　　10. 为什么纳米晶金属中易形成层错和孪晶？

　　11. 金属中形成层错的晶体学面一定会形成孪晶吗？

　　12. 层错能足以解释金属孪生的难易程度吗？

参考文献

[1] VENABLES J A. On dislocation pole models for twinning[J]. Philosophical

magazine, 1974, 30(5): 1165 - 1169.

[2] CHRISTIAN J W, MAHAJAN S. Deformation twinning[J]. Progress in materials science, 1995, 39(1 - 2): 1 - 157.

[3] MEYERS M A, ANDRADE U R, CHOKSHI A H. The effect of grain size on the high-strain, high-strain-rate behavior of copper[J]. Metallurgical and materials transactions A, 1995, 26: 2881 - 2893.

[4] LU L, SHEN Y, CHEN X, et al. Ultrahigh strength and high electrical conductivity in copper[J]. Science, 2004, 304(5669): 422 - 426.

[5] SWYGENHOVEN H V, DERLET P M, FRØSETH A G. Stacking fault energies and slip in nanocrystalline metals[J]. Nature materials, 2004, 3(6): 399 - 403.

[6] YIN S M, YANG H J, LI S X, et al. Cyclic deformation behavior of as-extruded Mg - 3% Al - 1% Zn[J]. Scripta Materialia, 2008, 58(9): 751 - 754.

[7] WU X L, LIAO X Z, SRINIVASAN S G, et al. New deformation twinning mechanism generates zero macroscopic strain in nanocrystalline metals[J]. Physical Review Letters, 2008, 100(9): 095701.

[8] WANG J, LI N, ANDEROGLU O, et al. Detwinning mechanisms for growth twins in face-centered cubic metals[J]. Acta Materialia, 2010, 58(6): 2262 - 2270.

[9] WANG J, MISRA A, HIRTH J P. Shear response of $\Sigma 3$ {112} twin boundaries in face-centered-cubic metals[J]. Physical Review B-Condensed Matter and Materials Physics, 2011, 83(6): 064106.

[10] ZHU Y T, LIAO X Z, WU X L. Deformation twinning in nanocrystalline materials[J]. Progress in Materials Science, 2012, 57(1): 1 - 62.

[11] LI X, ZHANG Z, WANG J. Deformation twinning in body-centered cubic metals and alloys[J]. Progress in Materials Science, 2023, 139: 101160.

[12] LIN X H, HAN W Z. Achieving strength-ductility synergy in zirconium via ultra-dense twin-twin networks[J]. Acta Materialia, 2024, 269: 119825.

第 9 章　金属辐照损伤

　　金属辐照损伤是指高能粒子长时间作用于金属材料，引起其内部微观结构发生演化和宏观性能劣化的现象。用于核反应堆和外太空飞行器的结构和材料要面临严重的辐照损伤。从微观角度看，辐照损伤的本质是高能粒子与材料内部原子发生碰撞，把材料内部原子撞离原有平衡位置，形成点缺陷或者点缺陷的团簇。辐照产生的缺陷结构随着材料服役过程进一步演化，从而造成金属材料微观结构的不稳定性和宏观性能的劣化。本章将介绍核能的发展现状、金属辐照损伤的一些基本概念、典型的金属材料辐照效应、抗辐照损伤材料设计的一些基本原理、辐照缺陷对金属材料力学性能的影响及未来聚变能的发展趋势。基于本章的学习，读者将能理解材料辐照损伤的一般过程，具备分析材料辐照损伤行为的基本知识，并能运用有关知识开展相关交叉学科的研究。

9.1　核能发展现状

　　随着全球能源危机的加剧，石油、煤和天然气等化石能源的储存量越来越少，同时伴随着严重的环境污染和全球变暖，需大力减少碳的排放，迫切需要研发清洁、绿色、能量密度高的新能源。核能、裂变能自发展以来，越来越受到各个国家的重视。相较于煤、石油、天然气、太阳能、风能等能源形式，核能具有最低的碳排放量，是一种绿色的高能量密度能源。目前，美国仍然是全球的核电大国，大约有 100 台核反应堆机组在运行，核能发电量占总发电量的比例约为 19%；法国有将近 60 台核反应堆机组，发电量占比高达 70%；我国在运行的核电机组约为 47 台，核能发电占比还不到 5%。可见，与发达国家相比，我国的核电发展空间巨大。核能的发展强烈地依赖于先进材料的研发，尤其是先进金属结构材料的研发。以水冷核反应（压水堆、沸水堆、重水堆）为例，核燃料的包壳材料为锆合金，在服役时长期浸泡在高温高压水中，同时面临强烈的中子辐照，经受着高温氧化、交变载荷、燃料膨胀和中子辐照的复杂考验。核反应堆的安全壳内壁采用压力容器钢进行防护，在反应堆服役周期内长期面临着中子辐照损伤，辐照会使压力容器钢的韧脆转变温度大幅上升，从零下几十度上升到沸水温度以上。随着核反应堆延寿的推进，原有设计服役时间为 30 年的核反应堆，将被延至 60 年，甚至到 80 年。因此，必须提高核用先进金属材料的长期服役性能和建立系统的材料老化评价方法，才能确保核电站的长期服役安全性。

　　核能的发展对于解决人类面临的能源问题利大于弊，尤其对我国这样的经济和人口大国，安全高效核能的发展更加不可或缺。但在发展核能的同时，要逐步提高核能的安全性，就必须依赖科学与技术的创新，发展先进核用金属材料就是其中重要的一环。各种能源类型的单位二氧化碳排放量比较如图 9 - 1 所示。

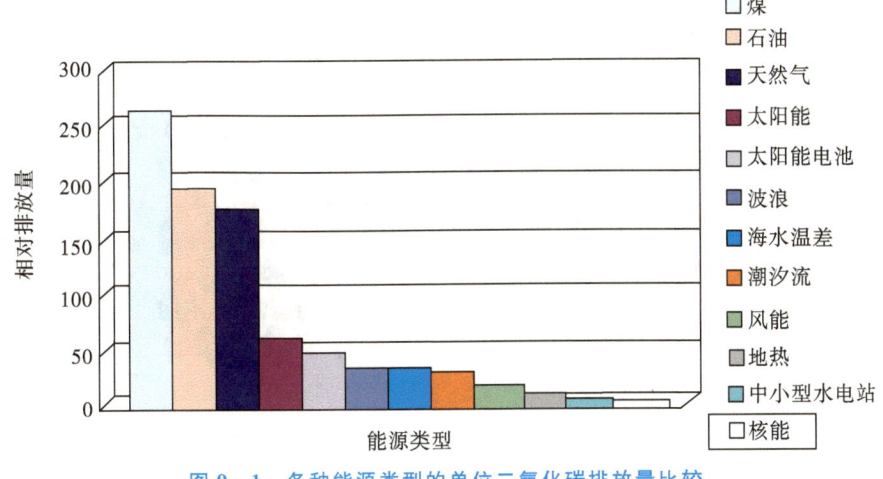

图 9 - 1　各种能源类型的单位二氧化碳排放量比较

9.2　金属的辐照损伤

核反应(裂变和聚变)都会产生高能粒子。高速运动的高能粒子照射到材料上会与材料内部的原子产生交互作用。高能粒子在与材料中原子碰撞的过程中，当达到原子的离位能(原子被撞离平衡位置的临界能量)时，材料内部原子会被撞离原来的平衡位置。此时，晶格内部形成了一个空位和一个自间隙原子。在高能粒子与材料交互作用过程中，被撞击的第一个原子被称为初级撞出原子(primary knock - on atom，PKA)，撞击形成的空位和自间隙原子对叫作弗伦克尔缺陷对(Frenkel pair)，入射并留下的高能粒子叫作入射粒子(离子)，如图 9 - 2 所示。初级撞击原子仍然携带有一定的能量，会继续与材料中的其他原子发生碰撞，产生更多的自间隙原子和空位，这一过程叫作级联碰撞(cascade collision)，如图 9 - 3 所示。级联碰撞过程会产生更多的空位和自间隙原子，引起晶格的局部混乱。在高能粒子与材料原子的碰撞过程中会产生瞬时的高温；若材料的导热性非常好，就能够快速冷却下来。产生的大量点缺陷就是高能粒子辐照的产物。在高能粒子入射初期，材料中形成的空位和自间隙原子的局部浓度非常高，但两种点缺陷会发生扩散和相互湮灭，最终残留下来的点缺陷浓度并不高。如果有大量的高能粒子持续入射，经过频繁的级联碰撞过程和缺陷的动态演化，最终残留下来的辐照缺陷浓度会非常可观，从而引起材料微观结构和宏观性能的改变。在高能粒子辐照产生大量空位和自间隙原子后，由于二者的扩散行为存在显著差异，即空位的形成能比自间隙原子形成能小很多，而空位的迁移能比自间隙原子的迁移能大一个数量级，所以空位易形成但扩散得慢，自间隙原子很难形成也非常容易扩散到材料内部的陷阱中。两种点缺陷扩散行为的巨大差异导致材料在被辐照的过程中积累的空位越来越多，自间隙原子相对偏少，所以最终积聚的辐照缺陷非常显著。当然，辐照缺陷的演化过程与辐照的条件和材料内部结构密切相关，这也为材料学家调控材料的辐照损伤行为预留了空间。

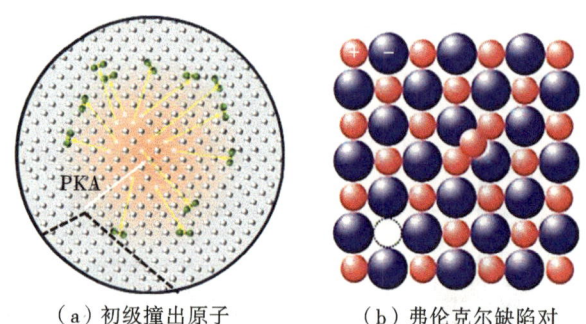

（a）初级撞出原子　　　　　　（b）弗伦克尔缺陷对

图 9 - 2　高能粒子入射过程中产生的初级撞出原子和弗伦克尔缺陷对

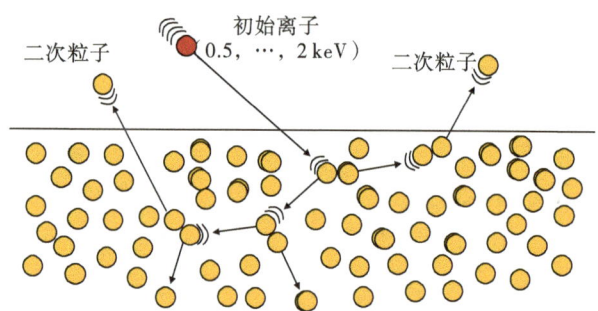

图 9 - 3　高能粒子入射过程中产生的级联碰撞（即原子的连续碰撞）

　　高能粒子的入射深度与高能粒子的种类、能量和材料的原子序数之间存在着联系。通常入射粒子的能量越高，入射深度越深；在相同的入射能量下，同一种高能粒子在小原子序数材料中入射越深。图 9 - 4 展示了硅、铜和金中两种不同能量自离子入射时的平均入射深度。可见入射粒子能量越高，入射深度越大；材料的原子序数越大，入射深度越小。入射粒子的原子序数越小，其入射的深度会越大。比如在相同能量下，氢和氦等轻元素的离子会比重离子的入射深度大好多倍。

　　在材料辐照损伤中评估材料被辐照程

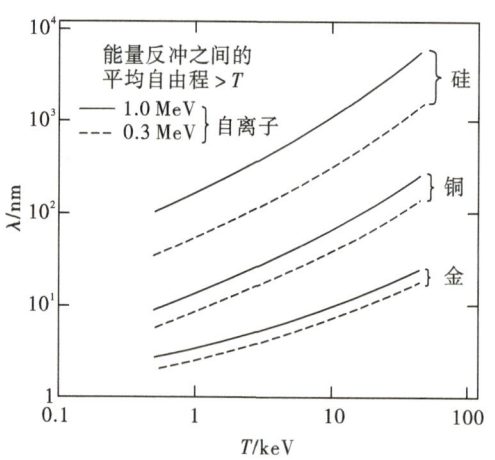

图 9 - 4　硅、铜和金中两种不同能量
自离子入射时的平均入射深度 λ

度的参量叫作原子平均离位数（displacement per atom，一般简写为 dpa）。原子平均离位数是指在高能粒子辐照过程中材料中的原子平均被撞离平衡位置的次数。假如一个被辐照的材料中有 100 个原子，在高能粒子入射过程中，平均每个原子被撞离平衡位置 1 次，此时对应的辐照损伤为 1 dpa；若平均每个原子被撞离平衡位置的次数为 100次，此时对应的辐照损伤为 100 dpa。从原子平均离位数的定义可以看出，这是一个很难在实验中测量的参量，所以在实际研究中，通常借助原子尺度计算模拟来评估材料的原子平均离位数。在辐照损伤的研究中，研究者通常采用物质中离子的停止和分布范围（即离子在物质中的阻止本领与射程，the stopping and range of ions in matter，SRIM）开放软件对高能粒子入射材料中产生的碰撞情况进行评估。SRIM 是一种基于蒙特卡罗方法模拟离子束与固体相互作用的程序。其通过模拟跟踪入射粒子的运动、位置、能量损失及次级粒子的各种参数，并存储下来，最后得到各种所需辐照相关物理量的理论值和相应的统计误差。基于 SRIM 的估算，可以获得高能粒子辐照过程中产生的空位数量和分布、被离位原子数量和分布、入射粒子的数量和分布、平均原子离位数等信息。图 9 - 5 展示了氦离子注入铜单晶时形成的辐照损伤分布和注入氦离子的分布特征及其与透射电镜实验辐照缺陷观察结果的对比。可见，对于辐照缺陷的分布范围，SRIM 的预测还是非常准确的。在这里需要强调的是，原子平均离位数越大只代表在高能粒子辐照过程中的原子碰撞过程非常激烈，但并不代表最终残余缺陷浓度越大。因为辐照损伤形成过程基本可以分成两个阶段，即高能粒子碰撞过程和点缺陷的扩散运动过程，而后一个过程对最终辐照缺陷的形态影响非常大。最终辐照缺陷的形态也受到辐照粒子种类、辐照剂量率、辐照温度和材料位错结构的影响。因此，材料的辐照损伤程度要看最终形成的缺陷结构是什么，不能单纯依靠 SRIM 等软件的评估。

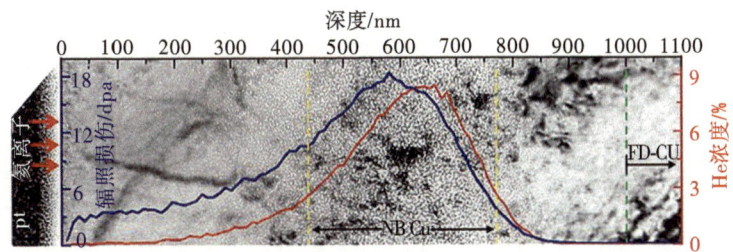

图 9 - 5　SRIM 计算的 200 KeV 氦离子注入铜单晶形成的辐照损伤分布和氦泡分布特征及其与透射电镜观察结果的对比

（注：pt 指入射起始处，NBCu 指近铜体，FD - CU 指完全损伤铜区域。）

9.3　金属的辐照效应

　　金属的辐照效应是指金属材料在被高能粒子辐照后引起的微观结构和宏观性能的演化。本节将介绍金属材料的一些典型的辐照效应和形成机制。

（1）缺陷反应速率理论（defect reaction rate theory）。材料辐照损伤的形成过程与缺陷的扩散密切相关。下面以在低温下、低缺陷陷阱浓度金属材料中的空位和自间隙原子的浓度演化为例进行介绍。空位和自间隙原子的浓度随时间的演化可以分别用下式描述：

$$\frac{dC_v}{dt} = K_0 - K_{iv}C_iC_v - K_{vs}C_vC_s \tag{9-1}$$

$$\frac{dC_i}{dt} = K_0 - K_{iv}C_iC_v - K_{is}C_iC_s \tag{9-2}$$

式中，C_v 为空位的浓度；C_i 为自间隙原子的浓度；C_s 为陷阱的浓度；K_0 为缺陷产生的速率；K_{iv} 为空位和间隙的复合速率；K_{vs} 为空位和陷阱的反应系数；K_{is} 为间隙和陷阱的反应系数。总体来看，空位和自间隙原子的浓度与两者点缺陷的产生速率成正比，与空位和自间隙原子的复合速率成反比，与点缺陷与陷阱反应速率成反比。在低温和低内部陷阱浓度下，空位和自间隙原子浓度的变化趋势如图 9-6 所示。

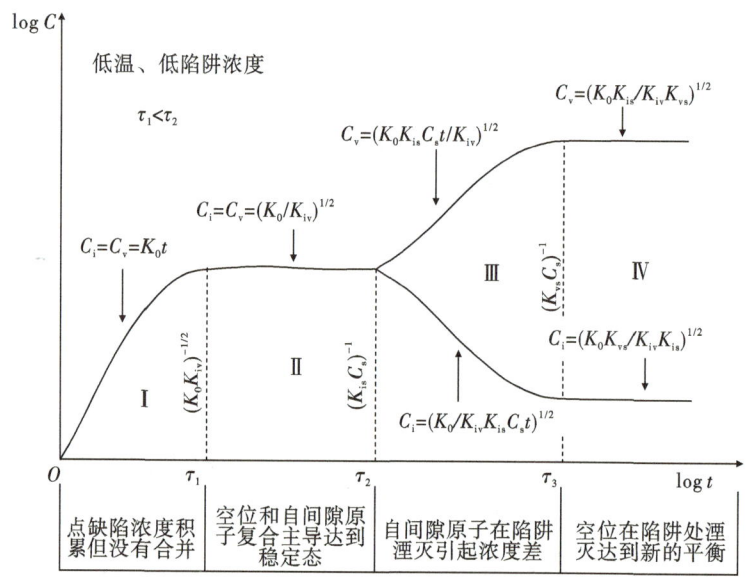

图 9-6　在低温、低陷阱浓度辐照条件下金属中空位和自间隙原子的动态演化规律

在辐照初期，由于空位和自间隙原子的产生速率相近，二者的浓度都随辐照时间的增加而增加，如图 9-6 中第一阶段（即无反应积累阶段）所示。当达到一定平衡浓度时，空位和自间隙原子开始复合，此时点缺陷的产生速率和点缺陷的湮灭速率达到平衡，所以空位和自间隙原子的浓度保持一段时间的稳定，如图 9-6 中第二阶段（即相互复合主导阶段）所示。随着辐照的继续进行，点缺陷开始与材料中的缺陷陷阱发生反应，但空位和自间隙原子的迁移能力有显著差异，后者优先扩散到陷阱处发生湮灭，所以自间隙原子的浓度急剧下降，相应地与空位发生复合的自间隙原子数量减少，空位的浓度则会逐渐上升，因此形成了图 9-6 中第三阶段（即陷阱促进自间隙原子湮灭阶段）的点缺陷浓度特征。随着辐照的进行，空位与材料中陷阱的反应也达到平衡，此时

的自间隙原子浓度保持在较低的稳态水平，而空位的浓度保持在较高的稳态水平，如图 9-6 第四阶段（即陷阱同时促进空位湮灭阶段）所示。通过以上分析可以发现，材料最终的辐照缺陷状态与点缺陷的扩散过程密切相关，也受两种点缺陷的迁移能力和材料内部陷阱的浓度和分布状态的影响。当辐照温度发生变化时，比如高温下，空位和自间隙原子的扩散能力差异缩小，则二者发生复合的概率大大增加，此时残余的辐照缺陷就会大大减少。甚至在一些特殊的辐照条件下，高能粒子撞击产生的空位和自间隙原子几乎发生完全复合，此时材料内部就不会有任何的辐照损伤。当重离子辐照材料的时候，在撞击时不一定产生单个的自间隙原子和空位，有可能直接形成点缺陷的团簇，比如位错环或者小空洞，这类缺陷团簇相对于单个点缺陷更难回复，所以重离子和轻离子的辐照缺陷形态存在显著差异。

（2）辐照诱发晶界偏析（irradiation induced grain boundary segregation）。金属材料在被辐照后，内部的空位和自间隙原子浓度大幅上升，大大加速了材料内部元素的扩散。此时部分合金元素会倾向于向晶界扩散，有些合金元素则倾向于向远离晶界的方向扩散，于是就形成了晶界偏析和晶界贫化（grain boundary depletion）现象。研究发现 Cr 容易在晶界贫化，从而引起晶界耐腐蚀性能的下降；Ni、Si、P 等元素易发生晶界偏析，会引起晶界脆化，如图 9-7 所示。随着辐照剂量的增加，晶界偏析和晶界贫化会逐步加剧，例如，一些钢在辐照后晶界的 Cr 含量会下降一半，显著降低了晶界的耐腐蚀性能。

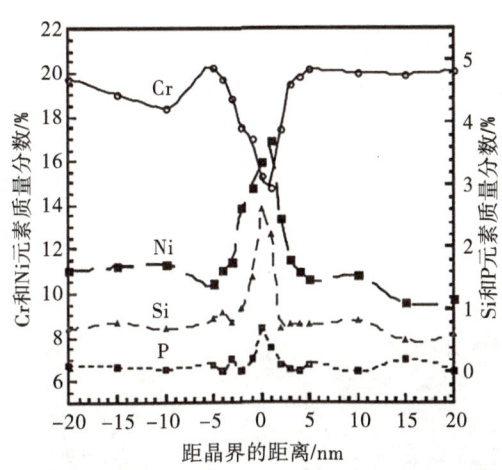

图 9-7　辐照在不锈钢中引起的不同元素的晶界偏析和晶界贫化

（3）辐照诱导晶格缺陷（irradiation induced lattice defect）。辐照会在金属材料中产生大量的点缺陷，点缺陷会进一步演化形成多种多样的辐照缺陷。在低温下辐照，辐照产生的空位基本不可动，而自间隙原子具有良好的可动性，可以聚集形成尺寸非常小的间隙型位错环。随着温度的升高，空位逐步具有了可动性，辐照空位会聚集形成空位型位错环、层错四面体（SFT）和纳米尺度空洞（voids），如图 9-8 所示。当辐照产生的空位在金属的滑移面内聚集形成空位片，空位片会进一步塌缩会形成位错环。这类位错环的伯格斯矢量刚好垂直于滑移面，为不可动位错环，叫作弗兰克位错环

(Frank dislocation loop)。由于弗兰克位错环不可动，故造成的硬化效果非常显著。在面心立方金属中，当弗兰克位错环形成后，它有可能沿着相交的三个滑移面进行分解而形成不全位错，并进一步沿着三个滑移面进行滑动，最终围成了层错四面体结构。辐照空位聚集在一起向三维方向长大则演化成了辐照空洞。当研究人员在核反应堆中服役的金属材料中首次看到辐照空洞时，着实受到了惊吓。若某一金属部件在服役过程中发生了多孔化，那这个金属部件的安全可靠性将会大大下降。因此，金属材料的辐照效应逐渐引起了人们的广泛关注。

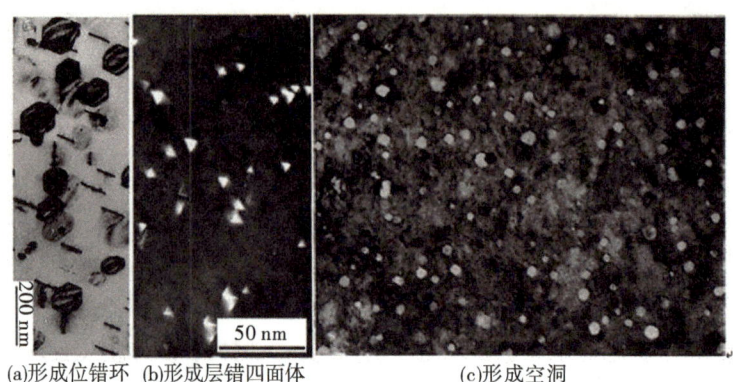

(a)形成位错环　(b)形成层错四面体　　　　　　　(c)形成空洞

图9-8　金属材料辐照后形成的位错环、层错四面体和空洞

（4）辐照诱导表面起裂（irradiation induced surface blistering）。当高剂量的轻离子辐照到金属表面时会在亚表层形成气泡，从而使金属表面形成形态多样的鼓泡。图9-9展示了高剂量氦离子辐照在金属表面形成的鼓泡，尺度可以达到几十微米。在氦泡压力的驱动下，鼓泡最终破裂形成了金属的表面裂纹。注入的氦离子也常常沿晶界发生聚集，在高温下会引起晶界开裂，被称为高温氦脆。高剂量的氢注入金属表面也会形成表面鼓泡结构，诱发辐照损伤。

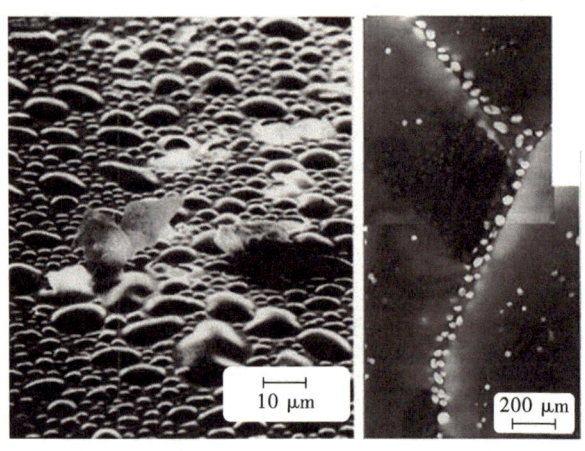

图9-9　高剂量氦离子辐照在金属表面形成的鼓泡(左)和沿晶界的氦泡聚集(右)现象

（5）辐照肿胀（irradiation swelling）。材料被辐照过程中产生的空位和自间隙原子很难实现相向而行，大部分情况下它们会分道扬镳，自间隙原子优先在材料内部缺陷陷阱处湮灭，剩余了大量的空位。高浓度空位会逐步聚集形成大量的空洞。在这个过程中，相当于把材料内部的原子迁移到了外表面，使被辐照金属部件的体积发生了变化。图 9-10 展示了被中子辐照前后的钢柱子的尺寸变化。可见经过大剂量中子辐照后钢柱子的高度和直径均增加了，俗称中子辐照造成了材料的"发福"。金属材料在辐照过程中尺寸的不稳定给其应用带来了极大的挑战，若在一些重要的连接位置，金属零件的尺寸增加，就会造成显著的应力集中，极易诱发安全事故。因此，金属材料的抗辐照肿胀性能对其能否应用于核反应堆等辐照相关的极端环境有重要的影响。如何研发出抗辐照、低肿胀的先进金属结构材料也是材料科学家一直以来追求的目标。

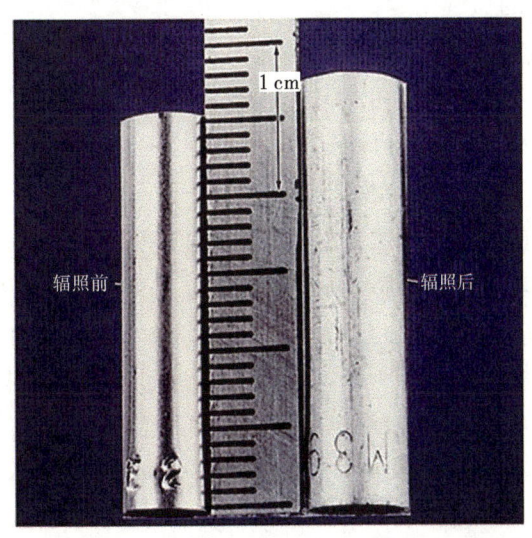

图 9-10　钢柱子在中子辐照前后的尺寸变化对比

（6）辐照生长（irradiation growth）。辐照生长是指在辐照过程中金属材料，尤其是织构较强或对称性较低的金属材料，发生的各向异性形状改变。图 9-11 展示了早期反应堆中包壳管的辐照生长。在一开始所有包壳管具有相同的高度，但经过一段时间运行后，包壳管的尺寸形成了显著的差异。部分辐照生长比较快的包壳管中磷含量比较低，但其微观机理不清楚。压水堆中的锆合金包壳、

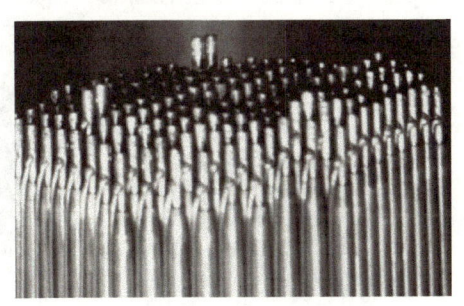

图 9-11　早期反应堆中包壳管的辐照生长

定位格架等部件易发生辐照生长。近期研究发现锆合金的辐照生长与辐照缺陷的各向异性分布有关系。辐照产生的自间隙原子倾向于沿密排六方锆晶格的柱面聚集，而辐照产生的空位则倾向于在基面聚集。基面的空位逐步塌缩导致 c 轴方向长度缩短，而柱

面上大量自间隙原子的聚集使得柱面法线方向的长度增加。对于有较强织构的锆合金包壳管，则表现为沿管长度方向伸长、沿管环形方向收缩，加剧了燃料-包壳交互作用，易导致包壳管的破损。

（7）辐照诱发相变（irradiation induced transformation）。辐照使材料内部产生大量的点缺陷，加速了合金元素的扩散和再分配，伴随而来的就是原有相结构的分解和新析出相的形成，从而引起金属材料相结构的不稳定性，对于核用金属材料的长期服役安全性有重要的影响。图9-12展示了304不锈钢在被中子辐照后形成的微观结构。从宏观上看，辐照使304不锈钢发生了1.2％的肿胀，这与其内部形成的大量辐照空洞相关（白色衬度区域）。同时辐照也在材料内部诱发了大量的碳化物第二相，如图中的黑色球形颗粒。

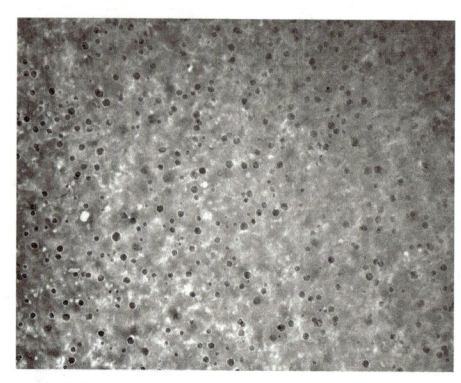

图9-12　304不锈钢被中子辐照后形成的空洞和球形碳化物析出相

辐照诱导析出的大量纳米尺度第二相往往会造成金属材料发生显著辐照硬化。

（8）辐照硬化和脆化（irradiation hardening and embrittlement）。辐照产生的大量辐照缺陷，包括点缺陷、位错环、层错四面体、空洞、第二相，最终会使材料的宏观性能发生急剧劣化，尤其是材料的力学性能。辐照会造成金属材料的显著辐照硬化和脆化。以铜单晶为例，未辐照的铜单晶屈服强度低，加工硬化能力优异，延伸率超过100％；但被中子辐照后，屈服强度显著增加，产生了水平流变区域，加工硬化能力被抑制，延伸率显著下降，如图9-13（a）所示。延展性良好的316不锈钢在被中子辐照至几十个原子平均离位数后脆得像陶瓷材料，如图9-13（b）所示。被辐照后的不锈钢管在装配过程中发生了脆性断裂，后期研究发现其中形成了大量的辐照空洞，如图9-13（c）所示。辐照空洞是造成不锈钢脆化的根本原因。

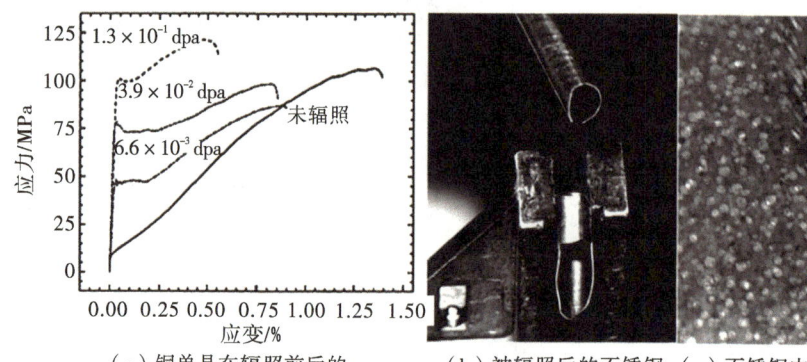

（a）铜单晶在辐照前后的　　　（b）被辐照后的不锈钢　（c）不锈钢中形成的辐照空洞
　　拉伸应力-应变曲线　　　　　丧失了塑性变形能力　　　及空洞在剪切作用下的变形

图9-13　铜单晶的辐照硬化和由辐照空洞引起的316不锈钢的辐照脆化

9.4　抗辐照金属材料设计

依据金属材料辐照损伤的形成过程，设计抗辐照损伤材料可以从两方面入手。首先，可以选择原子离位能比较高的材料应用于抗辐照等极端环境，例如，W 的最小原子离位能高达 38 eV，平均原子离位能超过 100 eV，几乎是所有金属材料中最高的。原子离位能越高，则形成辐照缺陷的能垒越高。整体上，体心立方金属的原子离位能比较高，密排六方金属的原子离位能次之，面心立方金属的原子离位能偏低。另外一方面，可以提高辐照产生空位和自间隙原子的复合率来降低辐照缺陷的积累。辐照产生的空位和自间隙原子的迁移能力存在巨大差异，导致两种点缺陷分道扬镳，不能高效地复合。为了打破这种局面，需要对空位和自间隙原子的迁移行为进行干预。最新研究发现，通过调控高熵合金成分，可以大大降低自间隙原子的迁移能力，使其具有与空位相近的扩散能力，同时多组元合金成分也可以使自间隙原子由一维迁移转变为三维迁移，从而提高空位和自间隙原子的复合概率，降低辐照损伤，如图 9 - 14 所示。

（a）Ni中自间隙原子的一维运动　（b）Ni-Co合金中自间隙原子　（c）Ni-Fe合金中自间隙原子的
　　　　　　　　　　　　　　　　　　转变为二维运动　　　　　　　　三维运动

图 9 - 14　合金元素对金属镍中自间隙原子迁移行为的影响

（注：Co 和 Fe 的加入均使自间隙原子从一维运动转变为了三维运动。）

除了调控点缺陷的运动行为外，也可以在金属材料内部引入大量的缺陷陷阱，对迁移比较快的自间隙原子进行拦截，让空位有时间追上自间隙原子并进行复合。另外，晶界陷阱中聚集的自间隙原子也有一定概率被重新发射回晶内与空位进行复合。以上过程均能有效降低金属材料的辐照损伤。

晶界、相界等都是金属材料内部的有效缺陷陷阱，但晶界和相界种类繁多，到底哪些类型的晶界和相界更有利于降低辐照损伤？如何评估晶界和相界的陷阱效率？这些问题的答案都是设计抗辐照金属材料的基础。当对经过中子辐照的多晶铜进行观察时，发现晶粒内部形成了大量的多面体空洞（polyhedron void），但晶界区域却非常干净，形成了无空洞区域（void denuded zone），如图 9 - 15 所示。这种现象说明晶界是辐照点缺陷的有效陷阱，在辐照过程中产生的自间隙原子优先扩散到晶界，随后晶界两侧一定宽度范围内的空位有能力扩散到晶界，空位和自间隙原子在晶界上相遇，发生湮灭。最终晶界上和晶界两侧一定范围内不会形成辐照空洞结构，这就是晶界无空洞区域的形成机制。

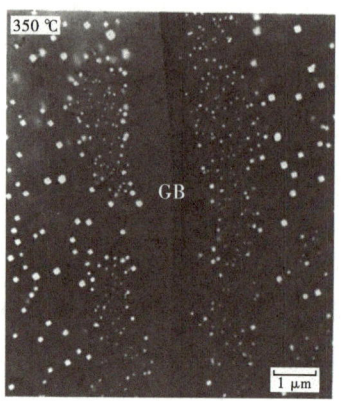

图 9‑15　多晶铜在经过中子辐照后的显微结构照片

（注：晶界两侧形成了无空洞区域，GB 指晶界（grain boundary）。）

事实上，晶界两侧无缺陷区域的宽度在一定程度上反映了晶界的缺陷陷阱效率。随后研究人员采用晶界无缺陷区域的宽度作为评估指标，系统研究了多晶铜中不同晶界在相同辐照条件下的陷阱效率。图 9‑16 展示了铜中三种典型的 $\Sigma 3$ 晶界在氦离子辐照后形成的晶界辐照特征。图 9‑16(a) 的共格孪晶界在辐照后没有明显的辐照无缺陷区域，表明共格孪晶界的缺陷陷阱效率接近零。图 9‑16(b) 中普通的 $(111)//(\bar{1}\bar{1}5)\Sigma 3$ 晶界在辐照后形成了明显的辐照无缺陷区域，但相较于图 9‑16(c) 的对称非共格孪晶界的无缺陷区域宽度（λ）要小一些。需要说明的是，以上三种 $\Sigma 3$ 晶界的取向差都是 60°，但三种晶界的缺陷陷阱效率存在显著差异，可见除了晶界取向差外，晶界面的特征，或者更具体的晶界原子结构决定了晶界的缺陷陷阱效率。

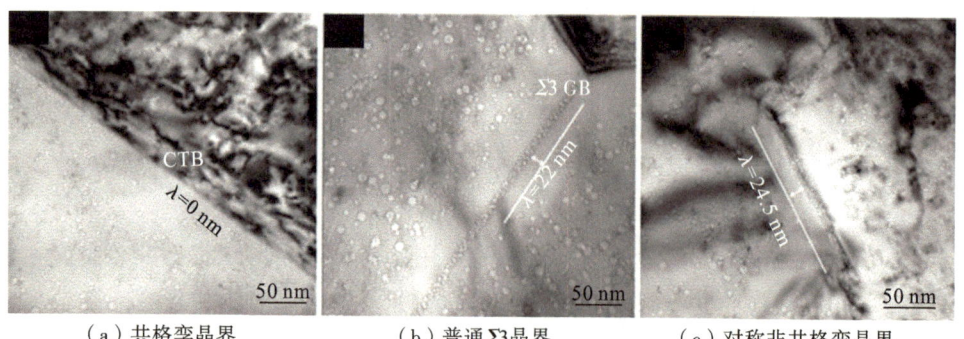

| （a）共格孪晶界 | （b）普通$\Sigma 3$晶界 | （c）对称非共格孪晶界 |

图 9‑16　铜中的三种典型 $\Sigma 3$ 晶界在氦离子辐照后形成的辐照无缺陷区域存在明显差异

（注：CTB, coherent twin boundary, 共格孪晶界。）

经过系统的研究发现，随着晶界取向差的增加，晶界的陷阱效率也逐渐增加，但在大角晶界范围内波动比较大，这与具体的晶界结构有关，如图 9‑17 所示。虽然 $\Sigma 3$

晶界的取向差最大,但其晶界陷阱效率要比一般的大角晶界小,这是由于 $\Sigma 3$ 晶界是一类共格或半共格的特殊晶界,晶界能量比较低,对辐照点缺陷的影响会弱一些。需要注意的是,图 9-16 中的晶界虽然形成了辐照无缺陷区域,但晶界上也形成了诸多小的辐照空洞,这与图 9-15 上干净的晶界形成了鲜明的对比。图 9-16 中的辐照实验采用透射电镜薄膜样品,样品厚度仅有 100~200 nm,在辐照时产生的自间隙原子大概率优先迁移到了样品的表面,所以在这类辐照实验中研究的主要是空位与晶界的交互作用,晶界上并没有富集过多的自间隙原子。当晶界附近的辐照空位迁移到晶界上后,自然就形成了小的空洞缺陷。而图 9-15 中的中子辐照实验是在铜的块体样品上进行的,没有表面陷阱效应,更接近实际服役的金属材料辐照损伤行为。相界的辐照缺陷陷阱效率也可以采用类似的方法进行研究。研究发现铜-铌相界面辐照更加稳定,优于铜晶界辐照稳定性,可以用来设计抗辐照损伤材料。

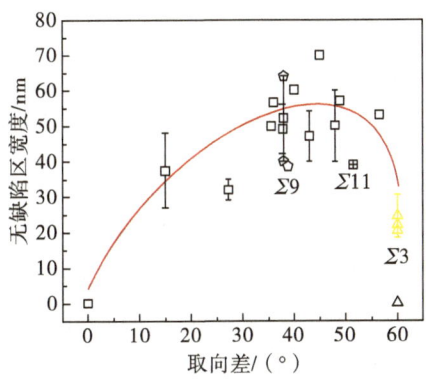

图 9-17 晶界辐照无缺陷区域的宽度随晶界取向差的变化

在充分了解不同晶界和相界辐照缺陷陷阱效率的前提下,可以通过增加晶界和相界的密度,使得晶界和相界的影响区域互相叠加,这样就能让辐照产生的空位和自间隙原子充分复合,使最终残留的辐照缺陷浓度最低。因此,基于这个原理,纳米层状金属和纳米晶金属普遍具有比较好的抗辐照损伤能力。但也需要注意,随着相界和晶界密度的增加,金属材料的强度会越来越高,塑性和韧性大幅下降,虽然抗辐照能力提高了,但力学性能可能发生劣化。因此,针对服役环境的要求,设计恰当的微观组织,选取综合性能优异的金属材料是关键。

9.5 纳米氦泡金属的变形机制

金属材料在被高能中子辐照过程中部分元素会发生嬗变,产生氦,氦与空位结合形成氦泡;或者对金属进行氦离子注入时,氦离子辐照产生的空位与氦结合也会形成氦泡。氦泡对在核反应堆中服役的金属材料的性能有重要的影响。大量研究也发现,只要有少量的氦引入金属中,金属的辐照肿胀行为就会被显著放大,因为氦与金属空位的结合能非常高，并容易聚集辐照产生的空位形成氦泡。氦泡更倾向于在晶界富集，在一定的温度之上，沿晶氦泡会合并长大，引起金属沿晶界开裂和失效，这一现象通常被称为金属的高温氦脆。图9-18展示了几种金属中沿晶界分布的较大氦泡和由晶界氦泡引发的表面起裂和沿晶断裂现象。

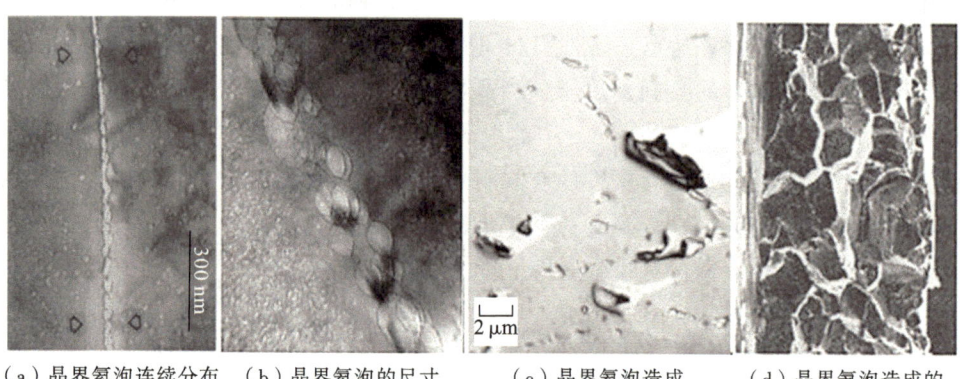

（a）晶界氦泡连续分布　（b）晶界氦泡的尺寸　　（c）晶界氦泡造成　　（d）晶界氦泡造成的
　　　　　　　　　　　　比晶内氦泡大得多　　　　的表面起裂　　　　　　沿晶断裂

图9-18　几种金属在辐照后形成的沿晶界分布的氦泡和晶界氦泡引起的表面起裂及沿晶断裂

晶界氦泡对金属材料的力学行为有明显的劣化影响，但晶内氦泡如何影响金属材料的变形行为，一直不清楚。随着科研测试设备的进步，可以采用原位纳米力学测试技术研究含纳米氦泡金属的塑性变形过程。图9-19展示了氦离子注入铜单晶形成的高密度纳米氦泡组织。这些氦泡呈球形，平均尺寸为6 nm。由于氦泡沿样品厚度方向分布，在透射电镜成像下互相叠加在一起，形成图9-19(a)中的图像。氦泡中包含一定量的气态氦原子，会形成内压，从而把金属晶格撑成了球形。若没有氦泡的内压作用，在金属表面能最小化的驱动下，纳米尺度空洞应当具有多面体结构。在包含大量氦泡的铜单晶样品上，可以采用聚焦离子束加工出工字型微型拉伸试样，其标距约为1 μm，如图9-19(b)所示。图9-19(c)展示了拉伸后的本品形貌。在透射电镜下，可以运用原位纳米力学样品台对微纳尺度拉伸样进行力学加载，获得样品变形的应力-应变曲线。图9-19(d)展示了单晶铜和纳米氦泡铜的拉伸曲线，两种样品具有相同的取向。可以发现单晶铜样品展现出了频繁的应变突跳行为，这是由位错在样品表面形核后连

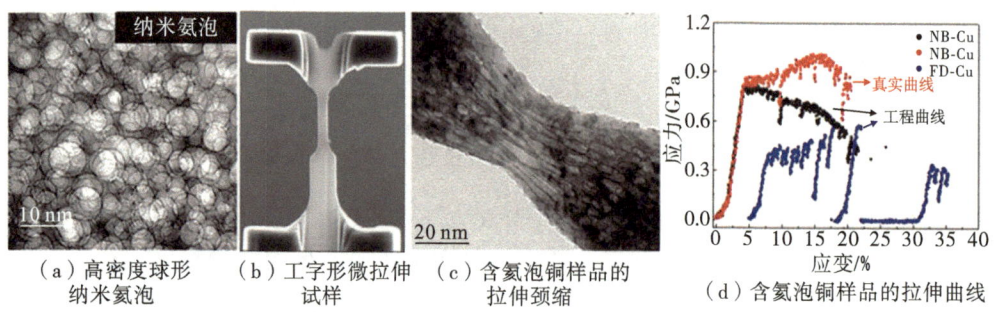

　（a）高密度球形　　　（b）工字形微拉伸　（c）含氦泡铜样品的　　（d）含氦泡铜样品的拉伸曲线
　　　纳米氦泡　　　　　　　试样　　　　　　　拉伸颈缩

图9-19　纳米氦泡铜的微观结构、微米尺度拉伸试验和纳米力学测试获得的拉伸应力-应变曲线对比等

（注：NB-Cu指纳米氦泡铜，FD-Cu指单晶铜。）

续滑过同一个滑移面造成的。当引入大量纳米氦泡后，纳米氦泡铜样品的屈服强度显著增加，这就是辐照硬化的一种表现。更有意思的是，纳米氦泡铜的拉伸曲线更加光滑，只有非常小的应变突跳现象。可见纳米氦泡在单晶铜中改变了位错的常规滑移行为。

纳米氦泡铜的强化源于位错与氦泡的交互作用。纳米氦泡类似于金属中的纳米析出相，可以阻碍位错的运动，增加位错滑移的阻力，所以纳米氦泡铜的屈服强度增加了几百兆帕。从纳米氦泡铜的拉伸应力-应变曲线看，纳米氦泡的引入使单晶铜具有了一定的均匀变形能力，不像单晶铜样品会直接发生剪切局部化，丧失均匀变形能力。进一步研究发现，纳米氦泡在单晶铜的变形中不仅作为位错的障碍，同时是活跃的内部位错源，帮助位错从样品内部形核，改正了单晶铜只能从样品表面形核位错的缺点。在力学加载时，位错可以从氦泡表面形核，并且可以产生位错的氦泡分布均匀，使得纳米氦泡铜瞬间具有良好的位错增殖能力。除了位错与氦泡的交互作用，位错与位错的交互作用也很频繁，使得纳米氦泡铜具有良好的加工硬化能力和变形稳定性，所以纳米氦泡铜相对于单晶铜有高强度和高塑性。图 9-20 展示了在纳米力学加载时观察到的从纳米氦泡表面形核的肖克莱不全位错，为纳米氦泡是活跃位错源提供了直接实验证据。

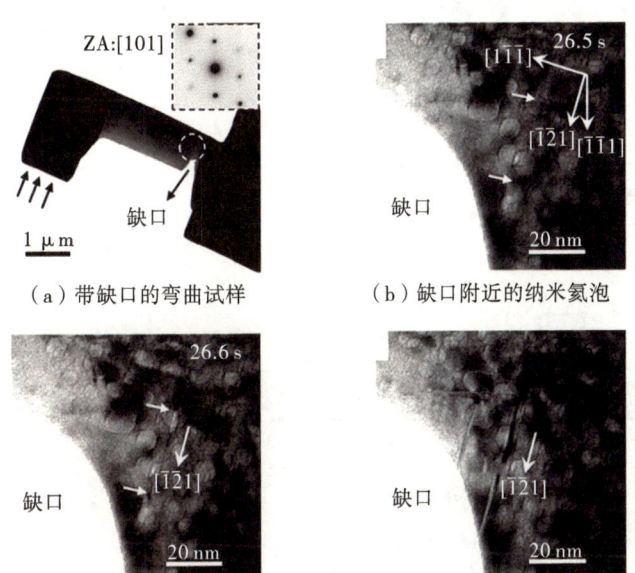

（a）带缺口的弯曲试样　　　（b）缺口附近的纳米氦泡

（c）氦泡处形核的肖克莱不全位错　　（d）肖克莱不全位错发射形成的局部剪切

图 9-20　纳米氦泡铜缺口试样在力学加载时缺口附近的纳米氦泡不断发射肖克莱分位错

（注：ZA 指区域轴。）

含纳米氦泡的体心立方金属在变形时表现出了超高的辐照硬化行为，其硬化增量为面心立方金属的好几倍，这一现象被称为体心立方金属的反常辐照硬化。反常辐照硬化在块体金属材料中也得到了证实。然而，反常辐照硬化的起源一直存在争议。图

9-21展示了钨单晶被注入均匀的氦泡后的力学行为的对比。随着注入氦离子原子百分比的增加，辐照硬化越来越高。在9%氦含量（原子百分量）时，辐照硬化增量约为初始钨单晶强度的2倍，可见氦离子辐照钨引起的辐照硬化是非常显著的。基于纳米氦泡的尺寸和密度，可以根据经典强化理论估算纳米氦泡引起的辐照硬化增量。但传统强化模型预测的硬化增量在实验测量硬化增量中的占比不足30%，如图9-21(b)所示。这种理论和实验的显著差异表明，仅仅考虑透射电镜下可见的纳米氦泡对辐照硬化的贡献是远远不够的。除纳米氦泡外，辐照过程中形成的大量原子尺度不可见缺陷对辐照硬化的贡献也很大。然而，基于目前的测试表征方法，很难对原子尺寸的辐照缺陷进行定量分析。

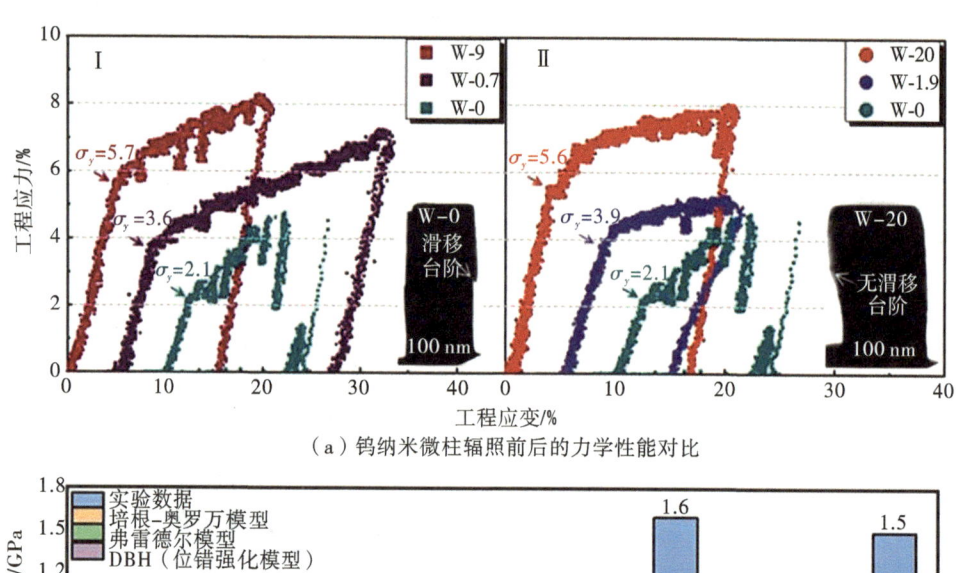

（a）钨纳米微柱辐照前后的力学性能对比

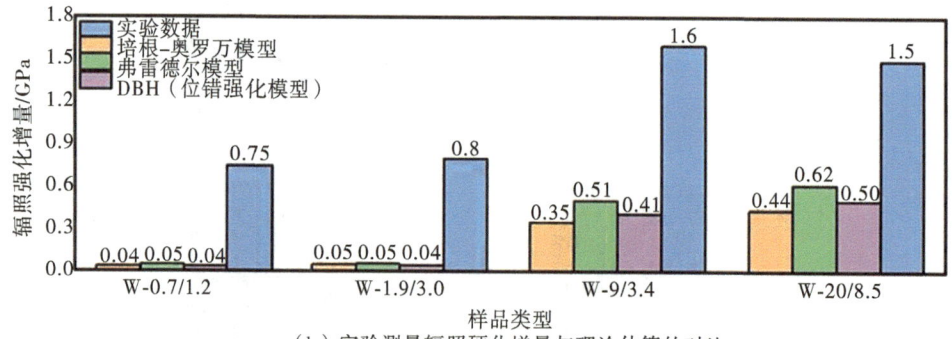

（b）实验测量辐照硬化增量与理论估算的对比

图9-21　钨单晶被氦离子辐照后的硬化增量是初始屈服强度的约两倍

（注：单从可见氦泡的分布和尺寸估算的辐照硬化在实测辐照硬化增量中的占比不足30%，σ_y 为屈服强度。）

　　为了克服直接测量的困难，研究人员提出了一种间接估算不可见辐照点缺陷的方法。由于在钨中氦与空位的结合能高达 4.5 eV，所以注入的氦离子主要以两种方式存在，一种在透射电镜可见的纳米氦泡中，另一种则与部分空位结合形成了氦-空位复合体。可见纳米氦泡的密度和尺寸可以借助透射电镜进行直接测量，依据氦泡的尺寸与氦压之间的关系，可以估算纳米氦泡的氦的含量，结合总注入氦离子的量，就可以计算出在氦-空位复合体的大致数量。图9-22展示了几种氦离子辐照钨样品中氦-空位复合体的占比。可以发现位于可见纳米氦泡中的氦占比都不超过 15％，注入的氦主要以氦-空位复合体的形式存在。氦-空位复合体一旦形成，就非常稳定，也对位错有强烈的阻碍作用。据估算，氦-空位复合体的平均间距小于 2 nm，如此高密度的强钉扎辐照点缺陷引起的位错滑移临界分切应力增加超过 1 GPa，这一数据完美地解释了体心立方金属钨的反常辐照硬化，也就是说在体心立方金属中形成的超高浓度点缺陷是造成反常辐照硬化的主要原因。在体心立方金属中，空位的迁移能往往比较高，通常要高于 1 eV。辐照过程中，空位一旦形成就很难迁移，通常会比较均匀地分散在晶格中，对位错形成了强钉扎。若空位再与氦离子或其他固溶或自间隙原子结合形成更加稳定的点缺陷复合体，其强化作用会进一步增强，甚至在比较高的温度下都不发生回复和聚集，最终使金属材料的辐照硬化和脆化行为更加显著。以上研究警示我们在研究核反应堆结构材料的辐照硬化时，要更多地关注不可见点缺陷及其复合体的作用。

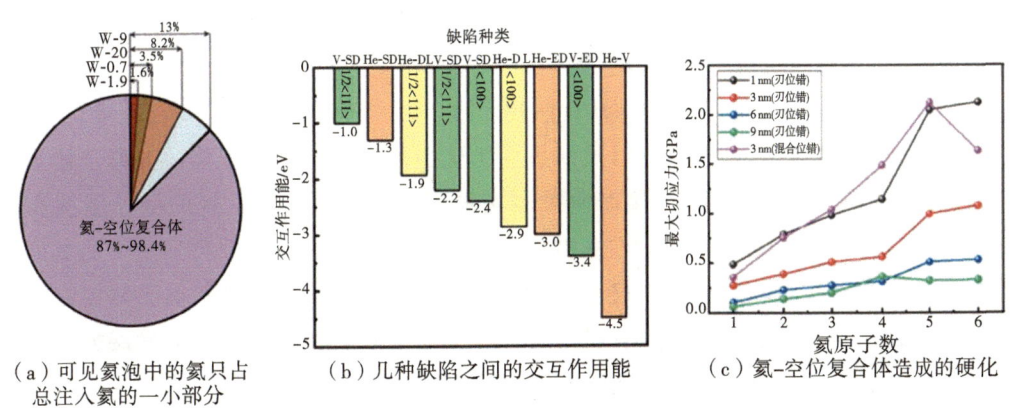

（a）可见氦泡中的氦只占　　（b）几种缺陷之间的交互作用能　　（c）氦-空位复合体造成的硬化
　　　总注入氦的一小部分

图 9 - 22　不可见氦-空位复合体中氦占注入总氦离子的百分比及几种点缺陷和
复合体与位错的交互作用能和引起的滑移阻力

（注：V 为空位，SD 为螺位错，ED 为刃位错，DL 为位错环。）

9.6　聚变能与金属辐照损伤

目前核裂变能已经得到了广泛的应用，但核聚变能的研发才是解决人类能源问题的终极方案。当然，聚变能的发展也面临诸多的挑战。地球上的气候变化和万物生长的能量主要来自太阳。太阳的能量来自其内部的持续不断的聚变反应，主要是氢、氦等轻元素的聚变过程释放的能量。目前提出的聚变方案是把氘和氚加热到 1 亿摄氏度，使形成高温等离子体，从而驱动两种元素激烈碰撞发生核聚变反应，释放出能量，如图 9 - 23 所示。在氘-氚聚变反应中伴随着产生 14.1 MeV 的高能中子和 3.5 MeV 的高能氦离子。所以核聚变反应的服役环境非常严苛，材料要面临高辐照损伤、高温服役和热冲击等极端环境。因此，核聚变反应的容器所使用的材料必须满足以上条件。当前，人们普遍认为以钨为代表的难熔金属是聚变反应堆第一壁和偏滤器的首选材料。

金属钨具有熔点高、抗辐照、低溅射率等优点，但钨的韧脆转变温度高，低温难以加工，为其应用带来了重大挑战。研究已经采用了不同的方案来提高钨的综合性能，比如制备钨钾合金、含第二相的钨等，已经取得了良好的进展。

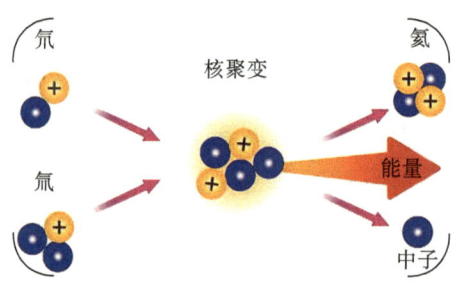

图 9 - 23　氘-氚聚变反应示意图

为了推进核聚变的研究，中国、美国、日本、韩国、俄罗斯、印度和欧盟在法国南部卡达拉舍共同建设国际热核聚变堆项目，希望尽快实现核聚变能利用的演示。图 9 - 24 展示了核聚变反应腔体的内部结构照片。第一壁和偏滤器采用了大量的难熔金属。在发生聚变反应时，氘、氚核燃料被加热到 1 亿摄氏度形成等离子体，等离子体被强磁场约束，第一壁和偏滤器直接面向被磁场约束的等离子体，常规的服役温度高达 1000 ℃。因此，聚变能的发展首先需要解决诸多金属材料在极端服役环境下的效能问题。聚变能的发展困难重重，不仅面临材料的适配问题，而且面临等离子体控制方面的物理难题，是一个多学科交叉发展难题。可喜的是我们在核聚变能的发展方面进展迅速，以中国科学院等离子体物理研究所和核工业西南物理研究院为代表的单位已经在托卡马克聚变装置的研发和运行方面多次刷新了世界纪录。

图 9 - 24　核聚变反应腔体照片

我国制定了核能发展的三步走战略，即热堆—快堆—聚变堆，聚变堆的发展是最终目标。当然核聚变的发展任重道远，但只要不放弃，持续努力和创新，最终在未来的某一天有望实现人造太阳发电。

思考题

1. 什么是辐照损伤？请简述。

2. 什么是"双碳"目标？

3. 辐照时产生的空位和自间隙原子是否是等量的？

4. 辐照损伤的原子平均离位数是如何定义的？是否原子平均离位数越大，辐照损伤越严重？

5. 辐照温度如何影响辐照缺陷的演化？

6. 金属材料的主要辐照效应有哪些？

7. 为什么金属材料被辐照后会发生硬化和脆化？

8. 金属材料辐照肿胀的微观机制是什么？

9. 金属材料内部的辐照缺陷陷阱有哪些？哪种金属的陷阱强度最大？

10. 如何设计抗辐照损伤材料？

11. 辐照氦泡对金属材料的力学行为有什么影响？

12. 体心立方金属反常辐照硬化的微观机制是什么？

13. 为什么要发展核聚变能？

14. 我国核能发展的三步走战略是什么？为什么要分三步走？

15. 你认为人类是否面临能源危机的问题？

参考文献

[1] BEHRISCH R, RISCH M, ROTH J, et al. Proceedings of the 9th symposium on fusion technology[M]. New York: Pergamon, 1976.

[2] WAS G S. Fundamentals of radiation materials science: metals and alloys[M]. Berlin: Springer, 2007.

[3] CAWTHORNE C, FULTON E J. Voids in irradiated stainless steel[J]. Nature, 1967, 216(5115): 575 – 576.

[4] SIZMANN R. The effect of radiation upon diffusion in metals[J]. Journal of Nuclear Materials, 1978, 69: 386 – 412.

[5] ZINKLE S J, FARRELL K. Void swelling and defect cluster formation in reactor-irradiated copper[J]. Journal of Nuclear Materials, 1989, 168(3): 262 – 267.

[6] KIRITANI M. Microstructure evolution during irradiation[J]. Journal of Nuclear Materials, 1994, 216: 220 – 264.

[7] BRUEMMER S M, SIMONEN E P, SCOTT P M, et al. Radiation-induced material changes and susceptibility to intergranular failure of light-water-reactor core internals[J]. Journal of Nuclear Materials, 1999, 274(3): 299 – 314.

[8] VICTORIA M, BALUC N, BAILAT C, et al. The microstructure and associated

tensile properties of irradiated fcc and bcc metals[J]. Journal of Nuclear Materials，2000，276(1 - 3)：114 - 122.

[9] KIENER D, HOSEMANN P, MALOY S A, et al. In situ nanocompression testing of irradiated copper[J]. Nature Materials, 2011, 10(8)：608 - 613.

[10] HAN W Z, DEMKOWICZ M J, FU E G, et al. Effect of grain boundary character on sink efficiency[J]. Acta Materialia, 2012, 60(18)：6341 - 6351.

[11] HAN W Z, DEMKOWICZ M J, MARA N A, et al. Design of radiation tolerant materials via interface engineering[J]. Advanced Materials, 2013, 25(48)：6975 - 6979.

[12] ZINKLE S J, WAS G S. Materials challenges in nuclear energy [J]. Acta Materialia, 2013, 61(3)：735 - 758.

[13] DING M S, DU J P, WAN L, et al. Radiation-induced helium nanobubbles enhance ductility in submicron-sized single-crystalline copper[J]. Nano Letters, 2016, 16(7)：4118 - 4124.

[14] ZHENG R Y, JIAN W R, BEYERLEIN I J, et al. Atomic-scale hidden point-defect complexes induce ultrahigh-irradiation hardening in tungsten [J]. Nano Letters, 2021, 21(13)：5798 - 5804.

第 10 章　金属疲劳位错组态

金属疲劳位错组态是指金属在循环载荷作用下在其内部形成的有规律的位错结构，它们的形成是位错的循环往复运动和交互作用的结果。疲劳位错组态影响金属材料的疲劳寿命和裂纹萌生机制。为了契合本书关于金属材料微观结构的主题，本章将简单介绍一些面心立方金属单晶在恒塑性应变幅循环载荷加载下的疲劳规律和位错形态演化特征，以使读者对金属的疲劳位错结构有一些直观认识。如图 10-1 为单晶铜疲劳变形后形成的典型的位错结构透射电镜照片，黑色的位错墙有规律地排列着，位错墙之间分散着一些稀疏的位错线。为什么单晶金属材料疲劳变形后会形成如此有规律的位错结构？本章将简要介绍疲劳的研究历史、疲劳滞后回线与循环应力-应变曲线、晶体取向对单晶铜疲劳行为的影响及单晶铜疲劳位错组态的形成机理。

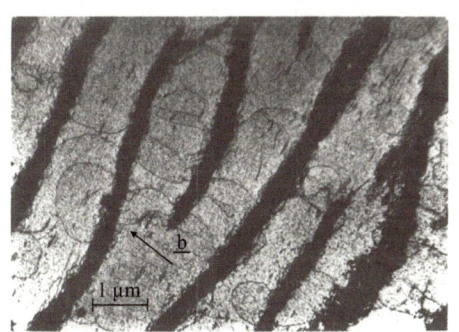

图 10-1　单晶铜疲劳变形后形成的具有代表性的位错组态

10.1　金属疲劳

金属疲劳已经有一百多年的研究历史了，目前已发展成一门重要的学科。许多工程材料在应用前的最后一次考核往往是疲劳性能的评估。20 世纪初，研究人员首次将金属的疲劳性能与微观变形过程联系在一起。他们将一段瑞典铁（Swedish iron）丝在空气中来回弯折，发现循环变形后瑞典铁丝表面能观察到清晰的疲劳滑移带，这是关于疲劳微观机制的首次记录。随着单晶制备技术的快速发展，人们采用单晶金属开展疲劳机理研究，尤其是对高纯的面心立方金属的循环变形机理的研究，积累了丰富的疲劳微观变形知识。随着位错理论在 20 世纪 30 年代的建立，研究人员逐渐将金属疲劳行为与位错结构的演化联系在一起，并建立了部分的定量关系。

金属单晶的循环变形分析可以分解为三部分：循环应力-应变曲线、单晶表面滑移

形貌和内部的位错组态。当对面心立方金属单晶施加恒塑性应变幅循环加载时，在前
10 个循环周次内，单晶表现出显著的循环加工硬化行为[见图 10-2(a)]，循环应力随
周次快速上升；随着循环次数增加至 10～1000 周次，循环硬化速率逐渐降低，应力增
幅趋于平缓；约 1000 周次后，循环硬化能力完全消失，循环应力达到稳定平台值，金
属单晶进入循环饱和状态。通过选取不同恒塑性应变幅下的循环饱和切应力与对应塑
性应变幅数据，可绘制金属单晶的循环应力-应变曲线[见图 10-2(b)]：将各应变幅对
应的循环饱和滞后回线右上顶点连接成线，形成包含小应变幅循环硬化区、应力平台
区和大应变幅循环硬化区的三阶段曲线，其中小应变幅区应力随应变幅显著升高，平
台区对应位错组态的动态稳定状态，大应变幅区循环硬化效应重新显现。需特别指出，
金属单晶的取向对三阶段范围及整体曲线形状具有显著影响。

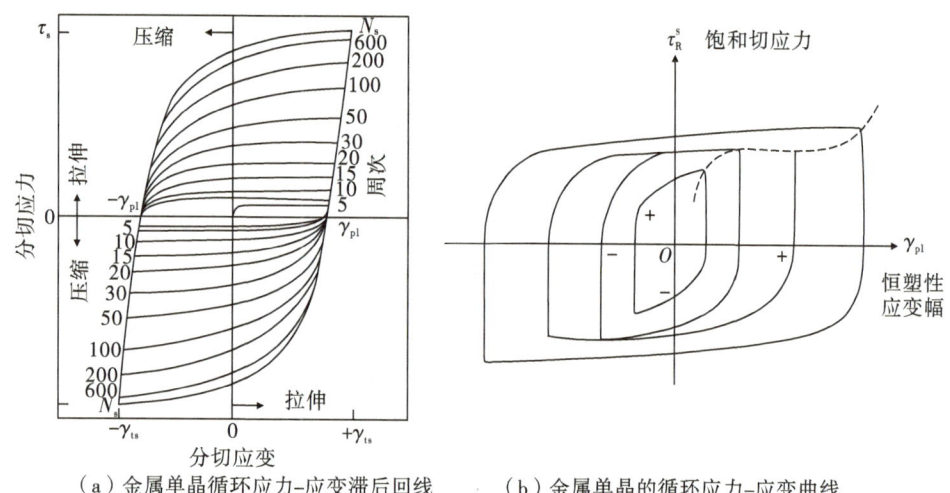

（a）金属单晶循环应力-应变滞后回线　　　（b）金属单晶的循环应力-应变曲线

图 10-2　面心立方金属单晶循环滞后回线和饱和循环应力-应变曲线

（注：N_s 表示循环周次。）

10.2　铜单晶的循环变形行为

　　面心立方金属铜具有中等层错能，样品制备和表面处理技术成熟，同时易获得不
同取向的单晶样品，常被用作模型材料来研究金属疲劳的基本规律。1956 年研究人员
在研究铜多晶和铜单晶疲劳行为的时候首次提出了疲劳驻留滑移带（persistent slip
band，PSB）的概念。图 10-3 展示了铜单晶在恒塑性应变幅循环加载后形成的驻留滑
移带形貌及其内部对应的梯状位错结构组态。疲劳驻留滑移带是指在循环变形中金属
表面会形成一些变形集中的滑移带。当把表面变形形貌磨抛后继续循环加载，会在同
一位置再次形成类似的滑移带形貌，也就是说在同一位置反复出现的滑移带叫作驻留
滑移带。驻留滑移带对应着特殊的位错结构，即规则的梯状位错墙排列，在梯状位错
带中间形成了松散的位错组织，如图 10-3(b)所示。

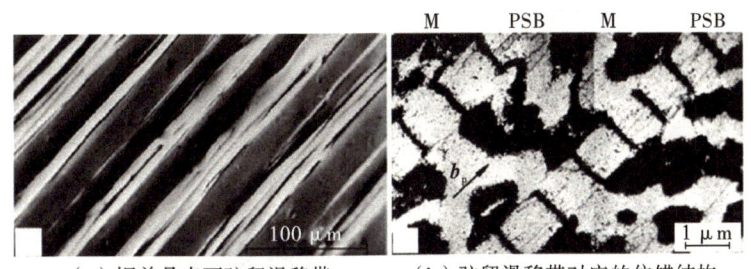

（a）铜单晶表面驻留滑移带　　　　　（b）驻留滑移带对应的位错结构

图 10 - 3　铜单晶循环变形后形成的驻留滑移带及对应的位错结构

（注：M 表示基体，b_p 表示驻留滑移带对应位错的伯格斯矢量。）

　　基于大量的前期研究，德国学者穆格拉比（Mughrabi）教授提出了单滑移取向铜单晶的饱和循环应力-应变曲线与内部位错组态之间的三阶段特征，如图 10 - 4 所示。第一阶段，当循环加载时的恒塑性应变幅比较小时，饱和循环应力随着应变幅的增加而增加，此时单晶铜内部形成了脉络状的疲劳位错组态，如图 10 - 4 左侧部分所示。第二阶段，当循环加载时的恒塑性应变幅超过一定值时，单取向铜单晶的饱和循环应力不再增加。此时在铜单晶内部逐渐形成了驻留滑移带结构，并随着恒塑性应变幅的增加，驻留滑移带的占比越来越高。第二阶段对应一个恒定的饱和应力平台，其值约为 28～30 MPa。第三阶段，当循环加载时的恒塑性应变幅超过第二个临界值时，饱和循环应力继续随着恒塑性应变幅的增加而增长，此时铜单晶内部形成了迷宫状或胞状位错组态。

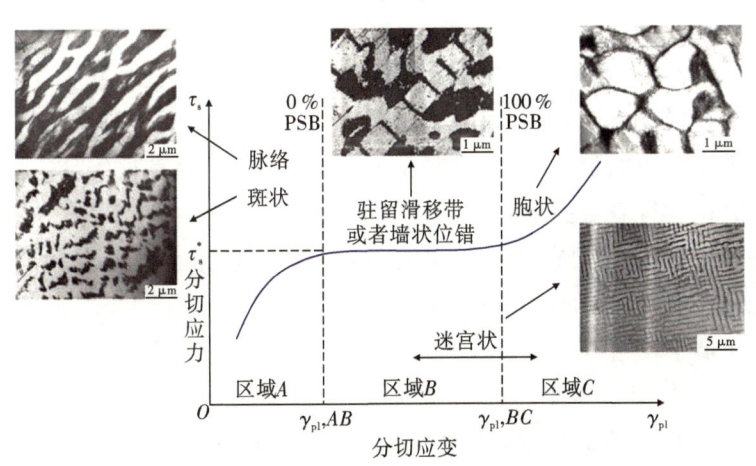

图 10 - 4　单滑移取向铜单晶饱和循环应力-应变曲线三阶段对应的位错组态

（注：0%、100%均为体积百分比。）

　　图 10 - 5 展示了铜单晶取向依赖的位错结构组态，不同取向的铜单晶在循环变形后会形成不同的位错组态。这一规律同样适用于镍单晶和银单晶的疲劳位错组态。铜单晶取向对疲劳位错组态的影响也可以分为三个区域：[011]取向区域、[001]取向区域、[$\bar{1}$11]取向区域。[011]取向区域比较大，包括从[011]顶点到[$\bar{1}$12]顶点的大范围区域。

位于[011]取向区域的单晶在循环变形时形成驻留滑移带-位错墙结构，如图10-5中的芯部区域。[001]取向区域只包括[001]极点附近的区域，循环变形时主要形成迷宫结构的位错组态，如图10-5所示。[Ī11]取向区域也只包括[Ī11]极点附近的区域，在低塑性应变幅循环变形时形成脉络状位错结构，在高塑性应变幅循环变形时主要形成胞状位错结构，如图10-5所示。

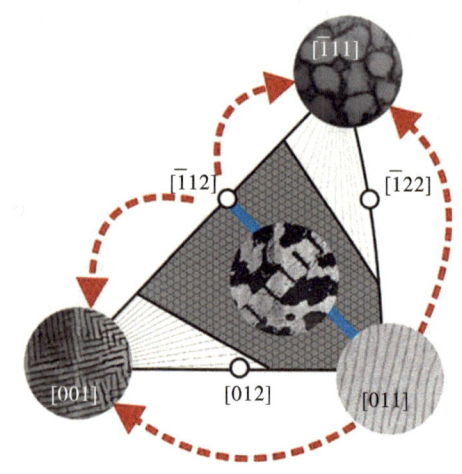

图10-5　铜单晶循环变形位错组态的取向依赖性

10.3　铜单晶疲劳位错组态形成机制

铜单晶在循环变形中内部位错在平行滑移面上往复运动。随着疲劳塑性应变量的积累，位错在单个滑移面内运动时遇到障碍的概率逐步增加，从而会发生交滑移，交滑移促使不同滑移面内的位错发生交互作用。位错的交滑移和位错反应在复杂疲劳位错组态的形成中发挥着重要的作用。位错交滑移可以促使符号相反的螺位错发生湮灭，同时促进位错偶极子(dislocation dipole)的形成。在循环变形中，相邻平行滑移面上的两个符号相反的螺位错，由于弹性相互作用，趋向于形成一对稳定的偶极子，如图10-6所示。两个位错偶极子之间的间距叫作位错偶极子的高度。一旦位错偶极子的高度y小于一定的临界尺寸y_s，两个位错将通过交滑移发生湮灭。这一临界尺寸叫作位错偶极子

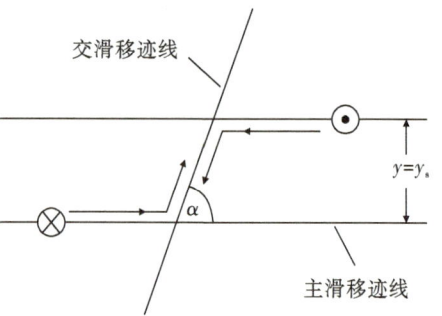

图10-6　螺位错偶极子示意图

的湮灭距离。螺位错易发生交滑移，所以其湮灭距离比刃位错要大得多。螺位错偶极子的湮灭随层错能、应变速率、变形温度的增加而变得更加容易。对于纯铜来说，螺位错偶极子的湮灭距离约为50 nm，而对于层错能较低的Cu-30%Zn合金，螺位错偶

极子的湮灭距离可以减小到 5 nm。位错偶极子的湮灭距离可以用来判定位错的两种滑移模式：平面滑移（planar slip）及波状滑移（wavy slip）。

伴随着螺位错偶极子的湮灭，将形成刃位错偶极子，如图 10 - 7 所示。随着循环变形的进行，位错在滑移面上往复运动，部分平行面上的螺位错偶极子湮灭，残余的刃位错就形成了刃位错偶极子。图 10 - 7(a)展示了循环变形中位错遇到障碍后发生了双交滑移的过程。图中的上下两个滑移面内的刃位错符号刚好相反，于是形成了两个刃位错偶极子，高度为 t，正好是两个滑移面的间距，如图 10 - 7(b)所示。随着循环加载周次的增加，类似的刃位错偶极子越来越多。由于螺位错偶极子的湮灭距离约为 50 nm，而刃位错偶极子的湮灭距离可小到 1.6 nm，所以循环变形中产生的螺位错大部分发生了湮灭，只残余了刃位错部分，并形成了稳定的刃位错偶极子。聚集在一起的刃位错偶极子就是梯状位错墙的雏形，如图 10 - 8(a)所示。随着变形的进行，部分刃位错偶极子聚集在一起演化成脉络状位错结构，如图 10 - 8(b)所示。脉络状组织会随着循环塑性应变的增加进一步硬化，直到不能承受更多的循环塑性，此时的脉络中的刃位错重新组织演化成驻留滑移带中的梯状位错墙结构，如图 10 - 8(c)所示。

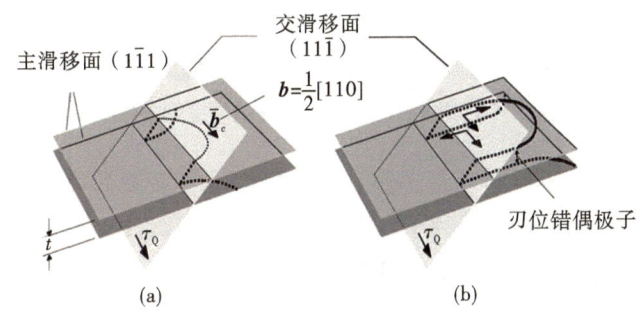

图 10 - 7　刃位错偶极子通过螺位错双交滑移形成

(注：τ_Q 为施加的切应力，b_c 为与交滑移相关的位错伯格斯矢量分量。)

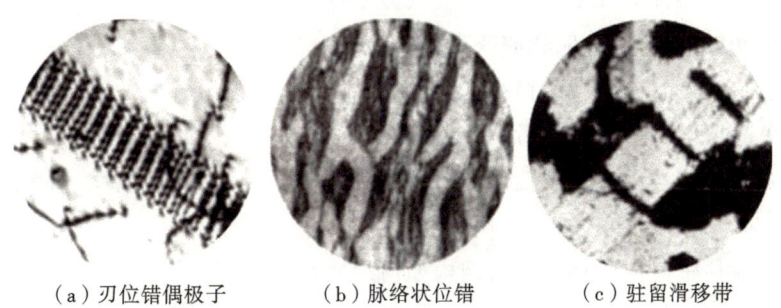

（a）刃位错偶极子　　　（b）脉络状位错　　　（c）驻留滑移带

图 10 - 8　从刃位错偶极子到脉络状位错结构再到驻留滑移带中的梯状位错组态的演化过程

当驻留滑移带的梯状位错墙结构形成后，位错组态可以分成两部分：刃位错偶极子聚集形成的高密度位错区域和位错墙之间的低位错密度通道，如图 10 - 9 所示。在位错墙之间的通道内能看到明显的位错弓出形貌。在循环加载时螺位错从一侧位错墙弓出，滑移到对面的位错墙并与位错发生反应形成新的刃位错偶极子。随后在反向加载下，新的螺位错再次从位错墙弓出，滑过低位错密度通道，将刃位错沉积在对面的刃位错偶极子墙上，螺位错部分发生湮灭，如图 10 - 9(b)所示。对于铜单晶来说，位错墙的宽度 d_w 通常为 $0.12~\mu m$，低位错密度通道的宽度 d_c 约为 $(1\pm0.2)\mu m$，驻留滑移带的间距约为 $2\sim3~\mu m$。位错墙部分的位错密度可以高达 $10^{15}~m^{-2}$。通过位错墙之间通道内位错弓出（圆弧形位错）的特征，可以估算位错滑移的临界分切应力约为 28 MPa。这一估算值与单取向铜单晶饱和应力-应变曲线平台的切应力基本吻合，充分表明金属材料的位错结构特征与其宏观力学性能之间存在直接的定量关系。

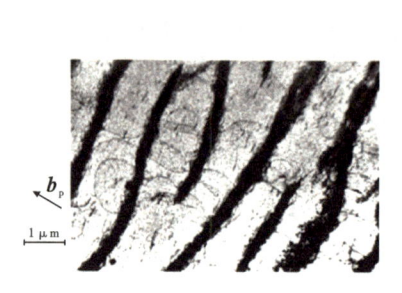

（a）驻留滑移带位错结构　　　（b）驻留滑移带承载塑性应变机制

图 10 - 9　铜单晶中驻留滑移带梯状位错组织承载循环塑性应变的机制示意图

　　金属疲劳的微观变形机制丰富多彩，本章仅以铜单晶的循环变形行为做一些简单介绍，为了契合本书的主题，重点关注疲劳位错结构的演化规律。感兴趣的读者可以查阅相关的资料，更多地了解金属疲劳的有关知识。

思考题

　　1. 什么是驻留滑移带？驻留滑移带对应的位错结构是什么样子？

　　2. 什么是恒塑性应变幅疲劳？这类疲劳是低周疲劳还是高周疲劳？

　　3. 铜单晶的循环应力-应变曲线有哪些特征？

　　4. 面心立方金属的疲劳位错结构有哪几种？

　　5. 铜单晶取向如何影响疲劳位错组态？

　　6. 什么是位错偶极子？螺位错和刃位错的湮灭距离大约是多少？哪种位错偶极子更加稳定？

　　7. 驻留滑移带对应的梯状位错结构如何形成？

　　8. 疲劳形成的位错墙结构在循环变形时如何承载塑性应变？

　　9. 你认为从位错弓出形貌估算金属的宏观变形切应力是否可靠？

　　10. 金属疲劳位错组态与疲劳寿命之间有什么关系？

参考文献

[1] MUGHRABI H，WANG Z R. Defects and fracture：proceedings of first international symposium on defects and fracture[M]. Tuczno：Martinus Nijhoff Publishers，1982.

[2] CARSTENSEN J V. Structural evolution and mechanisms of fatigue in polycrystalline brass[D]. Roskilde：Risø National Laboratory，1998.

[3] WOODS P J. Low-amplitude fatigue of copper and copper – 5 at. % aluminium single crystals[J]. Philosophical Magazine，1973，28(1)：155 – 191.

[4] WINTER A T. A model for the fatigue of copper at low plastic strain amplitudes [J]. Philosophical Magazine，1974，30(4)：719 – 738.

[5] MUGHRABI H. The cyclic hardening and saturation behaviour of copper single crystals[J]. Materials Science and Engineering，1978，33(2)：207 – 223.

[6] CHENG A S，LAIRD C. Mechanisms of fatigue hardening in copper single crystals：The effects of strain amplitude and orientation[J]. Materials Science and Engineering，1981，51(1)：111 – 121.

[7] MUGHRABI H. Dislocation wall and cell structures and long-range internal stresses in deformed metal crystals[J]. Acta Metallurgica，1983，31(9)：1367 – 1379.

[8] LI X W，UMAKOSHI Y，GONG B，et al. Dislocation structures in fatigued critical and conjugate double-slip-oriented copper single crystals[J]. Materials Science and Engineering：A，2002，333(1 – 2)：51 – 59.

[9] MUGHRABI H. Cyclic slip irreversibilities and the evolution of fatigue damage [J]. Metallurgical and Materials Transactions A，2009，40(6)：1257 – 1279.

[10] LI P，LI S X，WANG Z G，et al. Formation mechanisms of cyclic saturation dislocation patterns in [0 0 1]，[0 1 1] and [−1 1 1] copper single crystals[J]. Acta Materialia，2010，58(9)：3281 – 3294.